シグマ基本問題集

生　物

文英堂編集部　編

特色と使用法

◎「シグマ基本問題集 生物」は、問題を解くことによって教科書の内容を基本からしっかりと理解していくことをねらった**日常学習用問題集**である。編集にあたっては、次の点に気を配り、これらを本書の特色とした。

学習内容を細分し、重要ポイントを明示

学校の授業にあった学習をしやすいように、「生物」の内容を50の項目に分けた。また、**テストに出る重要ポイント**では、その項目での重要度が非常に高く、必ずテストに出そうなポイントだけをまとめた。必ず目を通すこと。

「基本問題」と「応用問題」の2段階編集

基本問題は教科書の内容を理解するための問題で、**応用問題**は教科書の知識を応用して解く発展的な問題である。どちらも小問ごとに できたらチェック 欄を設けてあるので、できたかどうかチェックし、弱点の発見に役立ててほしい。また、解けない問題は ガイド などを参考にして、できるだけ自分で考えよう。

定期テスト対策も万全

基本問題のなかで定期テストで必ず問われる問題には テスト必出 マークをつけ、**応用問題**のなかで定期テストに出やすい応用的な問題には 差がつく マークをつけた。テスト直前には、これらの問題をもう一度解き直そう。

くわしい解説つきの別冊正解答集

解答は答え合わせをしやすいように別冊とし、**問題の解き方が完璧にわかる**ようくわしい解説をつけた。また、 テスト対策 では、定期テストなどの試験対策上のアドバイスや留意点を示した。大いに活用してほしい。

もくじ

1章 細胞と分子
1. 細胞の構造とはたらき …… 4
2. 細胞膜のはたらき① …… 8
3. 細胞膜のはたらき② …… 12
4. タンパク質の構造とはたらき …… 14
5. 生命活動にはたらくタンパク質 …… 16
6. 免疫とタンパク質 …… 20

2章 代 謝
7. 酵素とその反応 …… 22
8. 呼 吸 …… 26
9. 発酵・解糖 …… 30
10. 光合成のしくみ …… 32
11. 細菌の炭酸同化・窒素同化 …… 38

3章 遺伝情報とその発現
12. DNAの構造と複製 …… 42
13. タンパク質の合成 …… 46
14. 遺伝情報の変化 …… 51
15. 形質発現の調節 …… 54
16. バイオテクノロジー …… 56

4章 生殖と発生
17. 有性生殖と減数分裂 …… 60
18. 遺伝の法則 …… 65
19. 遺伝子と染色体 …… 68
20. 動物の生殖細胞の形成と受精 …… 72
21. 卵割と動物の発生 …… 76
22. 発生と遺伝子のはたらき …… 81
23. 形成体と誘導 …… 84
24. 細胞の分化能 …… 88
25. 植物の生殖 …… 92
26. 植物の発生と器官分化 …… 96

5章 生物の環境応答
27. 刺激の受容と受容器 …… 98
28. 神経系による興奮の伝達 …… 101
29. 中枢神経系と末梢神経系 …… 105
30. 刺激への反応と効果器 …… 107
31. 動物の行動 …… 112
32. 環境要因の受容と植物の応答 …… 118
33. 植物ホルモンによる成長の調節 …… 121
34. 植物の花芽形成の調節 …… 125
35. 種子発芽の調節 …… 128

6章 生態と環境
36. 個体群とその成長 …… 130
37. 個体群内の相互作用 …… 134
38. 個体群間の相互作用 …… 136
39. 生物群集と種の共存 …… 139
40. 生態系の物質生産・物質収支 …… 141
41. 生態系と生物多様性 …… 144

7章 生物の起源と進化
42. 生命の起源 …… 146
43. 生物の変遷 …… 148
44. ヒトへの進化 …… 152
45. 進化のしくみ① …… 154
46. 進化のしくみ② …… 157

8章 生物の系統と分類
47. 生物の分類法と系統 …… 161
48. 原核生物・原生生物・菌類 …… 164
49. 植物の分類 …… 168
50. 動物の分類 …… 171

◆ 別冊正解答集

1 細胞の構造とはたらき

テストに出る重要ポイント

○ 電子顕微鏡で観察した細胞の構造

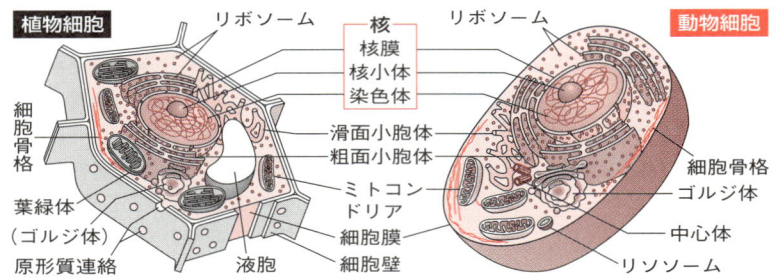

○ 真核生物と原核生物

真核生物…核膜で包まれた核をもつ真核細胞からなる。
原核生物…核膜のない原核細胞からなる。細菌類と古細菌。 →p.164

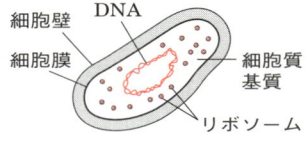

○ 細胞小器官のつくりとはたらき

① 核…核膜，染色体（遺伝子DNAを含む），核小体からなる。
② 細胞膜…**リン脂質**とタンパク質からなる。物質の出入りを調節。
③ **ミトコンドリア**…酸素を用いて**呼吸**を行い，**ATP**を合成。
④ **葉緑体**…光合成を行い，デンプンなどの有機物を合成。
⑤ **リボソーム**…RNAとタンパク質からなる。**タンパク質を合成**。
⑥ 小胞体…1枚の膜からなる。タンパク質の輸送やさまざまな代謝。
⑦ リソソーム…1枚の膜からなる。加水分解酵素を含み，**細胞内消化**を行う。
⑧ ゴルジ体…扁平な袋が重なった構造で**物質の分泌**に関与。動物で発達。
⑨ 中心体…細胞分裂時に，紡錘体の形成に関与する（微小管→p.16の起点）。動物と一部の植物に見られる。
⑩ 細胞壁…セルロースを主成分とする。細胞の保護と形の保持。
⑪ 液胞…内部には細胞液がある。老廃物の貯蔵と浸透圧の調節。
⑫ 細胞質基質…細胞小器官の間を満たす液体。種々の酵素を含む。

基本問題 　　　　　　　　　　　　　　　　　解答 ➡ 別冊 p.2

1 細胞内の構造と機能 ◁テスト必出

右の図は，電子顕微鏡で見られる植物細胞の構造を模式的に示したものである。これについて，次の各問いに答えよ。

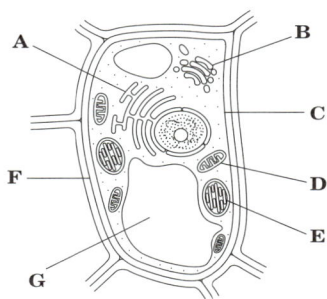

- (1) 図中の A〜G の名称を答えよ。
- (2) 下の①〜④の各文は次の A〜D のどれにあてはまるか。それぞれ記号で答えよ。

    A　リボソーム　　　B　小胞体
    C　リソソーム　　　D　ゴルジ体

    ① 1枚の生体膜からなり，リボソームを付着したものと，していないものがある。
    ② 加水分解酵素を内部に含み，細胞内消化に関わる。
    ③ タンパク質と RNA で構成され，タンパク質合成に関わる。
    ④ 1枚の生体膜からなる扁平な袋が重なったもので，物質の分泌に関わる。

- (3) 次のア〜エの細胞小器官のうち，原核生物がもつものを記号で答えよ。

    ア　リボソーム　　　イ　小胞体　　　ウ　ミトコンドリア
    エ　ゴルジ体

    📖 ガイド　真核生物は生体膜からなる多くの細胞小器官をもつが，リボソームは膜構造をもたない。

2 細胞を構成する物質 ◁テスト必出

細胞を構成する物質に関する問い(1)，(2)に答えよ。

- (1) 下の①〜④の各文は次の A〜D のどれにあてはまるか。記号で答えよ。

    A　糖　　　B　脂質　　　C　タンパク質　　　D　核酸

    ① アミノ酸が多数結合してできた物質。さまざまな生命活動で重要なはたらきを担う。
    ② エネルギー源として利用される物質で，細胞膜の構成成分としても重要である。
    ③ ヌクレオチドが多数結合してできた物質。
    ④ 動物や植物でエネルギー貯蔵物質としての役割をもち，植物の細胞壁の主成分にもなっている。

(2) 水に関しての説明で正しいものを次のア〜エから選び，記号で答えよ。
ア 水は比熱が高く，温度変化をやわらげる。
イ 水は電気的なかたよりのない無極性分子である。
ウ 細胞内ではタンパク質に次いで2番目に多く含まれる成分である。
エ 水は細胞膜を全く透過することができない。

3 細胞を構成する元素

細胞を構成する物質および元素に関する問い(1)，(2)に答えよ。
(1) 以下の物質を構成する元素をそれぞれ元素記号で答えよ。
① グルコース ② 脂 肪 ③ タンパク質 ④ DNA
(2) 動物体内におけるFeの説明としてあてはまるものを次のア〜エから選び，記号で答えよ。
ア 骨のおもな構成成分である。
イ ヘモグロビンに含まれ，酸素の運搬に関わる。
ウ 細胞内では陰イオンの形で存在する。
エ 神経の興奮で重要な役割をもつ。

4 細胞を構成する物質

右下のグラフは，細菌の細胞を構成する物質の割合である。これについて，以下の各問いに答えよ。

(1) A，Bにあてはまるものは何か答えよ。
(2) Cは細胞膜の構成成分として重要な物質であるが，何か答えよ。

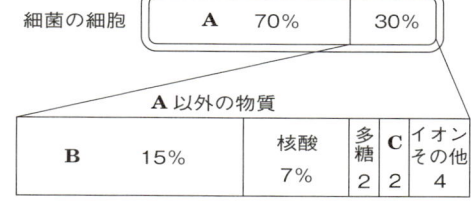

細菌の細胞 | A 70% | 30%

A以外の物質

| B 15% | 核酸 7% | 多糖 2 | C 2 | イオン その他 4 |

(3) 動物細胞と植物細胞について構成する物質を比較すると，大きな違いが見られる。その説明として正しい文を次のア〜エから選び，記号で答えよ。
ア 植物細胞には細胞壁があるため，動物細胞に比べてタンパク質が多い。
イ 植物細胞には細胞壁があるため，動物細胞に比べて多糖が多い。
ウ 植物細胞には葉緑体があるため，動物細胞に比べてタンパク質が多い。
エ 植物細胞には葉緑体があるため，動物細胞に比べて多糖が多い。

1 細胞の構造とはたらき

応用問題 解答 ⇒ 別冊 p.3

5 細胞小器官のつながりについて次の文を読み，各問いに答えよ。

タンパク質は，真核生物では①(　　)内の遺伝物質である②(　　)の塩基配列を転写した③(　　)の遺伝情報(遺伝暗号)にもとづき，④(　　)に付着した⑤(　　)で合成される。合成されたタンパク質は，④(　　)を経由して，⑥(　　)へと運ばれる。ここでさまざまな修飾を受けた後，細胞外に分泌される。

(1) 文中の空所に適する細胞小器官または物質名を答えよ。

(2) 下線部について，タンパク質が運ばれるしくみを右図1，2に描き込んで示せ。タンパク質は▲で表すこととし，図1には⑤でつくられたタンパク質が④を出るしくみ，図2は④を出たタンパク質が⑥に入るしくみを描くこと。

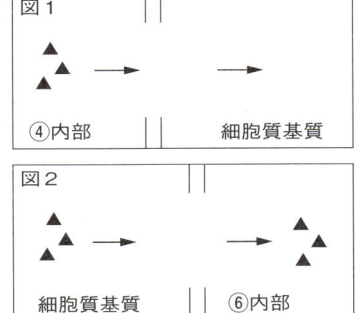

6 ＜差がつく＞ 原核細胞と真核細胞には，核膜の有無だけではなくさまざまな違いがある一方で，祖先を共有することからさまざまな共通性も見られる。次の各問いに答えよ。

(1) 原核細胞と真核細胞の共通点を以下の観点について説明せよ。
① 遺伝情報を保持する物質
② タンパク質合成の流れ(セントラルドグマ)
③ 「エネルギーの通貨」と呼ばれる物質

(2) 真核細胞と原核細胞に関しての説明で正しいものを次のア～エから選び，記号で答えよ。
ア どちらも細胞内に生体膜でできた細胞小器官をもつ。
イ 原核細胞には細胞壁をもつものはない。
ウ 細胞の大きさはどちらもほとんど変わらない。
エ どちらもリボソームをもちタンパク質合成を行う。

2 細胞膜のはたらき①

テストに出る重要ポイント

- **細胞膜の構造**…リン脂質の二重層の中にタンパク質が存在している（流動モザイクモデル）。
  _{各分子は膜の中を移動できる。}

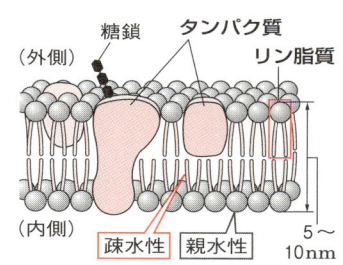

- **細胞膜の選択的透過性**…細胞膜が特定の物質を選択的に透過させる性質。
- **受動輸送**…濃度勾配にしたがった，拡散による物質の移動。
- **能動輸送**…ATPのエネルギーを用いて濃度勾配にさからって物質を移動させるはたらき。
- **輸送タンパク質**…細胞膜を介した物質輸送に関わるタンパク質
  ① **チャネル**…イオンなどを受動輸送で通す。 例 カリウムチャネル
  ▶ アクアポリン…水を通すためのチャネル。
  ② **ポンプ**…イオンなどを能動輸送する（エネルギーが必要）。
  ③ 担体（輸送体）…比較的低分子のアミノ酸や糖などを運搬。
  _{キャリアーとも呼ばれる。}
- **浸透と浸透圧**
  - 浸透…半透膜を通して，小さい分子（溶媒；水）が移動する現象。
  - 浸透圧…浸透を起こさせる力。
  ➡ ① 浸透圧は濃度が高い溶液ほど高い。
  ② 水は，浸透圧の低い溶液（薄い）から高い溶液（濃い）へと移動する。
- **細胞の浸透現象**

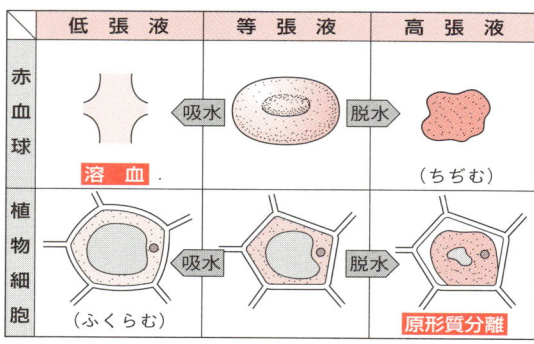

● **低張液**…細胞内部よりも濃度が低い溶液。
● **等張液**…細胞内部と濃度が等しい溶液。
● **高張液**…細胞内部よりも濃度が高い溶液。

基本問題

7 細胞膜の構造とはたらき ◀テスト必出

右の図は、細胞膜の構造を模式的に示したものである。これについて、次の各問いに答えよ。

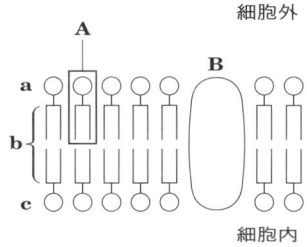

(1) 図中のA、Bの物質の名称を答えよ。
(2) 図中のa、b、cについて、それぞれ親水性か疎水性か答えよ。
(3) 糖鎖をつけて細胞の標識となるものはA、Bのどちらか。
(4) 細胞膜はAの二重層の中にBが存在し、AもBも互いに膜内を比較的自由に移動できるような構造をしている。このような構造を何というか。

📖 ガイド　(1) Aは脂質の一種。
　　　　　(4) AとBはそれぞれ膜の中で流動的に動くことができる。

8 細胞膜の性質 ◀テスト必出

次の文の(　)内に適する語を記せ。

(1) 半透膜を隔てて、濃度の異なる水溶液が接しているとき、水が膜を通って移動する現象を①(　　)といい、水分子が移動する方向は、溶液の濃度の②(　　)ほうから③(　　)ほうへである。このときの、水が移動する力のことを④(　　)という。④は、溶液の濃度の差が大きいほど⑤(　　)。

(2) 細胞膜は、小さな分子は通すが、大きな分子は通さない⑥(　　)という性質がある。しかし、細胞膜はセロハン膜のように完全な⑥は示さず、細胞の生理状態によって特定の物質のみを透過させる⑦(　　)という性質をもつ。⑦には、物質の移動にエネルギーを必要とする⑧(　　)と、エネルギーを必要とせず、物質が濃度の高いほうから低いほうへ移動する⑨(　　)とがある。

(3) ⑧の例としては、赤血球でNa^+を血しょう中へくみ出し、K^+を細胞内へ取り入れることが知られており、この結果、赤血球中には⑩(　　)が多く存在している。

📖 ガイド　(1) 水の浸透方向は、低濃度側→高濃度側である。
　　　　　(2) 特定の物質を透過させるはたらきには、エネルギーを必要とする能動輸送と必要としない受動輸送がある。

9 物質輸送とタンパク質 ◀テスト必出

生体膜における物質の輸送に関する各問いに答えよ。

(1) 膜を貫通し，開閉する管のようなタンパク質で，イオンなどの小さいが電荷をもった物質の受動輸送に関わるものを何というか。

(2) (1)のうち，水分子の輸送に関わっているタンパク質の名称を答えよ。

(3) イオンなどの能動輸送に関わるタンパク質を何というか。

(4) (3)のうち，細胞内外のナトリウムイオンの濃度勾配を生み出しているタンパク質を何というか。

📖 ガイド　グルコースは細胞内に多いが，ナトリウムイオンは細胞外に多い。担体（輸送体）と呼ばれるタンパク質はこれら2種類の物質を輸送することができる。

10 細胞の浸透現象

次の文を読んで，あとの問いに答えよ。

タマネギのりん葉の表皮の小片を濃度の異なる3種類のスクロース水溶液①15%，②8.5%，③3.4%に入れ，5分後に光学顕微鏡で観察したところ，

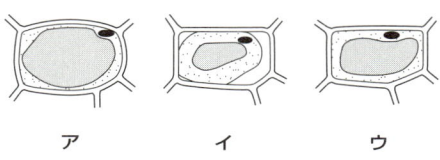

ア　　　イ　　　ウ

各小片の細胞は濃度の違いによって模式図ア～ウのようになっていた。

また，ヒトの血液を濃度の異なる食塩水0.9%，3%または蒸留水に入れ，すぐに光学顕微鏡で観察すると，0.9%食塩水中の赤血球には変化は見られなかったが，3%食塩水中の赤血球は収縮していた。蒸留水中の赤血球は膨張したのち，細胞膜がこわれて細胞内容物が流出した。

(1) スクロース水溶液①～③で処理されたタマネギのりん葉の表皮細胞は，それぞれどのようになるか。模式図のア～ウより選べ。

(2) 植物の細胞がイのような状態になることを何というか。

(3) 下線部の現象を何というか。

(4) タマネギのりん葉片を水に入れておき，顕微鏡で観察すると細胞の膨張が見られたが，赤血球を水に入れたときのような内容物の流出は見られなかった。その理由を簡単に示せ。

(5) タマネギの細胞や赤血球に見られたこのような現象は，細胞膜のどのような性質によるものか。簡単に説明せよ。

(6) 3%食塩水のように，細胞よりも浸透圧が高い溶液のことを何というか。

📖 ガイド　細胞壁は，溶質も溶媒も通す全透膜である。

応用問題

11 **差がつく** 右のグラフはある植物細胞を10％エチレングリコール溶液に浸したときの原形質の体積変化を表している。物質にはその化学的性質によって脂質二重層の膜を透過しやすいものと透過しにくいものがある。これについて、以下の問いに答えよ。

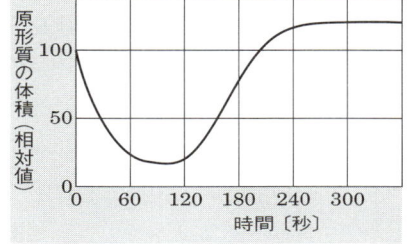

(1) 脂質二重層に対する物質の透過性について述べた次のア〜ウのうち、誤っているものを答えよ。

ア　酸素分子O_2は小さい分子なので透過しやすい。
イ　ステロイドホルモンは脂質に溶けやすい物質なので透過しやすい。
ウ　ナトリウムイオンNa^+は単原子イオンで小さいので透過しやすい。

(2) 脂質二重層をほとんど透過しない物質も、必要に応じて細胞内に取り入れたり、細胞外に分泌したりすることができる。これはなぜか説明せよ。

(3) 次のア〜ウのうち、エネルギーを使って物質を輸送している例として誤っているものはどれか。すべて答えよ。

ア　植物の細胞を濃いスクロース溶液に浸すと、原形質分離が起こる。
イ　ヒトの腎臓の細尿管では、グルコースの再吸収が起こる。
ウ　淡水で生活する魚(硬骨魚)は、えらから積極的に塩類を吸収する。

(4) アフリカツメガエルの卵の細胞膜にはアクアポリンがない。アクアポリン遺伝子を導入して細胞膜にアクアポリンをもつようにした卵を蒸留水に浸すと、どのようなことが起こるか。正しいものを次のア〜ウから選べ。

ア　水が細胞内に流入し、やがて卵は破裂してしまう。
イ　水が細胞から流出し、卵の大きさが小さくなる。
ウ　特に変化は見られない。

(5) グラフからエチレングリコールの細胞膜の透過性に関してわかることを説明せよ。

　📖 **ガイド**　(1)電荷をもつ物質は脂質二重層の膜をほとんど透過しない。
　　　　　　　(4)溶質が膜を透過せず水だけが出入りできるとき、内外の濃度が均一になる方向に水が移動する。

3 細胞膜のはたらき②

- **エキソサイトーシス**…細胞内に形成した小胞を細胞膜と融合させ内部の物質を細胞外に分泌する。

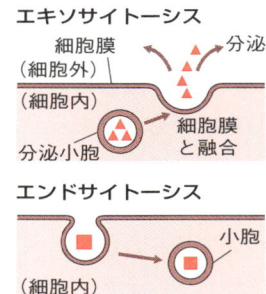

- **エンドサイトーシス**…物質を包み込むことで細胞膜から小胞を形成し，細胞内に取り込む。細菌類など大きなものを取り込む**食作用**と，小さな物質を取り込む**飲作用**がある。

- **細胞間結合**…タンパク質のはたらきにより，細胞同士が接着している。
  ① **密着結合**…タンパク質により細胞が縫い合わされたように接着。細胞間（細胞間隙）にすき間ができず物質の通過を妨げる。
  ② **固定結合**…細胞どうしの結合にはたらく膜タンパク質が細胞内で**細胞骨格と結合**していて，組織の形態保持にはたらく。
  　　　｛ **接着結合**…カドヘリン(細胞間接着タンパク質)が細胞内部でアクチンフィラメントと結合している。
  　　　　デスモソーム…強固に固定するボタンのような構造。
  ③ **ギャップ結合**…中空のタンパク質によって細胞がつながる。小さい分子やイオンが直接細胞質から細胞質へ移動できる。

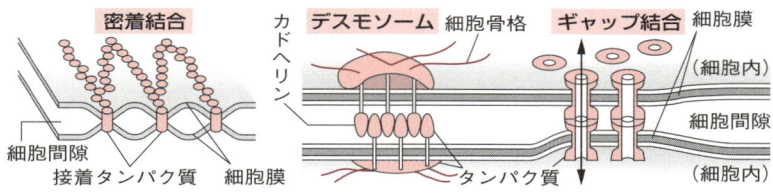

- **カドヘリン**…細胞どうしを接着させる膜タンパク質。同じ種類のものどうしが結合するため，細胞の識別にもはたらく。
  ▶**インテグリン**…細胞外基質に対して錨のようにはたらくタンパク質。

- **原形質連絡**…植物細胞で，隣り合う細胞どうしの細胞壁を貫通してできる細胞質のつながり。

基本問題

12 細胞膜と物質輸送 ◀テスト必出

細胞は，膜タンパク質を使った物質輸送だけでなく，小胞を使った物質輸送も行っている。これについて，以下の問いに答えよ。

- (1) 細胞膜を透過できない大きな物質を小胞を用いて細胞内に取り込むはたらきを何というか。
- (2) (1)のような作用をもつのは赤血球，白血球，血小板のうちどれか。
- (3) (1)とは逆に，細胞表面の小胞から物質を分泌するはたらきを何というか。
- (4) (3)によって分泌される物質として適切でないものを選び記号で答えよ。
  ア　ホルモン　　イ　神経伝達物質　　ウ　消化酵素　　エ　グルコース

13 細胞間結合

細胞間結合に関する次の文の空欄にあてはまる語句を答えよ。

多細胞生物の組織を構成する細胞は，さまざまな種類の細胞間結合により接着している。①（　　）結合は特殊なタンパク質による細胞間結合で，細胞の間（細胞間隙）を物質が移動するのを防ぐはたらきもある。固定結合は②（　　）というタンパク質で細胞どうしが接着しており，接着結合と呼ばれる結合や③（　　）というボタン状の構造による結合があり，いずれも②などのタンパク質が細胞内部で④（　　）とつながり，細胞の形態を支えている。⑤（　　）結合は中空のタンパク質で隣接する細胞の細胞質どうしを直接連結しているが，これは植物細胞の⑥（　　）と同様のしくみといえる。

応用問題

14 ◀差がつく 細胞間結合に関する次の問い(1)，(2)に答えよ。

- (1) カドヘリンにはさまざまな種類があり同じものどうしが結合するが，そのことが細胞間結合においてどのような重要な意味があるか答えよ。
- (2) ギャップ結合が細胞間の情報伝達においてどのような役割を果たしているか説明せよ。

　ガイド　ギャップ結合では，隣り合う細胞の細胞質がつながっているので小さい分子は自由に移動できる。

4 タンパク質の構造とはたらき

テストに出る重要ポイント

- **タンパク質**…アミノ酸がペプチド結合で鎖状につながった高分子。

- **アミノ酸**…炭素原子（C）にアミノ基（-NH₂）とカルボキシ基（-COOH）が結合した分子。R（側鎖）の部分の違いで異なるアミノ酸になり、タンパク質を構成するアミノ酸は20種類。例 Rが水素（H）の場合はグリシン
  ※カルボキシル基ともいう。

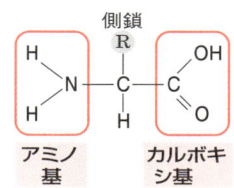

- **ペプチド結合**…隣り合うアミノ酸での、アミノ基とカルボキシ基間の脱水結合。多数のアミノ酸がつながったものを**ポリペプチド**という。

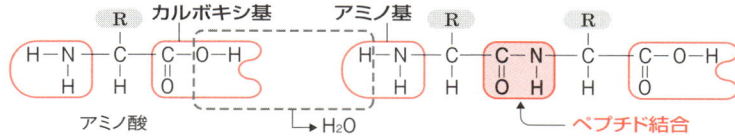

- **タンパク質の分子構造**
  ① **一次構造**…アミノ酸配列（アミノ酸の並び順）。
  ② **二次構造**…ポリペプチド鎖がつくる立体構造。αヘリックス（らせん構造）とβシート（ジグザグ構造）。
  ③ **三次構造**…二次構造を含んだポリペプチド鎖全体の立体構造。
  ④ **四次構造**…複数のポリペプチド鎖が組み合わさった立体構造。

一次構造	二次構造	三次構造	四次構造
アミノ酸の種類と配列順序	ポリペプチドの部分的な立体構造	ポリペプチド全体の立体構造	2個以上の三次構造による立体構造

- **タンパク質の特徴**…熱や酸・アルカリによって分子の立体構造が変化（**変性**）すると、そのはたらきを失う（**失活**）。

- **タンパク質のはたらき**…①酵素　②物質輸送　③情報伝達と受容体　④筋収縮（→p.107）　⑤生体防御（免疫グロブリン→p.20）

4 タンパク質の構造とはたらき

基本問題 .... 解答 → 別冊 p.5

15 タンパク質 ＜テスト必出

次の文はタンパク質の構造について述べたものである。

タンパク質は, ①(　)種類のアミノ酸が②(　)結合によってつながってできたポリペプチド鎖が特定の立体構造をつくる高分子である。構成単位となるアミノ酸は窒素原子を含む③(　)基と炭素を含む④(　)基をもつ。
ポリペプチド鎖での⑤(　)の配列をタンパク質の一次構造と呼ぶ。ポリペプチド鎖のらせんや, ジグザグ構造を二次構造という。ポリペプチド鎖が折り畳まれて, 特定の形になったものを三次構造という。複数のポリペプチド鎖が組み合わさって構成されるタンパク質分子の構造を⑥(　)構造という。

□ (1) ①～⑥の空欄に, 最も適切な語句を記せ。
□ (2) タンパク質の性質と分子構造について, 誤りの文を1つ選べ。
　ア　タンパク質は熱によって変性しやすいが, 酸, アルカリでは変性しにくい。
　イ　タンパク質は, アミノ酸が鎖状につながった高分子である。
　ウ　タンパク質は20種類あるアミノ酸によって構成される。
　エ　タンパク質のアミノ酸配列は, 遺伝子によって決まっている。

応用問題 .... 解答 → 別冊 p.6

16 ＜差がつく　タンパク質は, 右図のような分子の基本構造をもつ20種類のアミノ酸が鎖状につながってでき, この並びによってタンパク質の立体構造や性質が決まる。

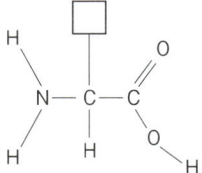

□ (1) 右図中のアミノ基とカルボキシ基を丸で囲め。
□ (2) 右図を使って, ペプチド結合を図示せよ。
□ (3) 5つのアミノ酸が結合したポリペプチド鎖は, 何通りの組み合わせがあるか。

□ **17**　次のA～Eのうち, タンパク質の性質とはたらきについて正しい文はどれか。
　A　タンパク質の熱変性は, タンパク質を構成するアミノ酸が分解されて起こる。
　B　酸やアルカリによってタンパク質が変性するのは, タンパク質を構成するアミノ酸の配列が変化するからである。
　C　生体で化学反応を触媒する酵素の主成分はタンパク質である。
　D　タンパク質のうち, アクチンやミオシンは筋収縮で受容体としてはたらく。
　E　免疫ではたらく抗体はタンパク質で, 細菌を殺す酵素としてはたらく。

5 生命活動にはたらくタンパク質

- 細胞間の情報伝達…情報伝達物質を細胞が受容体(タンパク質)で受け取ることで情報が伝達される。受容体には，伝達物質依存性チャネルや酵素活性をもつものがある。

- 情報伝達の方法

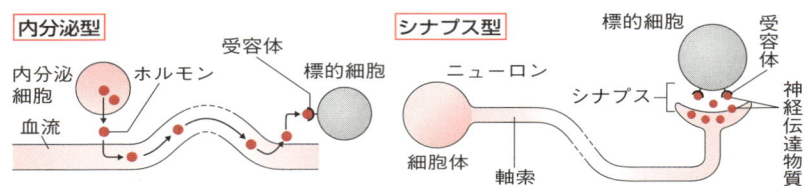

- ホルモンと受容体
  - ペプチドホルモン…標的細胞の表面にある受容体に結合。
  - ステロイドホルモン…細胞膜を透過し細胞内の受容体に結合。

- セカンドメッセンジャー…情報伝達物質が細胞表面の受容体に結合した後，細胞内で情報を伝える物質。例 cAMP，Ca^{2+}

- 細胞骨格…細胞の形態を維持したり，運動に関係する細胞内にある繊維状の構造物。タンパク質からなる。

  ① アクチンフィラメント…アクチンからなる。筋収縮や原形質流動，アメーバ運動，細胞質分裂に関係。直径約7 nm。

  ② 微小管…チューブリンが重合した細胞骨格。鞭毛，繊毛の運動や細胞内での物質輸送に関係。核分裂時の紡錘糸。直径約25 nm。

  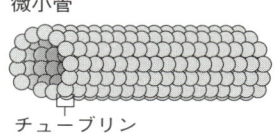

  ③ 中間径フィラメント…直径8～10 nm。細胞の形態保持。

- モータータンパク質…ATPを消費して運動するタンパク質。
  - ミオシン…アクチンフィラメント上を移動する。
  - ダイニン，キネシン…微小管上を一定方向に移動。

5 生命活動にはたらくタンパク質

基本問題 ……………………………………………………………… 解答 ➡ 別冊 *p.6*

18 細胞間の情報伝達

細胞間の情報伝達について次の文を読み，各問いに答えよ。

多細胞生物では，細胞は情報伝達物質が①(　　)に特異的に結合することで，他細胞から情報を受け取る。①は②(　　)でできている。情報伝達物質には，内分泌腺で合成される③(　　)や，神経細胞のシナプスで放出される④(　　)などがある。

- (1) 文中の空欄にあてはまる語句を答えよ。
- (2) 下線部の具体的な物質名を2つ記せ。

19 細胞間の情報伝達

細胞間の情報伝達に関する以下の各問いに答えよ。

- (1) 情報伝達物質の受容体の説明としてあてはまるものを次のア～エからすべて選び，記号で答えよ。
  - ア　水溶性の物質は細胞膜を透過しにくいので細胞膜上の受容体に結合する。
  - イ　水溶性の物質は細胞膜を透過しやすいので細胞内の受容体に結合する。
  - ウ　脂溶性の物質は細胞膜を透過しにくいので細胞膜上の受容体に結合する。
  - エ　脂溶性の物質は細胞膜を透過しやすいので細胞内の受容体に結合する。
- (2) 情報伝達物質と受容体について正しいものを以下から選び，記号で答えよ。
  - ア　受容体は立体構造の合う特定の物質と結合する。
  - イ　すべての受容体はイオンチャネルとしてのはたらきをもつ。
  - ウ　ホルモンにはタンパク質でできているものはない。
  - エ　神経細胞のシナプスでは細胞同士が直接つながっているので情報伝達物質を用いた情報伝達は行われない。
- (3) 情報伝達物質が受容体に結合したあとに起こることとして適切でないものを次のア～オより選び，記号で答えよ。
  - ア　セカンドメッセンジャーの産生
  - イ　特定の遺伝子の発現
  - ウ　特定のイオンの細胞への流入
  - エ　受容体の立体構造の変化
  - オ　受容体の分解

20 細胞骨格 テスト必出

次の文を読み，以下の問いに答えよ。

細胞骨格は，3種類に大別できる。①（　　）を構成単位とする①フィラメントは，直径が3種類のなかで最も細く，筋収縮などの生命現象に関わる。②（　　）を構成単位とする③（　　）は，3種類のなかで最も太く，細胞内の物質輸送などに関わる。④（　　）は直径が8～10 nmでさまざまな種類のものが存在し，細胞に強度を与え，形態の保持に役立っている。

☐ (1) 文中の空欄に入る適当な語句を次の語群から選び答えよ。
　　ダイニン　　ミオシン　　アクチン　　チューブリン　　微小管
　　中間径フィラメント　　インスリン　　アドレナリン　　キネシン

☐ (2) ①フィラメントと③がともに関与する生命現象を答えよ。

☐ (3) ③の上を移動するモータータンパク質の名称を(1)の語群から2つ選べ。

☐ (4) 次の生命現象のなかでアクチンフィラメントが関わるものとして適切でないものを選び，記号で答えよ。
　　ア　原形質流動
　　イ　アメーバ運動
　　ウ　鞭毛運動
　　エ　細胞間の固定結合

☐ (5) ①フィラメントと③の細胞内での分布の様子を，①フィラメントを実線，③を破線で図示せよ。

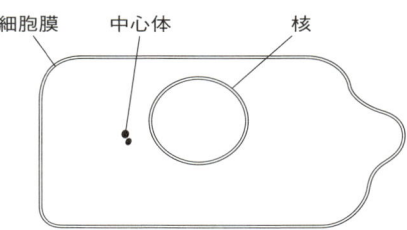

☐ (6) ①フィラメントについての説明としてあてはまるものを次のなかから選び，記号で答えよ。
　　ア　構成単位となるタンパク質が重合と脱重合をくり返している。
　　イ　安定した物質で，一度形成されると分解されることはない。
　　ウ　筋肉以外の細胞はアクチンフィラメントをもたない。
　　エ　モータータンパク質はこの細胞骨格のはたらきに関与しない。

📖 ガイド　構成単位となるタンパク質どうしが結合し，細胞骨格を伸長させるのが重合。その逆の現象が脱重合。

応用問題

21 ◀差がつく
食欲の低下を起こすレプチンというホルモンがある。このホルモンに関係する2種類の肥満マウスA，Bで以下のような実験を行った。以下の問いに答えよ。

実験1　正常マウスと肥満マウスAの血管をつなぎ，血液が循環するようにした。その結果，正常マウスには変化がなく，肥満マウスAは食欲が低下した。

実験2　正常マウスと肥満マウスBの血管をつなぎ，血液が循環するようにした。その結果，正常マウスは食欲が低下し餓死したが，肥満マウスBは肥満のまま変化が見られなかった。

肥満マウス　　正常マウス

□(1)　この実験からわかることとして適切なものを2つ選び，記号で答えよ。
　ア　肥満マウスAはレプチンの分泌に異常がある。
　イ　肥満マウスAはレプチン受容体に異常がある。
　ウ　肥満マウスBはレプチンの分泌に異常がある。
　エ　肥満マウスBはレプチン受容体に異常がある。

□(2)　肥満マウスAと肥満マウスBの血管をつなぎ，血液が循環するようにする実験を行うと，そのような結果になると考えられるか説明せよ。

22
アクチンフィラメントや微小管は構成単位となるタンパク質が重合と脱重合をくり返しているが，それらを薬剤によって阻害することができる。以下の問いに答えよ。

□(1)　アクチンの重合を阻害するサイトカラシンという薬剤で細胞を処理すると見られる現象を次のなかから選び，記号で答えよ。
　ア　核分裂も細胞質分裂も正常に起こらない。
　イ　核分裂は正常に起こるが，細胞質分裂が起こらない。
　ウ　核分裂は起こらないが，細胞質分裂は正常に起こる。
　エ　核分裂も細胞質分裂も正常に起こる。

□(2)　微小管の構成タンパク質であるチューブリンの重合を阻害するコルヒチンで細胞を処理すると，細胞分裂中の細胞にはどのような影響があるか説明せよ。

6 免疫とタンパク質

テストに出る重要ポイント

- 免疫…異物(非自己)を排除し，体内環境を維持するしくみ。
- 体液性免疫…B細胞がつくった抗体(免疫グロブリンというタンパク質)が抗原に結合して無毒化する抗原抗体反応によって異物を排除する。細菌の感染や毒物に対しておもにはたらく。

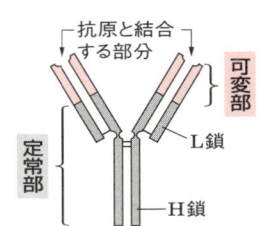

- MHC(主要組織適合抗原)…細胞の表面にあるタンパク質。個体によって異なり，自己と非自己を見分ける目印となる。
- HLA…ヒトのMHCはHLA(ヒト白血球型抗原)と呼ばれ，この型が個人によって異なることで，臓器移植の際の拒絶反応が起こる。
- その他の免疫に関わるタンパク質
  ① Toll様受容体…好中球やマクロファージの細胞表面にあり，ウイルスや細菌を見分けるために用いる。
  ② T細胞受容体…T細胞の表面にあり，免疫グロブリンと同様，遺伝子再構成によりさまざまな種類のものがある。
  ③ サイトカイン…免疫に関わる細胞間の情報伝達物質。

基本問題　　　　　　　　　　　　　　解答 ➡ 別冊 p.8

23 抗体の構造 〈テスト必出〉

抗体について次の文を読み，各問いに答えよ。

抗体は，①(　　)というタンパク質でできており，②(　　)という細胞によってつくられる。抗体は，分子量の大きい③(　　)鎖2本と分子量の小さい④(　　)鎖2本の合計4本のポリペプチドによって構成される。また，③と④には，それぞれアミノ酸配列に変化がない⑤(　　)部と，アミノ酸配列に変化が大きい⑥(　　)部がある。

6 免疫とタンパク質　21

- (1) 文中の空欄に入る適当な語句を答えよ。
- (2) 抗体の模式図を，4本のポリペプチドがわかるように描き，⑥がどこにあたるかを図中に示せ。
- (3) 抗原と結合するのは，⑤と⑥のいずれか。
- (4) 抗原と抗体が結合する反応を何というか。
- (5) 1つの抗体には抗原と結合する部位が何か所あるか。正しいものを次のなかから選び，記号で答えよ。
   ア　1か所　　　イ　2か所　　　ウ　数は決まっていない

応用問題　　　　　　　　　　　　　　　　　　　　　解答 → 別冊 p.8

24 ヒトの抗体のH鎖の可変部の遺伝子には，V，D，Jの3つの領域があり，それぞれ複数の断片が存在する。これらの断片を組み合わせて再構成することによって多様な抗体を生み出し，さまざまな異物に対応することができる。ヒトの抗体のH鎖遺伝子で，Vに65種類の断片，Dに27種類の断片，Jに6種類の断片があるとすると，遺伝子再構成により何通りの組み合わせが考えられるか。

　📖ガイド　遺伝子再構成による組み合わせを考えるので，各々の断片の種類をかけ合わせればよい。

25 ◀差がつく　ヒトの免疫に関わるさまざまな細胞では，受容体を使って異物を認識するとともに，細胞同士の情報伝達が行われている。免疫における情報伝達に関わるタンパク質についての説明としてあてはまるものを次のア～カよりすべて選び，記号で答えよ。
- ア　自然免疫ではたらくマクロファージも，細胞表面の受容体により細菌やウイルスなどの異物を見分けることができる。
- イ　MHC（主要組織適合抗原）の種類により，ABO式血液型が決定する。
- ウ　MHCは，体内のそれぞれの組織によって異なる。
- エ　MHCは細胞の内部にあるタンパク質で，体内で自己と非自己を見分ける目印となる。
- オ　臓器移植の拒絶反応は，HLAの型が合わないことにより起こる。
- カ　T細胞受容体は，免疫グロブリンとは異なり遺伝子再構成が起こらない。

7 酵素とその反応

テストに出る重要ポイント

- **酵素**…生体内の化学反応を促進する<u>触媒</u>(**生体触媒**)。おもに<u>タンパク質からなる</u>。はたらくための最適温度や最適pHがある。

- **基質特異性**…酵素が反応を促進する物質(<u>基質</u>)は,その酵素の<u>活性部位</u>(活性中心)と立体構造が合致した特定の物質だけである。

- **補助因子**…酵素には主体となるタンパク質のほかに,タンパク質以外の物質(<u>補助因子</u>=補酵素,補欠分子,金属)が必要なものもある。

- <u>補酵素</u>…補助因子の1つで比較的低分子の有機物。透析によって分離することができ,一般に熱に強い。

  例 呼吸の脱水素反応での補酵素:NAD

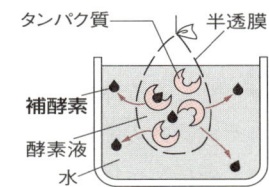

- **酵素反応の速度**…反応速度は酵素濃度や基質濃度によって変わる。

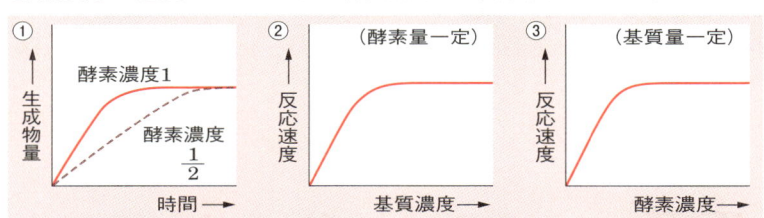

① 生成物の最大量は基質量で決まる。<u>酵素濃度が高いほど反応速度が高くなり</u>,グラフの傾きが大きくなる。

②,③ <u>基質濃度も酵素濃度も,高いほうが反応速度が増大する</u>が,一方が他方に対して過剰になると,反応速度は増大しなくなる。

- **競争阻害**…基質と似た物質が活性部位に結合すると,触媒作用が阻害される。基質濃度が高いと影響は小さい。

- **アロステリック酵素**…活性中心とは異なる部位で基質以外の物質と結合し,はたらきが変化する酵素。

- **フィードバック調節**…一連の反応の生成物が初期の反応の酵素活性を変化させて反応全体の調節にはたらく。

7 酵素とその反応

基本問題

解答 → 別冊 *p.8*

26 酵素のはたらく条件 ◀テスト必出

次の文の空欄に，最も適切な語句を記せ。

酵素は①(　　)を主成分とする生体触媒である。反応の活性化エネルギーを②(　　)ので，生体でのさまざまな化学反応が速やかに行われる。酵素の分子の立体構造によって特定の基質のみに作用する③(　　)性が見られる。また，温度に対しては，反応速度が最も高くなる④(　　)がある。④をこえると酵素の活性が下がり反応速度が小さくなる。さらに高温になり，酵素のはたらきが失われるのは①の熱⑤(　　)によるもので，⑥(　　)という。反応速度が最大となるpH条件を⑦(　　)といい，胃ではたらく消化酵素の⑧(　　)が最もよくはたらく条件はpH2程度の強酸性である。

27 酵素と補酵素

酵素のタンパク質成分と補酵素を透析によって分離し，それぞれを次のような組み合わせで混ぜ合わせたときに酵素の活性はどのようになるか。

(1) 非加熱タンパク質と非加熱補酵素　　(2) 非加熱タンパク質と加熱補酵素
(3) 加熱タンパク質と非加熱補酵素　　　(4) 加熱タンパク質と加熱補酵素

📖ガイド　補酵素は一般的に熱に強いが，タンパク質成分は熱に弱い。

28 酵素の反応速度と外的条件

次の各問いに答えよ。

(1) 図1は，温度と酵素濃度を一定にして，基質濃度を変化させたときの反応速度の変化を示している。①〜⑤から，最も適しているものを選べ。

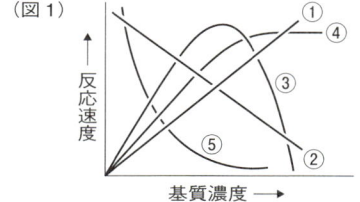

(2) 基質と酵素濃度を一定にして，温度を10℃から50℃まで変化させると，反応速度はどうなるか。図示せよ。

(3) ペプシンとアミラーゼをいろいろなpHのもとではたらかせると，反応速度の変化はそれぞれ図2のどれになるか。

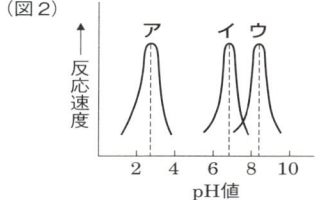

29 酵素反応の速度 ◀テスト必出

次の文の空欄に入る最も適切な文はそれぞれア,イのどちらか。

酵素反応の反応速度は,酵素と基質の濃度によって決まる。基質濃度に比べて酵素濃度が低い場合には,酵素濃度の変化に対して①(　　)が,基質濃度に対して酵素濃度が十分に高い場合には酵素濃度の変化に対して②(　　)。逆に酵素濃度に対して基質濃度が低い場合には,基質濃度の変化に対して③(　　)が,酵素濃度に対して基質濃度が十分に高い場合には基質濃度の変化に対して④(　　)。

ア　反応速度が変化する　　　イ　反応速度は変化しない

30 アロステリック酵素

酵素反応の調節について正しい文は次のうちどれか。

ア　補酵素と結合して活性をもつ酵素タンパク質を,アロステリック酵素という。
イ　アロステリック酵素のはたらきを調節する物質は,活性部位に結合して基質との結合を阻害する。
ウ　アロステリック酵素では,酵素の活性中心とは異なる部位に基質が結合することで,酵素の反応速度が抑制される。
エ　アロステリック酵素は,その酵素がはたらく一連の反応系の最終産物と結合して活性に影響を受ける場合がよくある。

31 酵素の種類

酵素はそのはたらきによって,次の(1)～(4)に分類できる。これらにあてはまるものを,選択群A,Bのそれぞれからすべて選び,記号で答えよ。

(1)　加水分解酵素　　　(2)　酸化還元酵素
(3)　脱炭酸酵素　　　　(4)　転移酵素

〔選択群A〕
　ア　食物の消化にはたらく
　イ　二酸化炭素を生じる反応にはたらく
　ウ　水素が補酵素に渡される反応にはたらく
　エ　アミノ酸の合成にはたらく

〔選択群B〕
　a.　リパーゼ　　　　b.　ペプシン　　　　c.　カタラーゼ
　d.　アミラーゼ　　　e.　ATP分解酵素　　f.　トランスアミナーゼ
　g.　デカルボキシラーゼ　　h.　デヒドロゲナーゼ

応用問題

32 酵素に関しての次の文の誤りを指摘して修正せよ。
(1) 一定量の基質に対して酵素反応が終わった後に，酵素を追加すると再び反応が起こる。
(2) 酵素反応では反応の活性化エネルギーが高まるために反応が速やかに起こる。
(3) 酵素の最適pHはほぼ7で，酸性でもアルカリ性でも酵素の活性は低下する。
(4) 最適温度よりも高い温度で酵素反応の速度が低下するのは，基質分子の立体構造が変化するためである。

33 酵素と基質が酵素―基質複合体を形成して反応が起こる過程を，基質特異性を含めて，右の図を用いた模式図で説明せよ。

基質

基質ではない物質

34 次の(1)〜(3)の各条件について調べたグラフにあてはまるものを，あとの図から選べ。
(1) ある基質濃度の場合を実線で，基質濃度2倍の場合を破線で描いた，酵素量が一定の場合の反応時間(横軸)に対する生成物量(縦軸)のグラフ。
(2) ある酵素濃度の場合を実線で，酵素濃度2倍の場合を破線で描いた，基質量が一定の場合の，反応時間(横軸)に対する生成物量(縦軸)のグラフ。
(3) 競争阻害の阻害物質がある場合を実線で，阻害がない場合を破線で描いた，基質濃度(横軸)に対する反応速度(縦軸)のグラフ。

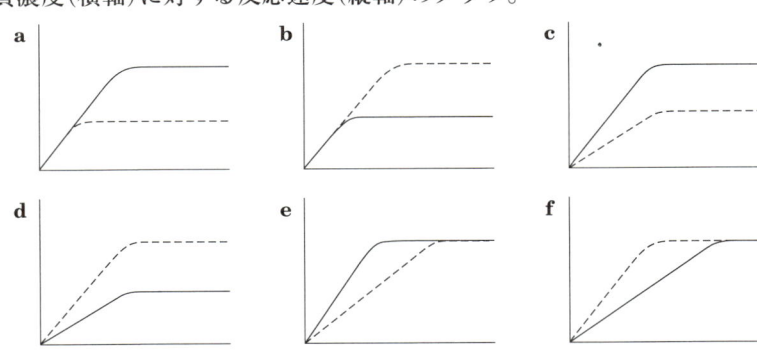

8 呼吸

★テストに出る重要ポイント

- 呼吸…酸素を用いて有機物を分解したときに生じるエネルギーからATPを合成する反応（異化）。
- 呼吸の反応式
  $C_6H_{12}O_6 + 6O_2 + 6H_2O \longrightarrow 6CO_2 + 12H_2O$
- 呼吸の過程…解糖系→クエン酸回路→電子伝達系

① **解糖系**（細胞質基質で行われる）

$\left.\begin{array}{l}\text{グルコース}\\ \\ 2\,NAD^+\end{array}\right\} \rightarrow \left\{\begin{array}{l}2\,\text{ピルビン酸}\\ 2\,H^+\\ 2\,NADH\end{array}\right.$

ATP 2分子が合成され，NAD$^+$ 2分子が還元される。

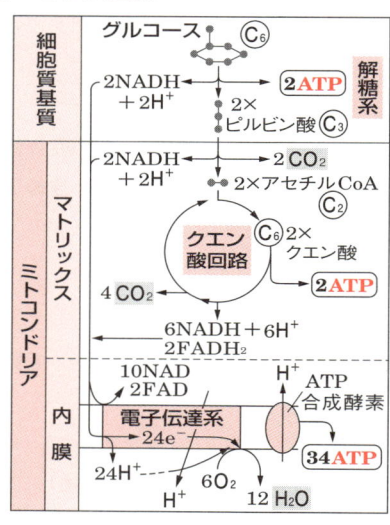

② **クエン酸回路**（ミトコンドリアのマトリックスで行われる）

2ピルビン酸 + $6H_2O$ + $8NAD^+$ + $2FAD \longrightarrow 6CO_2 + 8NADH + 8H^+ + 2FADH_2$

ピルビン酸が水と反応して二酸化炭素を生じる。**ATP 2分子**が合成され，NAD$^+$ 8分子とFAD 2分子が還元される。

③ **電子伝達系**（ミトコンドリアの内膜）

$10\,NADH + 10H^+ + 2FADH_2 + 6O_2 \longrightarrow 10\,NAD^+ + 2FAD + 12H_2O$

解糖系とクエン酸回路で生じたNADH，H$^+$，FADH$_2$が酸素と反応し，水を生じる。生じる**ATPは最大34分子**と非常に多い。

- **酸化的リン酸化**…NADHやFADH$_2$を酸化して受け取った電子のエネルギーを用いて電子伝達系でH$^+$を内膜と外膜の間にくみ出し，H$^+$がATP合成酵素を通ってマトリックスにもどる際にATP合成を行う。
  ↳濃度勾配に従った受動輸送。
  ↳ADPをリン酸化する。

- **呼吸商(RQ)** = $\dfrac{\text{排出された}CO_2\text{の体積}}{\text{吸収された}O_2\text{の体積}}$

  炭水化物…1.0
  脂肪…0.7
  タンパク質…0.8

右に示すように，消費される基質によって異なる。

基本問題

35 呼吸の過程 ◀テスト必出

図はグルコースが呼吸によって分解される過程を示したものである。図を見て以下の問いに答えよ（図のC_1〜C_6の数字は分子中の炭素数を示す）。

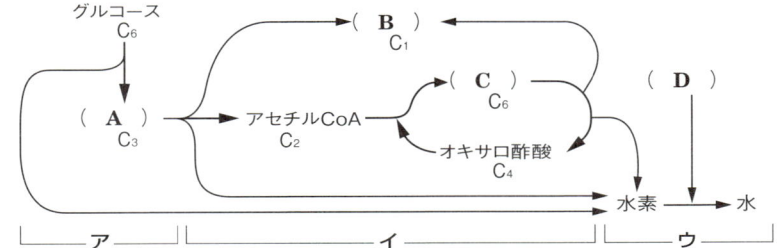

(1) 図の空欄A〜Dに入る物質名を記せ。
(2) ア〜ウの反応系の名称と，その反応系が行われる場所を記せ。
(3) ATPが最も多くつくられる過程はア〜ウのうちどれか。
(4) ①デヒドロゲナーゼ，②デカルボキシラーゼ，③プロトン（H^+）ポンプは，ア〜ウの過程のどこではたらくか。それぞれ記号で答えよ。
(5) 呼吸の反応式を記せ。

📖 **ガイド** 呼吸の過程は，解糖系→クエン酸回路→電子伝達系。酸素は電子伝達系の最後に水素と反応して水になる。

36 呼吸の反応

次の文の空欄に，最も適切な語句を記せ。

呼吸では，呼吸基質となる①（　　）は細胞質基質で行われる解糖系で脱水素反応を受けて2分子の②（　　）となる。この過程でATPは2分子が使われ，③（　　）分子が生じるので，差し引き④（　　）分子のATPが生じる。

ピルビン酸はミトコンドリアのマトリックスで行われるクエン酸回路の反応で，水と反応しながら⑤（　　）分子の二酸化炭素を生じる。この過程で⑥（　　）分子のATPが合成される。また脱水素反応で生じた水素は⑦（　　）であるNADやFADによってミトコンドリアの内膜の電子伝達系に運ばれ，反応が起こる。

電子伝達系では解糖系とクエン酸回路で生じた水素が水素イオンと電子に分かれて，電子が膜上のタンパク質群からなる系を受け渡しされる過程で多量の⑧（　　）が生じる。水素は最終的に⑨（　　）と反応して⑩（　　）が生じる。

📖 **ガイド** グルコースからピルビン酸を経て二酸化炭素が生じ，酸素と水素から水が生じる。

37 呼吸商

呼吸に関する次の文を読み，問いに答えよ。

呼吸によって排出される二酸化炭素の量を吸収される酸素で割った値を呼吸商という。呼吸商は化学反応式から理論値を求めることができ，炭水化物の場合には①(　　)，脂肪の場合には②(　　)，タンパク質の場合には③(　　)程度の値になる。実測した値は，呼吸基質に何が使われているかを知るのに使うことができる。さまざまな生物(植物は発芽時)の呼吸商を測定したところ表のようになった。

生物	ウシ	ネコ	コムギ	トウゴマ
呼吸商	0.96	0.74	0.98	0.71

- (1) 文中の空欄①〜③に入る数値を記せ。
- (2) 表の結果から，おもな呼吸基質が脂肪であると考えられる生物はどれか。
- (3) ネコのおもな呼吸基質は何と考えられるか。
- (4) パルミチン酸の化学式は $C_{16}H_{32}O_2$ である。呼吸商を小数第2位まで求めよ。

📖 ガイド　(4)化学反応式を完成させて酸素と二酸化炭素の係数から呼吸商を求める。

応用問題　　　　　　　　　　　　　　　　解答 ⇒ 別冊 p.11

38 ◀差がつく

グルコースを呼吸基質とした呼吸で 6.72 L の二酸化炭素が排出された場合について以下の問いに答えよ。ただし，1 mol(モル)のグルコースから呼吸によって生じる ATP 量は 38 mol，原子量は H=1，C=12，O=16，1 モルの気体の体積は 22.4 L とする。

- (1) 分解されたグルコースは何 g か。
- (2) 吸収された酸素は何 g か。
- (3) 生成された ATP は何 mol か。

📖 ガイド　グルコースの化学式 $C_6H_{12}O_6$ と 1 mol の質量 180 g は覚えよう。化学反応式の係数より，1 mol のグルコースから呼吸で 6 mol の二酸化炭素が生じることがわかる。

39

酵母菌を水に溶いたものを酵素液としてツンベルク管(図)を用いた実験を行った。実験内容を読み，以下の問いに答えよ。

ア　ツンベルク管の主室に酵素液，副室にコハク酸ナトリウム水溶液とメチレンブルー水溶液を入れた。
イ　吸引ポンプでツンベルク管内の空気をできるだけ除いた。
ウ　副室の溶液を主室の酵素液と混合した。

エ　混合した液は，はじめはメチレンブルーの色で青かったが，次第に青色が消えてもとの酵素液の色になった。

オ　ツンベルク管のコックを開いて，内部に空気を入れ，混合液を攪拌すると混合液の色は再び青くなった。

- (1) この実験で，コハク酸ナトリウムはどのような役割か。
- (2) この実験は，どのようなはたらきをもつ酵素について調べるものか。
- (3) この実験で調べた酵素は，細胞内のどこではたらく酵素か。
- (4) エで，メチレンブルーの色が消える理由を記せ。
- (5) オで，メチレンブルーの色が現れる理由を記せ。
- (6) オの後に，再び空気を抜いて放置すると，混合液はどのようになるか。理由を含めて説明せよ。
- (7) ツンベルク管を使わずにふつうの試験管でこの実験を行う場合にはどのような工夫が必要か。

📖 **ガイド**　コハク酸はクエン酸回路の中間産物で，コハク酸脱水素酵素によって脱水素される。この反応で生じる水素がメチレンブルーを還元すると，色が消えて無色になる。

40 ◆差がつく　右図に示すような実験装置で，ダイズの発芽種子の呼吸量測定を行った。実験内容を読み，以下の問いに答えよ。

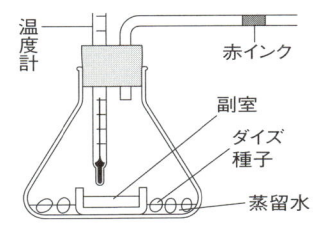

ア　三角フラスコ内に一定量の発芽ダイズ種子を入れ，器内の体積変化がわかるように赤インクを入れた細管をつないだ。

イ　実験Aとして，三角フラスコ内の副室に10%水酸化カリウムを入れた。

ウ　実験Bとして，三角フラスコ内の副室にAと同量の水を入れた。

エ　温度が一定の暗室に入れて，器内の体積変化を調べた。

- (1) この実験を暗室で行う理由を記せ。
- (2) この実験を一定の温度で行う理由を記せ。
- (3) 実験Aでの水酸化カリウムの役割を記せ。
- (4) 実験Aでの体積変化は何を示しているか。
- (5) 実験Bでの体積変化は何を示しているか。
- (6) 実験Aでの体積変化を a，実験Bでの体積変化を b としたときに，呼吸商はどのように表されるか。

📖 **ガイド**　この実験では，呼吸によって出入りする酸素と二酸化炭素の量を測る。強アルカリの水酸化カリウムは空気中の二酸化炭素を吸収する。

9 発酵・解糖

テストに出る重要ポイント

- 発酵…酸素を用いずに有機物を分解しATPを合成する反応。
  ① アルコール発酵…**酵母菌**
    $C_6H_{12}O_6 \longrightarrow 2C_2H_5OH(\text{エタノール}) + 2CO_2 + エネルギー$
  ② 乳酸発酵…**乳酸菌**
    $C_6H_{12}O_6 \longrightarrow 2C_3H_6O_3(\text{乳酸}) + エネルギー$
- 解糖…呼吸に必要な酸素供給が間に合わないとき筋肉で起こる。乳酸発酵と同じ反応系。
- 解糖系…発酵も呼吸も必ず解糖系を経る。

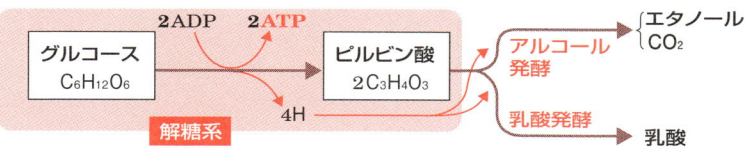

- 呼吸基質と生成物の量…酵母菌は呼吸と発酵を両方できる。

	呼 吸	発 酵	同時に行った場合
消費するグルコース	1	1	1
消費する酸素 a	6	0	0 < a < 6
発生する二酸化炭素 b	6	2	2 < b < 6

基本問題　　　　　　　　　　　　　　　　解答 ➡ 別冊 p.12

41 発酵の過程　◀テスト必出

発酵について示した下の図を見て、あとの問い(1)〜(3)に答えよ。

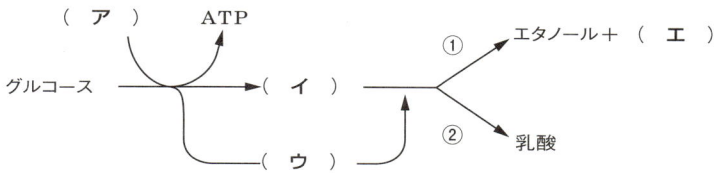

- (1) 図の空欄ア〜エに入る最も適切な語句を記せ。
- (2) 1分子のグルコースがピルビン酸になる過程で生じるATPは何分子か。

(3) ヒトの筋肉で酸素が不足した場合に起こる反応は，①・②のうちどちらか。また，その反応を何と呼ぶか。
　📖ガイド　アルコール発酵と乳酸発酵はピルビン酸が生じる過程までは共通している。筋肉で起こる解糖は呼吸と異なり，二酸化炭素を出さず乳酸を生じる反応である。

42 アルコール発酵・乳酸発酵
次の文を読み，以下の問いに答えよ。
　①（　　）は酸素を消費しない異化である。②（　　）菌が行うアルコール発酵や③（　　）菌が行う乳酸発酵の過程は，次のような順序で起こる。
ア　グルコースが④（　　）に分解されて水素が生じる反応が起こる。
イ　④から，アルコール発酵ではエタノールと⑤（　　）が生じる。乳酸発酵では乳酸が生じる。

(1) 文中の空欄に，最も適切な語句を記せ。
(2) ア～イのうち，ATPが生じるのはどの過程か。
(3) 脱水素反応が起こるのはア～イのうちどの過程か。
　📖ガイド　ピルビン酸から生じたアセトアルデヒドは，解糖系で生じた水素を受け取り，乳酸またはエタノールと⑤に変わっていく。

応用問題　　　　　　　　　　　　　　　　　　　解答 ➡ 別冊 p.13

43 〈差がつく〉
酵母菌では，呼吸のみが行われている場合には，吸収される酸素量と排出される二酸化炭素量は同じ量であるのに対して，アルコール発酵のみが行われている場合には，酸素の吸収はなく，二酸化炭素のみが排出される。
　酸素の吸収量が6.72 mLで二酸化炭素の排出量が11.2 mLである場合について，以下の問いに答えよ。ただし，1 mol（モル）のグルコースから生じるATP量は呼吸で38 mol，アルコール発酵で2 mol，原子量はH＝1，C＝12，O＝16，1 molの気体の体積は22.4 Lとする。

(1) アルコール発酵によって消費されたグルコース量は何mgか。
(2) 呼吸によって消費されたグルコース量は何mgか。
(3) 呼吸で生じたATP量は，アルコール発酵で生じたATPの何倍になるか。
　📖ガイド　炭水化物を呼吸基質とした場合，呼吸では吸収した酸素と同量の二酸化炭素が排出される。二酸化炭素のほうが多い場合には，その差は発酵によるものである。

10 光合成のしくみ

テストに出る重要ポイント

- 炭酸同化…$CO_2 \longrightarrow C_6H_{12}O_6$　**二酸化炭素から有機物をつくる**反応。
  利用するエネルギーの違いで**光合成**と**化学合成**(→*p.38*)に分けられる。
- 植物の光合成の反応(細菌の光合成は→*p.38*)
  $6CO_2 + 12H_2O + 光エネルギー \longrightarrow C_6H_{12}O_6 + 6O_2 + 6H_2O$
- 葉緑体の構造…二重膜からなる。
  - チラコイド…**膜構造**
  - ストロマ…**液状成分**

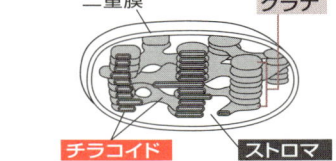

- 光合成色素(同化色素)
  ① **クロロフィル**(a, b, c)
  ② カロテノイド(**カロテン**), キサントフィル類
- 光合成の過程
  ① 光エネルギーの吸収…チラコイド膜上の光化学系ⅡとⅠにおいて光エネルギーが反応中心に集められ, クロロフィルが電子を放出。
  ② 水の分解…光化学系Ⅱから放出された電子は**電子受容体**に渡される。不足する電子は水を分解して電子を取り出して補われる。
  ③ 電子伝達…電子が光化学系ⅡからⅠに伝達され最終的に$NADP^+$まで伝わる。この過程でH^+をストロマからチラコイド内へ能動輸送。
  ④ **ATPの生成**(**光リン酸化**)…H^+がチラコイドの内側からATP合成酵素を通ってストロマ側に戻り, このときATPが合成される。
  ⑤ **カルビン・ベンソン回路**…チラコイド膜で合成されたATPとNADPHを用いてCO_2から有機物を合成する。ルビスコ(RubisCO)という酵素が関わる。
  - ①〜④は**チラコイド**で起こる。
    $12H_2O + 光エネルギー \longrightarrow 6O_2 + 12H_2$
  - ⑤は**ストロマ**で起こる。
    $6CO_2 + 12H_2O + ATP \longrightarrow C_6H_{12}O_6 + 6H_2O$
- 光合成のしくみの研究
  ① ヒルの実験…光照射で酸素が発生する。CO_2不要, 水素受容体必要。
  ② カルビンの実験…CO_2を固定する回路反応を解明。放射性の^{14}C使用。

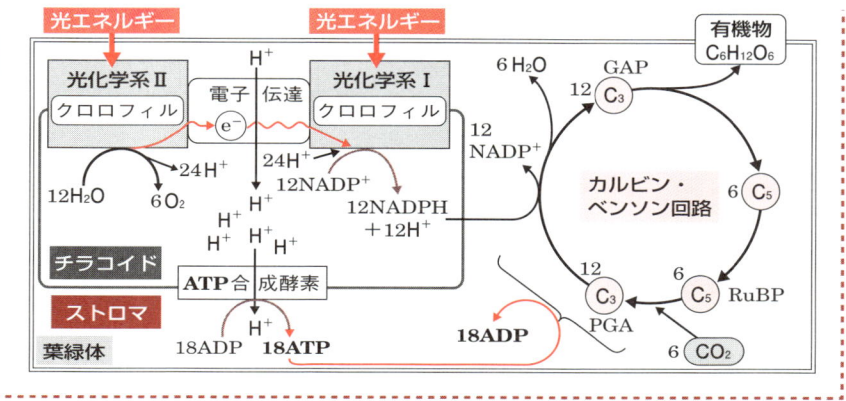

基本問題

44 光合成反応の解明

光合成反応の解明に関与した①～③の実験者について，その実験内容，解明されたことをそれぞれ選択肢より選べ。

① ヒル　　② ベンソン　　③ カルビン

〔実験内容〕ア　放射性同位元素で標識したCO_2を使って反応を追跡した。
イ　光とCO_2の条件をそれぞれ変えて植物が光合成を行うか調べた。
ウ　CO_2がなくても水素受容体があれば葉緑体への光照射で酸素が発生する。
〔解明されたこと〕エ　光合成では，過程の初期に水の分解が起こる。
オ　光合成には，光を吸収する反応系と，CO_2を固定する反応系がある。
カ　CO_2からグルコースなどがつくられる反応は回路系である。

45 光合成の反応過程 ◀テスト必出

次の文の空欄に最も適切な語句を次ページの語群から選んで答えよ。ただし，1つの語句は1つの番号にのみ使用すること。

　植物の光合成は，光エネルギーを利用した①(　　)である。葉緑体の②(　　)の部分に存在するクロロフィルなどの光合成色素が光エネルギーを吸収すると，③(　　)で④(　　)の分解が起こり，酸素(O_2)が発生する。このとき生じた電子が⑤(　　)で受け渡されていく間に得られたエネルギーでATPが合成される。⑥(　　)では③で生じた電子と水素イオン(H^+)がNADPと結合し，NADPHと

なる。②で生じたATPとNADPHは、葉緑体の⑦(　　)で起こるカルビン・ベンソン回路で⑧(　　)の固定に使われ、グルコースなどが合成される。
〔語群〕　ストロマ　　チラコイド　　光化学系Ⅰ　　光化学系Ⅱ
　　　　電子伝達系　　炭酸同化　　酸素　　二酸化炭素　　水　　異化

📖 **ガイド**　②光合成の過程の前半はクロロフィルが存在する葉緑体内部の膜構造上で起こる。

46　光合成の反応過程と葉緑体

次の文を読み、以下の問いに答えよ。
　植物の光合成は葉緑体で行われる。光合成の反応系は次のア～エのように、大きく4つの過程に分けられ、それらはチラコイドで行われる反応系とストロマで行われる反応系とに分けられる。

　　ア　光化学反応　　　　イ　水の分解
　　ウ　ATPの合成　　　　エ　カルビン・ベンソン回路

☐ (1)　葉緑体の図を模式的に描き、チラコイド、グラナ、ストロマを示せ。
☐ (2)　光合成全体の化学反応式を記せ。
☐ (3)　ア～エの過程のうち、チラコイドで行われるものを答えよ。

📖 **ガイド**　チラコイドでは光の吸収、ストロマではカルビン・ベンソン回路。

47　葉緑体と光合成色素　◀テスト必出

次の文を読み、以下の問いに答えよ。
　植物では、葉緑体のチラコイドにあるクロロフィルなどの光合成色素が光を吸収することで光合成が行われる。そのため、クロロフィルaがよく吸収する波長の短い①(　　)色の光と、波長の長い②(　　)色の光において、光合成速度が③(　　)なる。

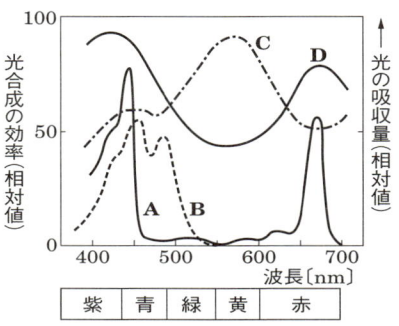

☐ (1)　①～③に適切な語句を入れよ。
☐ (2)　下線部チラコイドが層状に重なった構造を何と呼ぶか。
☐ (3)　A、Bのグラフは何という光合成色素の吸収量を示したものか。
☐ (4)　光合成速度のグラフはC、Dのどちらか。

📖 **ガイド**　光合成色素がよく吸収する光の波長と光合成がさかんに起こる波長はほぼ一致する。

48 光合成のしくみ

図は，光合成の反応過程を模式的にまとめたものである。空欄に最も適する語句を語群から選べ。

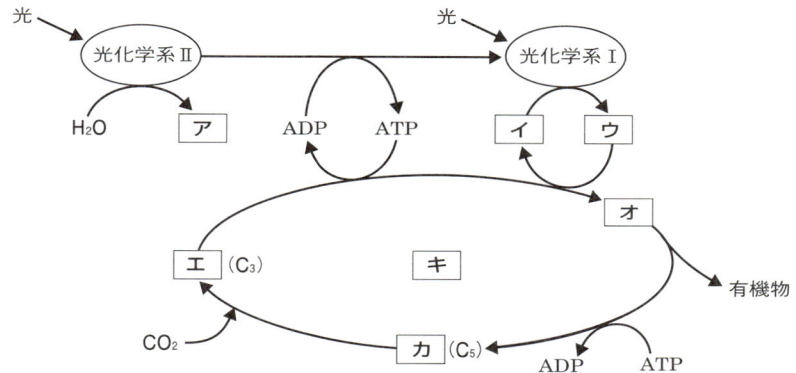

〔語群〕 クエン酸回路　カルビン・ベンソン回路　O_2　H_2　N_2
NADPH　　$NADP^+$　　PGA(ホスホグリセリン酸)
RuBP(リブロース二リン酸)　　GAP(グリセルアルデヒドリン酸)

49 光合成のATP合成のしくみ 〈テスト必出〉

次の図は，植物細胞に見られる細胞小器官の一部を拡大し模式的に示したものである。以下の問いに答えよ。

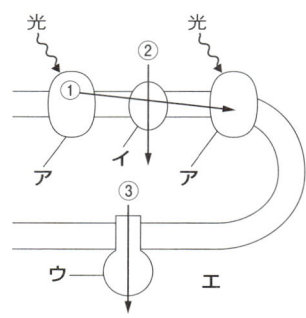

(1) 図ア～エの名称として適するものを次の語群から選んで答えよ。
〔語群〕 光化学系　ストロマ　チラコイド
マトリックス　グラナ　細胞膜
ATP合成酵素　細胞質基質
プロトンポンプ(タンパク質複合体)

(2) 図中の矢印①～③を説明したものとして適するものを次の語群から選んで答えよ。
〔語群〕 電子(e^-)の移動　　H^+の移動　　$NADP^+$の移動

(3) この細胞小器官が光を用いてATPを合成することを何というか。

📖 ガイド　光化学系で水を分解した際に生じた電子(e^-)がATP合成酵素を移動することでADPからATPがつくられる。

50 光合成の計算

植物は,二酸化炭素(CO_2)と水(H_2O)を用いて,クロロフィルで吸収した光エネルギーを使い有機物($C_6H_{12}O_6$)を合成する光合成を行っている。このとき,同時に酸素(O_2)も排出される。原子量を,H=1,C=12,O=16,気体1モル(mol)の体積を22.4 Lとして次の問いに答えよ。

(1) 11.2 LのCO_2が吸収されたとき,O_2は何L排出されるか。
(2) 22 gのCO_2が吸収されたとき,何gのグルコースが生産されるか。

応用問題 ……………………………… 解答 ➡ 別冊 p.15

51 ◀差がつく

光合成で光を吸収する植物に含まれる色素を調べるために次のような実験を行った。文を読み,以下の問いに答えよ。

① チャの葉を乳鉢ですりつぶし,メタノールとアセトンの混合液(抽出液)を加えて色素を抽出した。
② 抽出液をガラスの細管を使ってろ紙の原点となる位置に広がらないようにして,十分な量を付着した。
③ 石油エーテル,アセトンなどの混合液(展開液)を底に入れた展開槽で,ろ紙の下端が液に浸るようにつり下げ,静かに置いた。 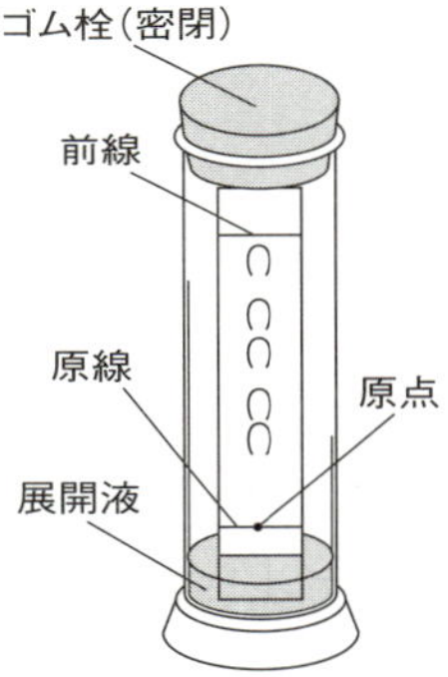
④ 一定の位置まで展開液がろ紙をしみ上がったところでろ紙をとり出し,展開液のしみ上がった位置(溶媒前線)と分離した色素の位置に印を付けた。
⑤ 溶媒がしみ上がった距離に対する各色素の移動度(Rf値)を計算によって求めた。(キサントフィルは複数あるうちのひとつを示した)

色素名	色	Rf値
カロテン	橙黄色	0.95
キサントフィル	黄色	0.69
クロロフィルa	緑色	0.39
クロロフィルb	黄緑色	0.22

(1) このような色素の分離方法を何というか。
(2) ①では,葉に含まれるアントシアニンなどの赤い色素は抽出液に溶け出さなかった。その理由を記せ。
(3) ⑤の移動度Rf値を求める式を書け。
(4) 溶媒前線とほとんど同じ位置まで移動した色素はどれか。

📖 **ガイド** (2)この方法は,物質によって移動のしやすさ(Rf値で示される)が異なることを利用して光合成色素を分離する。抽出溶媒に溶け出さない色素は,分析できない。

52 次の文を読み，以下の問いに答えよ。

植物は，直前に二酸化炭素のない状態で光を照射した後には，暗黒中でも一定量の二酸化炭素の吸収を行う(図)。このことから，光合成では光の関係する反応系と，直接には光を必要としない反応系があることが明らかになった。

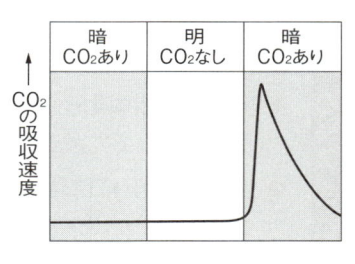

□ (1) 光合成反応で光を必要とする反応系と，直接は必要としない反応系はどちらが先に起こると考えられるか。
□ (2) 暗黒中での二酸化炭素の吸収が持続しないで，一定量で止まる理由は何か。

　📖 **ガイド** カルビン・ベンソン回路では，光化学反応系で生じた化学エネルギーを使って二酸化炭素の固定が行われる。

53 ◀差がつく▶ 光合成に関する以下の実験についての文を読み，問いに答えよ。

A. 植物の葉の細胞からとり出した葉緑体を含む抽出物に光を当てたとき，シュウ酸鉄(Ⅲ)が存在すると酸素が発生するが，シュウ酸鉄(Ⅲ)が存在しない場合には酸素は発生しない。また，二酸化炭素が存在しなくても酸素の発生は起こる。
B. ルーベンは，酸素の同位体 ^{18}O からなる $H_2^{18}O$ と $C^{18}O_2$ を用いてクロレラに光合成を行わせる実験を行い，$H_2^{18}O$ と $C^{16}O_2$ の条件では $^{18}O_2$ が，$H_2^{16}O$ と $C^{18}O_2$ の条件では $^{16}O_2$ が発生したと発表した。

□ (1) Aの反応は発見者にちなんだ名前がつけられている。何というか。
□ (2) シュウ酸鉄(Ⅲ)は，Aの反応でどのような役割をしているか。
□ (3) Bの結果から，発生した酸素はどの物質に由来すると考えられるか。

C. クロレラなどに放射性の炭素 ^{14}C からなる $^{14}CO_2$ を与えて光合成を行わせ，時間の経過とともにその一部を取り出して調べたところ，^{14}C を含む物質として最初にPGA(ホスホグリセリン酸)が検出された。

□ (4) Cの実験を行った科学者の名を答えよ。
□ (5) 生成物の種類を知るため何という手法で物質を分離したか。
□ (6) この実験を進めた結果，解明されたことがらを答えよ。

　📖 **ガイド** (2)水中でクロロフィルに光を当てると水の分解が起こるが，分解によって生じた電子を受け取る物質がなければ，酸素は発生せず，この光化学反応自体も進まない。
(6)この実験を進めていけば，取り込まれた CO_2 の炭素がどの物質に移っていくか反応系の過程がわかる。

11 細菌の炭酸同化・窒素同化

- **細菌の炭酸同化**…光合成のほか，酸化反応を行って生じた化学エネルギーを用いて二酸化炭素から炭水化物を合成する**化学合成**がある。
- **光合成細菌**(紅色硫黄細菌，緑色硫黄細菌)…光合成色素は**バクテリオクロロフィル**。水素源は硫化水素(H_2S)→酸素は発生せず**硫黄**が蓄積。

  $6CO_2 + 12H_2S + $ 光エネルギー $\longrightarrow C_6H_{12}O_6 + 12S + 6H_2O$

- **化学合成細菌**…光化学反応系(→p.32)はないので，**酸素は発生しない**。
  - ① 亜硝酸菌：アンモニア→亜硝酸
  - ② 硝酸菌　：亜硝酸→硝酸
  - ③ 硫黄細菌：硫化水素→硫黄
  - ④ 鉄細菌　：硫酸鉄(Ⅱ)→硫酸鉄(Ⅲ)

  生じたエネルギーを用いて
  水素＋二酸化炭素 ⟶ 有機物

- **窒素同化**…有機窒素化合物(タンパク質，ATP，核酸など)の合成。
  - ① 植物…無機窒素化合物→アミノ酸→高分子の有機窒素化合物
  - ② 動物…食物中のアミノ酸→高分子の有機窒素化合物
- **硝化**…土壌中の**硝化菌**(＝硝化細菌。**亜硝酸菌**と**硝酸菌**)の作用。

  アンモニウムイオン(NH_4^+) ➡ **亜硝酸イオン**(NO_2^-) ➡ **硝酸イオン**(NO_3^-)

- **植物の窒素同化**
  - ① 植物は吸収したNO_3^-をNH_4^+に還元してから窒素同化に利用する。
  - ② NH_4^+とグルタミン酸から**グルタミン**をつくり，この**アミノ基**($-NH_2$)を利用して各種アミノ酸を合成する。
- **窒素固定**…空気中の窒素$N_2 \longrightarrow NH_4^+$　逆の反応は**脱窒**(脱窒素作用)。
  根粒菌，アゾトバクター，クロストリジウム，ネンジュモが行う。

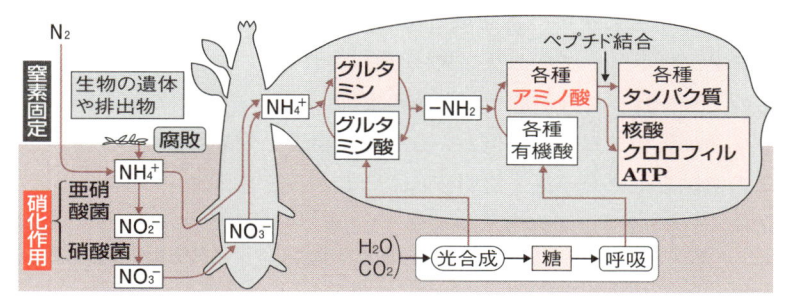

基本問題　解答 → 別冊p.16

54 細菌と陸上植物の炭酸同化　テスト必出

細菌と陸上植物の炭酸同化についてまとめた表の空欄に適切な語句を記せ。ただし，該当するものがない場合には「なし」と答えよ。

生　物	同化に用いるエネルギー	酸素の発生	同化に関わる色素
陸上植物	光エネルギー	あり	クロロフィルaなど
光合成細菌*	①	②	③
化学合成細菌	④	⑤	⑥

＊シアノバクテリアを除く。

📖 ガイド　光エネルギーを用いる炭酸同化が光合成で，酸素は水素源として水を用いるときに発生する。光を用いない炭酸同化には色素は関与しない。

55 植物と動物の窒素同化　テスト必出

次の文中の空欄に，最も適切な語句を記せ。

植物は根から水に溶けた状態で吸収したアンモニウムイオンや①(　　)から有機窒素化合物の②(　　)を合成し，さらに高分子の③(　　)や核酸，ATPなどの有機窒素化合物を合成することができる。硝酸イオンは植物体内で④(　　)され，亜硝酸イオンを経て⑤(　　)イオンになり，さらにグルタミン酸と結合して⑥(　　)がつくられる。⑦(　　)転移酵素のはたらきにより，グルタミンのもつ⑦がさまざまな有機酸に渡されて各種の②がつくられる。

植物に対して動物は，無機窒素化合物から②などの有機窒素化合物の合成ができないので，他の生物を⑧(　　)し消化することで②を得て，そこから生体を構成する重要な物質となる高分子の窒素化合物を合成する。

📖 ガイド　植物は無機物であるアンモニウムイオンから有機物であるアミノ酸を合成する。アミノ基の受け渡しによって各種のアミノ酸が合成される。

56 空気中の窒素の利用と硝化

生物のからだを構成する主要物質の1つである窒素は，空気中に80％近く含まれるが，植物はこの窒素を直接利用することはできない。次の各問いに答えよ。

(1) 空気中の窒素から窒素化合物を合成するはたらきを何というか。
(2) このとき最初に合成されるイオンは何か。
(3) (1)を行う生物のうち，マメ科植物と共生しているものは何か。

(4) (3)のほかに空気中の窒素を取り込んで利用する細菌を2種類あげよ。
(5) (1)を行う独立栄養生物を答えよ。
(6) 土壌中に含まれる(2)は，土壌中の化学合成細菌のはたらきによって硝酸イオンに変えられるが，この作用を何というか。
(7) (6)を行う化学合成細菌を2種類答えよ。

57 細菌の光合成　◀テスト必出

細菌の光合成に関する以下の問いに答えよ。

細菌のなかには，光合成色素としてクロロフィルの代わりに①(　　)をもち，水素源として②(　　)を使って有機物を生成する③(　　)や④(　　)がいる。この生物が光合成をした結果⑤(　　)が発生する。また，細菌には⑥(　　)をもち，緑色植物と同様の光合成を行う⑦(　　)などもいる。

(1) 文中の空欄に，最も適する語句を答えよ。
(2) 次の化学反応式は，③や④の生物が行う光合成を示したものである。空欄ア・イに適切な化学式を入れ反応式を完成させよ。

$$6CO_2 + (　ア　) + 光エネルギー \longrightarrow C_6H_{12}O_6 + (　イ　) + 6H_2O$$

📖ガイド　シアノバクテリアは細菌（バクテリア）と分ける場合もあるが，ここでは細菌類の一部として考える。

58 化学合成

細菌の化学合成に関する以下の問いに答えよ。

ある細菌は光合成をして有機物を合成する生物とは異なり，①(　　)を使わずに，無機物を②(　　)した際に生じる③(　　)を用いて有機物を合成し，独立栄養生活をしているものがいる。この細菌は化学合成細菌といい，土中に生息し植物の炭酸同化にも関わる硝化菌や，硫黄細菌などがいる。

(1) 文中の空欄に，最も適する語句を答えよ。
(2) 化学合成細菌の行う化学反応を以下の表にまとめた。空欄に，最も適する語句を答えよ。

化学合成細菌	生息場所	化学反応式
(　ア　)	土中	$2(　イ　) + 3O_2 \longrightarrow 2HNO_2 + 2H_2O + エネルギー$
硝酸菌	(　ウ　)	$2HNO_2 + O_2 \longrightarrow 2(　エ　) + エネルギー$
硫黄細菌	水中	$2(　オ　) + O_2 \longrightarrow 2H_2O + 2S + エネルギー$
(　カ　)	水中	$4FeSO_4 + O_2 + 2H_2SO_4 \longrightarrow 2Fe_2(SO_4)_3 + 2H_2O + エネルギー$

11 細菌の炭酸同化・窒素同化

> **ガイド** 化学合成細菌は，化学エネルギーを用いて炭酸同化を行う。
> $6CO_2 + 12H_2O + 化学エネルギー \longrightarrow C_6H_{12}O_6 + 6H_2O + 6O_2$

応用問題 ……………………………………………………………… 解答 ➡ 別冊 p.18

59 炭酸同化や窒素同化に関する次の文を読み，以下の問いに答えよ。

炭素や窒素は炭酸同化や窒素同化によって，生物体内の有機物と生物体外の無機物の間を循環している。植物は光合成を行い無機物である①(　　)と②(　　)からグルコースなどの有機物を合成するが，ₐ光合成細菌は，②のかわりに③(　　)から④(　　)を得るため，⑤(　　)が発生せず⑥(　　)が沈殿する。炭酸同化には光合成のほかに⑦(　　)があり，⑥を発生する⑧(　　)細菌や硫酸鉄(Ⅱ)を⑨(　　)させた際に得られるエネルギーを利用する鉄細菌などがある。

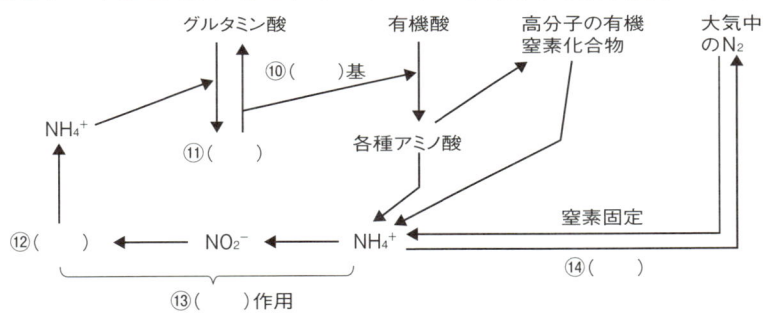

(図：グルタミン酸・有機酸・高分子の有機窒素化合物・大気中のN_2・各種アミノ酸・NH_4^+・NO_2^-などの窒素循環図。⑩(　　)基，⑪(　　)，⑫(　　)，⑬(　　)作用，⑭(　　)，窒素固定)

窒素同化の過程では，⑮(　　)や光合成の過程で生じた中間産物の有機酸に，⑩基が結合して有機窒素化合物である各種のアミノ酸が合成される。アミノ酸から_b_タンパク質などの高分子の有機窒素化合物が合成される。有機窒素化合物の分解や空気中のN_2からの_c_窒素固定で得られる無機物のアンモニウムイオンは_d_土壌中の化学合成細菌のはたらきによって硝酸イオンとなり，植物に吸収されて再び窒素同化の材料として使われる。

- (1) 文中および図中の空欄に，最も適切な語句を記せ。
- (2) 下線部_a_で，光合成細菌の例を2つあげよ。
- (3) 下線部_b_に関して，タンパク質以外の有機窒素化合物を2つ記せ。
- (4) 下線部_c_の窒素固定を行う細菌を3種類あげよ。
- (5) 下線部_d_の細菌を2種類あげよ。また，これらを合わせて何というか。

> **ガイド** (2)光合成細菌と化学合成細菌のどちらにも⑥を発生する細菌がいる。まぎらわしい名前の細菌なので，混同しないように注意。

12 DNAの構造と複製

● DNAとRNA

	糖	構成塩基	分子鎖	存在場所
DNA	デオキシリボース	G・C・A・T	2本鎖	核(染色体), ミトコンドリア, 葉緑体
RNA	リボース	G・C・A・U	1本鎖	核小体, リボソーム, 細胞質

● DNAの二重らせん構造
DNAは2本のヌクレオチド鎖が塩基(AとT, GとC)どうしの**相補的**な水素結合によって二重鎖となり, らせん構造をとる。1953年に**ワトソン**と**クリック**が構造を解明。

● DNAの複製
2本鎖の片方ずつが鋳型となって複製。**半保存的複製**という。
① DNAの向かい合う2本鎖が離れる。
② それぞれの鎖に対して相補的な塩基をもつヌクレオチドが結合していく。
③ 隣り合うヌクレオチドどうしが結合し, 新しい鎖ができる。

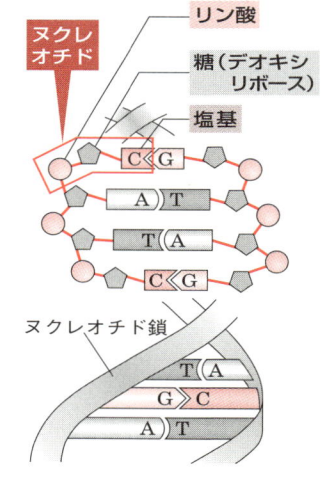

● 半保存的複製の証明
メセルソンとスタールの実験(1958年)。^{15}Nを含む培地で重いDNAをもつ大腸菌をつくり, ^{14}Nだけを含む培地に移して世代ごとの大腸菌のDNAの比重の違いから証明。

● DNAの方向性
デオキシリボースの炭素のうち, 塩基がついた炭素から数えて3番目の炭素には隣接するヌクレオチドのリン酸が結合し(3′末端), 5番目にはそのヌクレオチドのリン酸が結合(5′末端)。

● DNA修復
化学物質や放射線などが原因でDNAが損傷することがある。このとき, 損傷した場所とその両側を切り取り, **DNAポリメラーゼ**や**DNAリガーゼ**のはたらきで修復する。

12 DNAの構造と複製

- **DNA複製のしくみ**…DNAポリメラーゼ(←DNA合成酵素)は，DNA鎖の3′側にのみヌクレオチドを結合させるため2本の新生鎖は合成のされかたが異なる。
  - **リーディング鎖**…2本鎖がほどける方向に連続的に合成される。
  - **ラギング鎖**…不連続に短いDNA鎖(岡崎フラグメント)(←岡崎令治が発見。)が合成され，DNAリガーゼによって連結されてできる。

```
3′ TATCGCACCGGAGAGGACGGGGA AC
5′ ATAGCGTGGCCTCTCCTGCCCC     3′       鋳型となる
   リーディング鎖                         ヌクレオチド鎖
                                     もとのDNA  5′末端
複製の方向 →   DNAリガーゼ   DNAポリメラーゼ
                                    CGTACGCGG
                                    GCATGCGCC  3′末端
   ラギング鎖   岡崎フラグメント  岡崎フラグメント
              プライマー        プライマー   DNAヘリカーゼ
3′ TATCGCACCGGAGAG    GGGAC           鋳型となる
5′ ATAGCGTGGCCTCTCC   CCTGGA          ヌクレオチド鎖
```

基本問題 ……………………………… 解答 ➡ 別冊 p.18

60 DNAを構成する塩基 ◀テスト必出

あるDNA分子に含まれる4種類の塩基の割合を調べたところ，アデニンとチミンが合計48%含まれていた。さらに，このDNAの一方の鎖(①鎖)だけを調べるとアデニンが23%，グアニンが27%含まれていた。次の問いに答えよ。

☐ (1) このDNAにはシトシンは何%含まれるか。
☐ (2) ①鎖から合成されるRNAには，何%のウラシルが含まれるか。

📖 ガイド　2本鎖DNAにはアデニンとチミン，グアニンとシトシンは同じ数だけ含まれる。

61 DNAの構造

☐ 右図はヌクレオチドという基本単位がつながってできているDNAの構造を示したものである。糖・リン酸・塩基の3つの成分のつながりが正しく図示されたものをア〜エから選び，記号で答えよ。

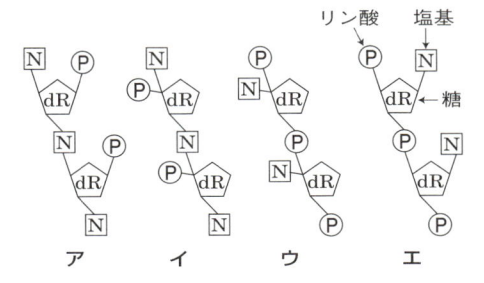

📖 ガイド　まず塩基がヌクレオチド鎖の鎖の部分になるか枝の部分になるかで選択肢を絞り，次に枝の部分が糖のどの部分と結合しているか，ヌクレオチド1個の形を思い出して判断する。

62 DNAの半保存的複製 【テスト必出】

次の文を読み，以下の問いに答えよ。

DNAの複製では，もとの2本鎖のうち1本を①(　　)として新しい鎖がつくられる。この複製方法は②(　　)複製と呼ばれ，1958年に③(　　)による，窒素の同位体を用いたDNAの重さの違いを調べる実験から明らかにされた。

(1) 文中の空欄に当てはまる最も適切な語句を以下から選べ。
　ア　鋳型　　イ　配列　　ウ　酵素　　エ　保存的　　オ　半保存的
　カ　メセルソンとスタール　　キ　ワトソンとクリック
　ク　ハーシーとチェイス

(2) DNAの複製は，細胞内のどこで行われるか。
　ア　核内　　イ　核の核小体　　ウ　リボソーム　　エ　小胞体

(3) 窒素同位体を用いる理由として，正しいものは次のア〜エのうちどれか。
　ア　DNAの塩基に窒素が含まれる。
　イ　DNAの糖に窒素が含まれる。
　ウ　DNAのリン酸に窒素が含まれる。
　エ　窒素はDNAと結合しやすい性質をもつ。

　📖 **ガイド**　塩基に含まれる窒素に重い同位体を用いることで，重いDNAの鎖となる。鎖の重さの違いで，もとの鎖と新しくできた鎖の区別ができる。

63 岡崎フラグメント

次の文の空欄に最も適する語句を語群から選べ。

DNAが複製されるとき，まず二重らせんがほどけ，それぞれが鋳型となり新しいDNA鎖が合成される。しかし，①(　　)はヌクレオチド鎖を，②(　　)→③(　　)に伸長する方向にしか合成できないため，一方の鎖は，ほどけるのと同方向に④(　　)と呼ばれる新たな鎖が合成されるが，もう一方はほどける向きと①がはたらく向きが逆となってしまう。そのため，⑤(　　)という短いDNA鎖が不連続に合成され，この断片どうしが⑥(　　)のはたらきでつながれる。このようにして合成されたDNA鎖を，⑦(　　)という。

〔語群〕　DNAポリメラーゼ　　DNAリガーゼ　　5´末端　　3´末端
　　　　リーディング鎖　　ラギング鎖　　岡崎フラグメント

　📖 **ガイド**　DNAポリメラーゼがヌクレオチド鎖を合成する方向は決まっている。2本鎖DNAの複製において一方の鎖は連続的に合成されるが，他方は不連続に合成される。

応用問題

64 DNAの複製に関して次の文を読み，以下の問いに答えよ。

　重い窒素(^{15}N)を含む培地で培養した大腸菌のもつDNAを，「重い」DNAとする。この大腸菌(0代目)をふつうの窒素(^{14}N)を含む培地に移し，1回分裂した世代を1代目，以降2代目，3代目とする。各世代の大腸菌のDNAを遠心分離器にかけて分析すると，1代目は「中間の重さ」のDNAをもつ個体のみであった。2代目以降は「中間の重さ」と「軽い」DNAをもつものが現れた。

(1) 右の図は，0代目の大腸菌から取り出したDNAを遠心分離器にかけた結果を表したものである。1代目，2代目，3代目のそれぞれについて同様に遠心分離器にかけた結果を図示せよ。

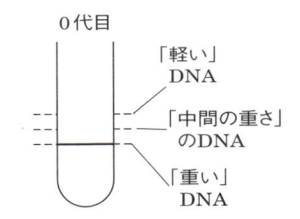

(2) ^{15}Nを含むDNAの1本の鎖を——で，^{14}Nを含むDNAの1本の鎖を……で，^{15}Nと^{14}Nを含むDNAの1本の鎖を-----で表記する。0代目のDNAは＝で表すことができる。これをもとに1代目と2代目のDNAを示せ。

(3) 3代目の「中間の重さ」と「軽い」DNAの比率は，次のうちどれか。
① 1:1　② 1:2　③ 2:1　④ 1:3
⑤ 3:1　⑥ 1:4　⑦ 4:1

(4) n代目の「中間の重さ」と「軽い」DNAの比率を示せ。

(5) DNAの複製について，次の文のうち，正しいものを選べ。
ア　塩基の相補的な結合により，新しい鎖の塩基配列が決まる。
イ　もとの鎖に結合した塩基からヌクレオチドがつくられる。
ウ　制限酵素がはたらく。
エ　RNAがまず複製されてから，新しいDNA鎖が合成される。

📖 **ガイド**　半保存的複製では，「中間の重さ」の鎖に対して新しくつくられる「軽い」鎖の割合が増えていく。

13 タンパク質の合成

★テストに出る重要ポイント

- **RNAの種類**
  ① **mRNA**（伝令RNA）…DNAの遺伝情報を核の外に伝える。
  ② **tRNA**（転移RNA）…特定のアミノ酸と結合してリボソームに運ぶ。
  ③ **rRNA**（リボソームRNA）…タンパク質とともにリボソームを構成。

- **タンパク質の合成**…遺伝情報はタンパク質の合成によって発現する。
  ① mRNAの合成…**DNAからmRNA**へ塩基配列が**転写**される。RNAポリメラーゼが触媒。
  ② mRNAが核を出て細胞質の**リボソーム**へ。
  ③ タンパク質の合成…mRNAの塩基配列からアミノ酸配列への**翻訳**。リボソーム上でmRNAと相補的な遺伝子暗号をもつ**tRNA**が結合，tRNAが運んできたアミノ酸どうしのペプチド結合によって，タンパク質をつくるポリペプチド鎖ができる。

  転写
  G→C　C→G
  A→U　T→A

  DNA →(転写)→ mRNA →(翻訳)→ アミノ酸配列 → タンパク質
  　　　　　　　　　　　　↑
  　　　　　　　　　　（tRNA＋アミノ酸）

- **遺伝子暗号**…mRNAの3つの塩基の並び（トリプレット）がアミノ酸を決める暗号（**コドン**）となる。これに対するtRNAの相補的な塩基配列が**アンチコドン**。開始コドンはAUG，終止コドンは3通りある。

- **スプライシング**…DNAの塩基配列を転写したヌクレオチド鎖から一部分を除かれてmRNAがつくられる過程。細菌類では起こらない。除かれる部分を**イントロン**，mRNAに残る部分を**エキソン**という。

- **選択的スプライシング**…スプライシングが行われるときに，異なるエキソンがつながり，1つの前駆RNAから複数のmRNAができる。

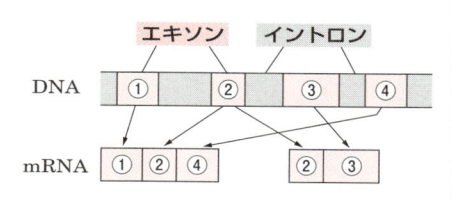

- **原核生物のタンパク質合成**…原核細胞には核膜がなく，タンパク質合成の際に，転写と翻訳が同時に行われる。
  　　↳細菌類ではスプライシングも行われない。

基本問題

65 RNAの種類 ◀テスト必出

RNAについて書かれた次の文の空欄に入る語句を答えよ。

RNAには，①(　　)を構成するrRNA，核のDNA情報を細胞質に伝える役割をもつ「伝令RNA」こと②(　　)，タンパク質合成に必要な③(　　)の運搬にはたらく④(　　)などがある。①にはrRNAのほかに⑤(　　)が含まれる。

66 タンパク質の合成過程 ◀テスト必出

タンパク質が合成される過程について，下の項目を読み，各問いに答えよ。
- ア　アミノ酸どうしの結合
- イ　核から細胞質にあるリボソームへのmRNAの移動
- ウ　mRNAの合成
- エ　mRNAとtRNAの結合

(1) ア～エをタンパク質合成の過程の順に並べよ。
(2) 「転写」と呼ばれる過程はア～エのうちどれか。
(3) アのアミノ酸どうしの結合は何と呼ばれる結合か。
(4) ウではたらく酵素名を答えよ。
(5) エのmRNAとtRNAの結合はどのようなしくみによるか。

　📖ガイド　(2)転写は，DNAからRNAへ遺伝情報が写し取られる過程。

67 翻訳 ◀テスト必出

次の文を読み，以下の問いに答えよ。

DNAの塩基配列が①(　　)されて合成されたmRNAのアミノ酸を決める3つの塩基配列を②(　　)という。例えば，AGUはセリンに対応する②である。これに対してセリンを③(　　)上のmRNAに運ぶtRNAの，mRNAの塩基と結合する部分の塩基配列は④(　　)と呼ばれ，この場合には⑤(　　)という配列になる。tRNAが運んできたアミノ酸どうしが結合して，<u>mRNAの塩基配列に従ったアミノ酸配列がつくられる</u>。

(1) 文中の空欄に最も適切な語句を記せ。
(2) セリンを指定するもとのDNAの塩基配列を記せ。
(3) 下線部の過程を漢字2文字で何というか。

68 真核生物の転写

次の文を読み，以下の問いに答えよ。

タンパク質を構成するアミノ酸は①(　)種類あり，DNAの②(　)つの連続した塩基の並びが1つのアミノ酸を指定している。DNAの塩基配列の中にはアミノ酸を指定する部分である③(　)と，アミノ酸を指定しない④(　)と呼ばれる部分がある。酵素⑤(　)によってDNAの塩基配列は写し取られてRNAができるが，その後⑥(　)という過程で④の部分が除かれてmRNAは完成する。

- (1) 文中の空欄に最も適切な語句を記せ。
- (2) DNAを構成する4種類の塩基の名称を記せ。
- (3) ②(　)つの塩基の並びは何通りあるか。その数とアミノ酸の種類数の違いはどのように説明できるか。

📖 **ガイド** DNAの塩基配列を転写したポリヌクレオチドがスプライシングを受けてmRNAとなる。

69 転写と同時に進むタンパク質合成

次の文を読んで，以下の問いに答えよ。

ある細胞における遺伝情報の転写と翻訳の過程を模式的に下図に示した。ただし，リボソームで合成されたポリペプチド鎖は描かれていない。また，リボソームの解離は図中で示されたところでのみ起こるものとする。

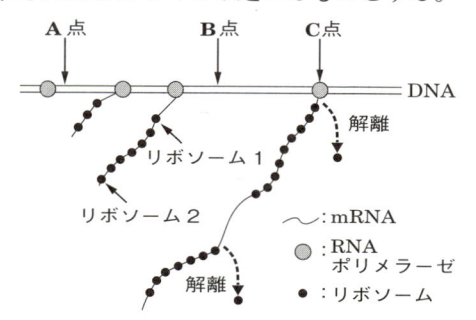

- (1) 図に示した転写と翻訳の過程は，真核生物と原核生物のどちらで起こるものか。
- (2) リボソーム1とリボソーム2が図に示した位置関係にあるとき，合成されたポリペプチド鎖の分子量はどちらが大きいか。
- (3) 図中のA点とC点の間に，いくつのポリペプチド鎖に相当する遺伝情報があると考えられるか。

📖 **ガイド** (1) RNAポリメラーゼで合成されたmRNAがそのままつながった状態でリボソームに結合され，転写と翻訳が連続して行われている。

応用問題

70 〈差がつく〉 DNAからタンパク質が合成される過程について，mRNAの遺伝暗号表を参考にして，以下の問いに答えよ。

		第2字目の塩基				
		U (ウラシル)	C (シトシン)	A (アデニン)	G (グアニン)	
第1字目の塩基	U	フェニルアラニン フェニルアラニン ロイシン ロイシン	セリン セリン セリン セリン	チロシン チロシン (終止) (終止)	システイン システイン (終止) トリプトファン	U C A G
	C	ロイシン ロイシン ロイシン ロイシン	プロリン プロリン プロリン プロリン	ヒスチジン ヒスチジン グルタミン グルタミン	アルギニン アルギニン アルギニン アルギニン	U C A G
	A	イソロイシン イソロイシン イソロイシン メチオニン(開始)	トレオニン トレオニン トレオニン トレオニン	アスパラギン アスパラギン リシン リシン	セリン セリン アルギニン アルギニン	U C A G
	G	バリン バリン バリン バリン	アラニン アラニン アラニン アラニン	アスパラギン酸 アスパラギン酸 グルタミン酸 グルタミン酸	グリシン グリシン グリシン グリシン	U C A G

右に示すDNAの塩基配列は，あるタンパク質をコード(指定)する塩基配列の先頭の部分である。

塩基の読み取り方向→
GTTACAGCACGCTT
　ア　イ　ウ

- (1) 上記のDNAの塩基配列から転写によって生じるmRNAの塩基配列を記せ。
- (2) 開始コドンより，このDNAの読み始めとなる塩基はア～ウのどれになるか。
- (3) このDNAからつくられるアミノ酸配列を記せ。
- (4) メチオニンと結合するtRNAがもつアンチコドンの塩基配列を記せ。
- (5) (3)と同じアミノ酸配列を決める塩基配列はこの配列以外に何通りあるか。

📖 **ガイド** コドンはmRNAの3つの塩基配列。DNAの塩基配列とは相補的な塩基の並びになる。

71 抗体の合成に関するタンパク質合成のしくみについて，次の文を読んで以下の問いに答えよ。

　ヒトにおいて抗体（免疫グロブリン）はB細胞でつくられる。ヒトのゲノムプロジェクトの結果，ヒトの遺伝子数は約2万個であると予想されている。一遺伝子一酵素説に従うと，そのすべての遺伝子が抗体をつくるものだとしても，抗体の種類は2万種類にしかならないことになる。しかし，ヒトの生体防御のしくみは数百万種類の抗原を認識し，それに応じた抗体を産生することができるといわれており，一遺伝子一酵素説とは矛盾してしまう。

　このような抗体の多様性を確保しているシステムについて，さまざまな研究が行われた。その結果，ヒト抗体のH鎖を例にとると，以下のようなことがわかった。

① H鎖遺伝子は，図のように3つの可変部と定常部で構成されており，その3つの領域から各1つずつ遺伝子断片が選択される。選択された遺伝子断片以外の部分が削除され，1つの抗体遺伝子として再構築される。

② 再構築された遺伝子を鋳型として，最終的にH鎖mRNAが合成される。

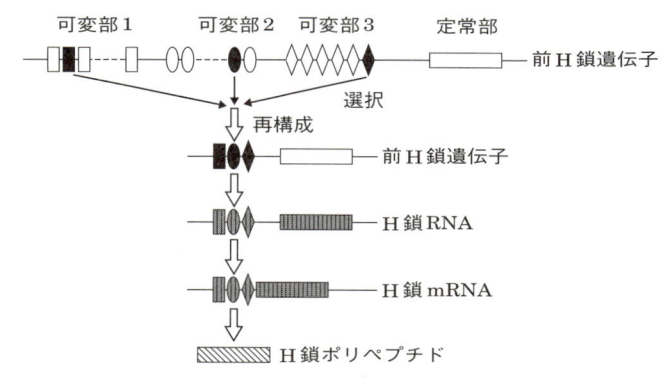

(1) 抗体遺伝子の再構成に必要なシステムとして適するものを次のア〜エからすべて選び記号で答えよ。
　ア　遺伝子断片を選択する　　イ　遺伝子断片の順番を変える
　ウ　遺伝子断片をつなぐ　　　エ　遺伝子断片を切断する

(2) 図中の「H鎖RNA」から「H鎖mRNA」に変化する際にRNAに起こる現象を答えよ。

　📖 **ガイド**　多細胞生物の体細胞は受精卵と同じ完全なゲノムをもつが，リンパ球は例外として遺伝子の再構築が行われる細胞である。複数の遺伝子断片を選択的に結合させることで少ない遺伝子から多様な免疫グロブリンタンパク質を合成することができる。

14 遺伝情報の変化

テストに出る重要ポイント

- **突然変異**…放射線や紫外線，化学物質などにより，DNAの塩基配列や染色体の数や形が変化してしまうこと。
  ① **置換**…1つの塩基が別の塩基に置き換わること。指定するアミノ酸が変化する場合，変化しない場合，終止コドンになる場合などがある。
  ② **挿入・欠失**…1つのヌクレオチドが加わったり(挿入)，失われたりする(欠失)。コドンが変化するため影響が大きくなることがある。

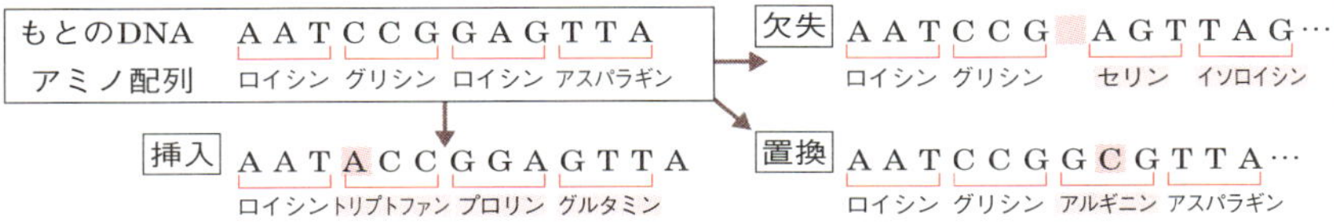

もとのDNA	A A T C C G G A G T T A
アミノ配列	ロイシン グリシン ロイシン アスパラギン

  欠失 A A T C C G ␣ A G T T A G …
  　　 ロイシン グリシン セリン イソロイシン

  挿入 A A T **A** C C G G A G T T A
  　　 ロイシン トリプトファン プロリン グルタミン

  置換 A A T C C G G **C** G T T A
  　　 ロイシン グリシン アルギニン アスパラギン

- **代謝系の酵素と遺伝病**
  ① **フェニルケトン尿症**…突然変異によってフェニルアラニンを代謝する**酵素が欠け**，尿中にフェニルピルビン酸(フェニルケトン)を排出。
  ② **アルカプトン尿症**…突然変異によってアルカプトンを分解する**酵素が欠け**，アルカプトンが尿中に排出される(尿が酸素に触れると黒く変色)。

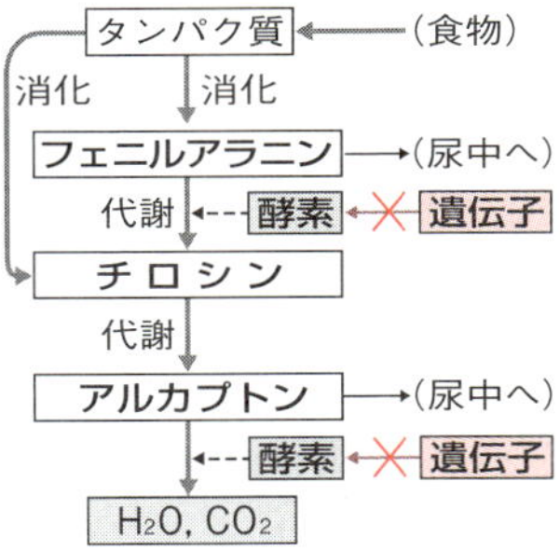

  タンパク質 ←(食物)
  ↓消化 ↓消化
  フェニルアラニン →(尿中へ)
  ↓代謝 ←- 酵素 -✕- 遺伝子
  チロシン
  ↓代謝
  アルカプトン →(尿中へ)
  ↓ ←- 酵素 -✕- 遺伝子
  H_2O, CO_2

- **かま状赤血球貧血症**…赤血球の形が細長くなり，血管がつまったり，赤血球が壊れるなど重い貧血となる。突然変異遺伝子をホモでもつと発症。　p.60
  ① **アミノ酸の変異**…ヒトのヘモグロビンのポリペプチドβ鎖のうち6番目にあるグルタミン酸がバリンに。
  ② **遺伝子の変異**…DNAの塩基がCTC→CACに1塩基変わっただけ。

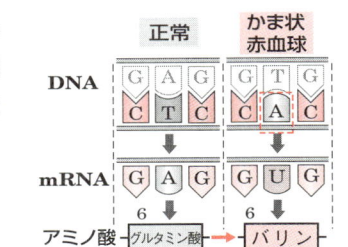

	正常	かま状赤血球
DNA	G A G / C T C	G T G / C A C
mRNA	G A G	G U G
アミノ酸	グルタミン酸(6)	バリン(6)

- **一塩基多型(SNP)**…同種の個体間で見られる1塩基単位の塩基配列の変化。影響が少ないことが多い。

基本問題

72 代謝異常

次の文を読み，文中の空欄に最も適切な語句を記せ。

ヒトのアミノ酸代謝系で①(　　　)をチロシンに変化させる酵素が欠損すると，フェニルケトンが尿中に検出される②(　　　)となる。乳幼児期に対策をとらないと発達障害が現れる。また，チロシンから③(　　　)が合成される反応経路の酵素が欠損すると③色素の合成が行われず，④(　　　)となる。

ガイド (2)フェニルケトン尿症における障害は，体内にフェニルアラニンが多く蓄積することによって起こる。

73 かま状赤血球貧血症　◀テスト必出

次の文を読み，以下の問いに答えよ。

かま状赤血球貧血症は①(　　　)大陸に多く見られる病気で，②(　　　)のβ鎖を構成する6番目の③(　　　)が突然変異によってグルタミン酸からバリンに変化しているために赤血球が鎌状に変化する遺伝病である。この原因は，正常な③に対応するDNAの塩基配列CTCが変化したために起こるものである。

mRNAのコドン表では，バリンを指定するコドンは，GUU，GUC，GUA，GUGである。

(1) 文中の空欄に最も適切な語句を記せ。
(2) グルタミン酸を指定しているmRNAのコドンを記せ。
(3) かま状赤血球症でバリンを指定しているmRNAのコドンを記せ。

ガイド かま状赤血球貧血症は，**DNA**の塩基配列中の1塩基が変わることでアミノ酸が変わり，生じる遺伝病である。

74 一塩基多型

文中の空欄に，最も適する語句を記せ。

突然変異には，DNAの複製の際に塩基が置き換わったり，塩基が加わったりする①(　　　)や，減数分裂のときの異常によって染色体の数や形などに変化が生じ，形質に変化が現れる②(　　　)などがある。

アルコールは，ヒトの体内ではおもに肝臓ではたらく酵素により分解され，この酵素には活性型と不活性型がある。この酵素の活性の違いは1つの塩基の違いによって生じる。このような塩基の変化を③(　　　)という。

応用問題

75 DNAの塩基の変化は合成されるタンパク質にさまざまな形の変化を現す。次に示すDNAの塩基配列はあるタンパク質をコードしている遺伝子の一部である。以下の問いに答えよ。ただし，遺伝暗号表は p.49 を参照せよ。

TAC　ATG　AGG　ACG（塩基の読み取り方向→）
　　　☆1　　☆2　　★

(1) この塩基配列に対するアミノ酸配列を記せ。

(2) ★印の塩基(G)が突然変異によって次のア〜ウのように置換した場合について，この塩基配列から合成されるはずのポリペプチドに生じる変化を記せ。

　ア　G→A　　　イ　G→T　　　ウ　G→C

(3) ★印以外に☆印の塩基でも1塩基の置換によって，このタンパク質に大きな影響が及ぶ場合がある。その塩基の置換を示せ。

📖 **ガイド**　1塩基の置換でも，それによって終止コドンが生じる場合は，タンパク質が合成されなくなるなど，影響が大きく出る。

76 遺伝子の発現についての，次の文を読み，以下の問いに答えよ。

さまざまな物質などが含まれる反応系に，人工的に合成したmRNAを加えて，どのようなポリペプチドが合成されるかを調べた。

A. アデニンとシトシンが交互に並んだmRNAからは，ヒスチジンとトレオニンが交互につながったポリペプチドが合成された。

　ACACAC…→ヒスチジン・トレオニン・ヒスチジン・トレオニン・ヒスチジン…

B. 「アデニン・アデニン・シトシン」という3つの塩基の並びがくり返されるmRNAからは，3種類のポリペプチドが合成された。

　AACAAC…→(ア)グルタミン・グルタミン・グルタミン・グルタミン…
　　　　　　(イ)トレオニン・トレオニン・トレオニン・トレオニン…
　　　　　　(ウ)アスパラギン・アスパラギン・アスパラギン・アスパラギン…

(1) 下線部について，①必要な細胞小器官，②反応のエネルギー供給のために必要な物質，③ポリペプチドの材料として必要なものを記せ。

(2) 実験A・Bに共通する塩基の並びから，トレオニンとヒスチジンのコドンを推定せよ。

(3) 実験Bで3種類のポリペプチドが生じる理由を記せ。

📖 **ガイド**　塩基の並びをどこで区切ってコドンとして読み取るかによって，指定されるアミノ酸が異なる。

15 形質発現の調節

> **テストに出る重要ポイント**
>
> - **調節遺伝子**…他の遺伝子の発現を調節する**調節タンパク質**の遺伝子。
> - **原核細胞の転写調節**…タンパク質のアミノ酸配列の遺伝情報をもつ**構造遺伝子**と構造遺伝子が発現するかどうかのスイッチの役割をする**オペレーター**がつくるひとまとまりの単位をオペロンという。
>   ① リプレッサー（抑制因子）…オペレーターに結合して，構造遺伝子の転写を阻害する調節タンパク質。
>   ② プロモーター…構造遺伝子の転写に必要な，先頭部分の塩基配列。 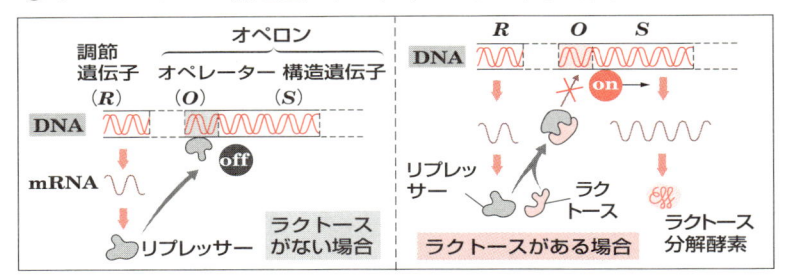
>
> - **真核生物の転写調節**…細胞の分化などに関わる遺伝子は必要に応じて転写を調節している。
>   ① **基本転写因子**…RNAポリメラーゼとともに**転写複合体**をつくり，プロモーターに結合する。
>   ② **転写調節因子**…転写調節領域に結合し，転写を調節する。 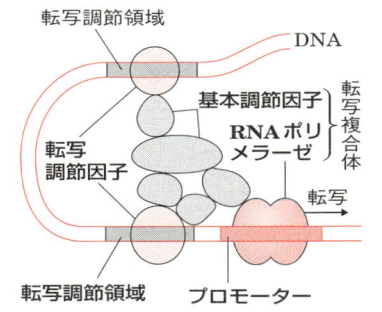
> - **ホルモンによる遺伝子発現の調節**…エストロゲンは，鳥類の卵白を合成する輸卵管上皮細胞の核内に入って**受容体**と結合し，できた複合体がアルブミン遺伝子の転写調節領域に結合することで転写を促進する。
>   （ホルモンの一種。卵白の合成を促進。）

基本問題　　　　　　　　　　　　　　　　　　解答 ➡ 別冊 *p.22*

77 ホルモンによる遺伝子調節

エストロゲンのはたらきによってニワトリの卵管上皮細胞でアルブミンが合成

されるしくみについて，以下の問いに答えよ。
ア　エストロゲンの受容体との結合　　イ　エストロゲン＋受容体のDNAとの結合
ウ　DNAの二重らせんがほどける　　　エ　アルブミン合成
オ　エストロゲンの細胞膜通過　　　　カ　アルブミン遺伝子の転写

- (1) ア〜カを時間順に並べよ。
- (2) RNAポリメラーゼがはたらくのはア〜カのうちどこか。
- (3) イでエストロゲン＋受容体が結合するDNAの部分を何というか。

📖 **ガイド**　エストロゲンは，細胞内の核内にまで入って情報伝達にはたらく。

応用問題　　　　　　　　　　　　　　　　　　解答 ➡ 別冊 p.22

78　◀差がつく　遺伝子の調節発現について，次の文を読み以下の問いに答えよ。

　大腸菌はラクトース分解酵素の遺伝子をもっているが，培地にラクトースがない場合にはこの遺伝子は発現せず，ラクトース分解酵素は合成されない。ラクトース分解酵素が合成されるかどうかは次のようなしくみによる。

　調節遺伝子によって合成される①（　　）がオペレーターという領域に結合している場合には，RNAの合成を行う酵素である②（　　）が構造遺伝子（この場合には，ラクトース分解酵素の遺伝子）の③（　　）を行うことができない。よって，ラクトース分解酵素は合成されない。

　ラクトースがあると，ラクトースが①と結合するために，①がオペレーターに結合しなくなる。すると，②が③を行うことができるようになり，構造遺伝子の塩基配列が転写され，④（　　）が合成され，大腸菌はラクトースを分解して利用するようになる。調節遺伝子とオペレーターと構造遺伝子のまとまりを⑤（　　）と呼び，遺伝子の発現調節の例として知られている。

- (1) 文中の空欄に入る最も適切な語句を記せ。
- (2) ラクトース分解酵素遺伝子の③が抑制されているときの下の模式図を参考にして，③が行われているときの図を示せ。ただし，文中の①を□，②を○，ラクトースをLと表記せよ。

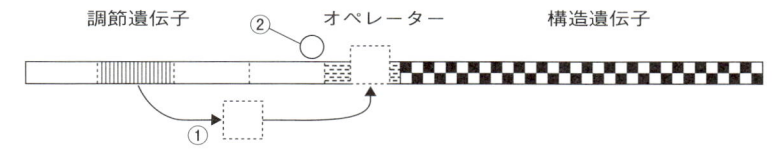

📖 **ガイド**　調節遺伝子は，調節の対象となる遺伝子に結合する調節タンパク質をつくることでタンパク質の合成を調節している。「抑制する」は英語で **repress**。

16 バイオテクノロジー

テストに出る重要ポイント

- **バイオテクノロジー**…直訳すると「**生物工学**」。生物を利用する技術で，現在ではおもに**遺伝子操作**の技術を中心とした応用分野のこと。
- **遺伝子組換え**…細胞や細菌に特定の遺伝子を導入して，その形質を発現させる。目的のDNA断片を，**制限酵素**を用いて切り出し，**DNAリガーゼ**を用いて**プラスミド**に組み込み，細胞や大腸菌内に導入する。
  〔**ベクター**〕 遺伝子を細胞内に導入するためのプラスミドやウイルス。
- **PCR法**…DNAクローニング(増幅)の一手法。高温によるDNA2本鎖の解離と高温ではたらく**DNAポリメラーゼ**による**DNA複製**をくり返すことで特定のDNA断片を**短時間で大量**に得られる。
- **遺伝子の働きを調べる研究**
  ① トランスジェニック動物…ほかの生物の遺伝子を導入した動物。
  ② ノックアウトマウス…特定の遺伝子をはたらかなくしたマウス。
- **電気泳動法**…DNAは負(-)の電荷をもつため，電圧をかけると+側へ移動する。寒天ゲルの中で行うと，**短いDNA**ほど移動が速いため，移動距離によりDNA断片の長さを推定できる。
- **塩基配列の解析**…DNA複製のしくみを利用し，DNA合成を止めるはたらきをもつ特殊なヌクレオチドを用いてさまざまな長さのヌクレオチド鎖をつくる。これらの鎖の最後のヌクレオチドを順番に解析する。
- **ゲノムプロジェクト**…ある生物のもつゲノムの塩基配列をすべて解読すること。例 ヒトゲノムプロジェクト
- **遺伝子診断**…患者の遺伝子を調べ，病気を発症する可能性や薬の効きやすさ，副作用などを診断すること。
- **遺伝子治療**…変異を起こした遺伝子に代わり，正常な遺伝子を体内に導入する技術のこと。
- **DNA鑑定**…DNAの多型の違いを調べることで個人を識別する技術。

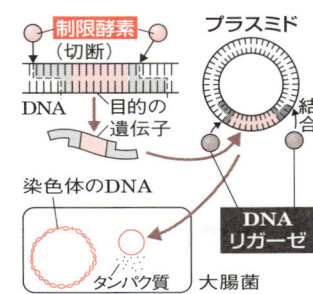

基本問題

79 遺伝子組換え　テスト必出

次の文を読み，以下の問いに答えよ。

ある生物から取り出した目的のDNAの断片を別の生物に導入して発現させる技術を①（　　）という。その手順は，目的とする遺伝子を含む<u>aDNA断片</u>を特定の酵素で切り出し，別の酵素である②（　　）を用いて，<u>b細菌の中に染色体DNAとは別に存在する環状DNA</u>に組み込む。このDNAを大腸菌などの内部に組み入れ，遺伝子の発現を行わせるものである。

(1) 文中の空欄に最も適切な語句を記せ。
(2) 下線部aについて，DNA断片を得るときに用いる酵素を何というか。また，これを使う理由を記せ。
(3) 下線部bについて，このDNAのことを何というか。
(4) (3)やウイルスなど，「遺伝子の運び屋」として用いられるものをまとめて何というか。

80 PCR法　テスト必出

次の文を読み，以下の問いに答えよ。

PCR法は特定のDNA断片を試験管内で多量に増幅する技術で，それによって得られた遺伝子は①（　　）配列の分析や②（　　）に利用される。まず90℃以上の高温にするとDNAは2本鎖の③（　　）結合がはずれて1本鎖のDNAになる。少し温度を下げ，DNA複製の起点となるプライマーと呼ばれる1本鎖DNAを加えて，<u>酵素である④（　　）がはたらく</u>と，それぞれの鎖をもとにしてDNAの⑤（　　）が行われる。これをくり返すことによって短時間で多量のDNAが得られる。

(1) 文中の空欄にあてはまる最も適切な語句を以下から選べ。

　塩基　　　　　遺伝子組換え　　　水素　　　　プライマー　　　　ペプチド
　制限酵素　　　DNAリガーゼ　　　DNAポリメラーゼ　　複製
　転写　　　　　DNAヘリカーゼ　　酸　　　酸素

(2) 下線部について，この反応で用いる酵素④の特徴は何か。

　📖ガイド　(1)④バイオテクノロジーで使われる酵素の種類についてはその名前と性質を正しく覚えておくこと。

81 遺伝子技術

次の(1)〜(7)の内容に最も関係の深い語句を，あとのア〜カより選べ。

- (1) マウスにラットの成長ホルモン遺伝子を導入したところ，体重が約2倍のマウスとなった。
- (2) マウスにオワンクラゲの蛍光タンパク質遺伝子を導入し，紫外線を当てると蛍光を発するマウスができた。
- (3) 特定の遺伝子をはたらかないようにしたマウスを作成し，その形質を見ることでその遺伝子のはたらきを知ることができた。
- (4) マウスの体細胞の核を除核した未受精卵に移植して，同じ遺伝子をもったマウスを得た。
- (5) 個人ごとの遺伝子を調べ，病気に関連するような塩基配列の変化を調べる。
- (6) ある生物のDNAを解析し，全塩基配列を特定する。
- (7) 塩基配列に変化が生じ，正常に発現しなくなった遺伝子の代わりに正常な遺伝子を導入する。

　ア　遺伝子診断　　　　イ　ゲノムプロジェクト　　　ウ　遺伝子治療
　エ　クローンマウス　　オ　ノックアウトマウス
　カ　トランスジェニックマウス

📖 **ガイド**　DNAの塩基配列を解析する技術の向上により，バイオテクノロジーを応用できるようになってきた。

82 電気泳動

あるDNAの塩基配列を特定するために行った実験について，次の文を読んで，あとの各問いに答えよ。

　まず，2本鎖のDNAを分離し，1本鎖にした。次に得られたDNAにプライマー・DNA合成酵素・ヌクレオチド(4種)を加えて，DNAを合成させた。このとき，アデニンを含むヌクレオチドに関して，糖の構造が異なる特殊なヌクレオチドを少量混ぜた。この特殊なヌクレオチドを取り込むとDNA合成が停止する。この特殊なヌクレオチドを加える操作を，チミン・グアニン・シトシンでも同様に行った。こうして得られたDNA断片を，寒天ゲルの溝に注入し，寒天ゲルに直流電流を流すとDNA断片が移動するようすが観察された。

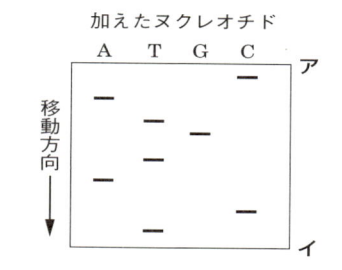

- (1) 下線部のような操作を何というか。
- (2) 図のア・イのうち，陰極(−)を示しているのはどちらか。
- (3) 移動距離が長いのは，短いDNA・長いDNAのどちらか。
- (4) 図から読み取ることのできるDNAの塩基配列を答えよ。

応用問題　　　　　　　　　　　　　　　　　　　解答 ⇒ 別冊 *p.24*

83 ◀差がつく　次の①，②の語群はバイオテクノロジーの技術に関する用語を示したものである。それぞれの用語に最も関連が深い技術の名称を答え，その技術の内容を各語群の用語を使って説明せよ。
- ① 制限酵素，プラスミド，DNAリガーゼ
- ② プライマー，DNAポリメラーゼ，増幅

84 DNAの実験操作に関する次の文を読み，下の問いに答えよ。

　図1は，あるウイルスのDNAの一部を示しており，この部分から1つのRNAが転写される。DNAの長さの単位として「ユニット」を定義し，図中の数字はDNAの末端からの距離をユニットの単位で表す。15.6〜18.0の範囲にあたる領域Tにはプロモーターがあり，転写はこの領域内にある1つの転写開始点から開始され図1に示す方向に進む。

　この領域TをPCR法で増幅し，制限酵素ア〜ウを使用して断片化した。ゲル電気泳動により，断片化されたDNAをその長さにしたがって分離した結果を図2に示す。各酵素を単独で作用させると，それぞれ2個の断片に分かれた。また，ア〜ウの3種類の酵素をすべて用いたときには，領域Tは4個に断片化されたが，そのうち2個の断片は同じ長さであった。

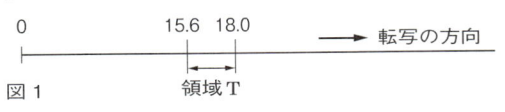

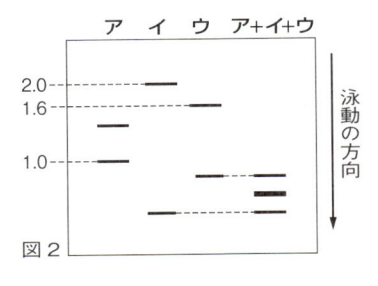

- (1) 酵素アと酵素イによる切断点間の距離を答えよ。
- (2) 酵素イと酵素ウによる切断点間の距離を答えよ。
- (3) 右図に酵素ア・酵素ウの切断点を記せ。

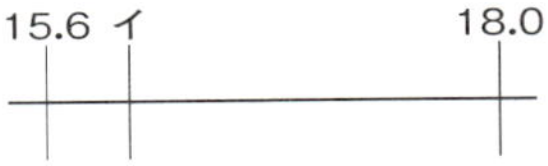

　📖 **ガイド**　図2より酵素イとウでそれぞれ切断されたときの短い断片は他の2つの酵素で切断されない。

17 有性生殖と減数分裂

- **無性生殖**…個体の一部や細胞から新しい個体をつくる生殖法。
- **有性生殖**…2種類の配偶子が合体して新しい個体をつくる生殖法。
  ① **接合**…配偶子が合体して新しい個体になる。例 アオミドロ
    *接合には，同形配偶子による接合と異形配偶子による接合がある。
  ② **受精**…卵（卵細胞）と精子（精細胞）が合体して新しい個体をつくる。
    *受精も接合の一種。
- **染色体**…染色体はDNAが何重にも折りたたまれたものであり，DNAとタンパク質からなる。体細胞の染色体には同じ形・大きさのものが対で含まれており，相同染色体という。
- **遺伝子座**…遺伝子はそれぞれ染色体上の決まった位置（遺伝子座）に存在する。
- **ホモとヘテロ**…1つの遺伝子座にある遺伝子が，対をなす相同染色体と同一である場合ホモ接合体，異なる場合，ヘテロ接合体という。
- **減数分裂の特徴**
  ① 胞子，花粉，精子や卵細胞などの配偶子形成時に行われる細胞分裂。
  ② 2回の連続した分裂 ➡ 1個の母細胞から4個の娘細胞（生殖細胞）。
- **第一分裂**
  ① 間期に染色体の複製が起こる。
  ② 相同染色体が対合して二価染色体になる。
  ③ 相同染色体のそれぞれが分かれて両極へ移動し，$2n \to n$ になる。

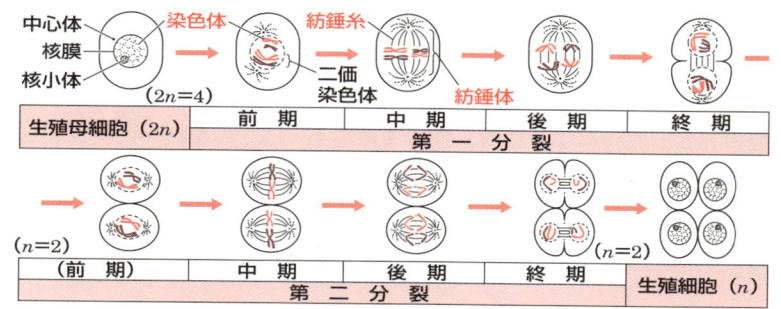

- **第二分裂**
    ① 第一分裂と第二分裂の間に間期はない。
    ② 分裂の様式は，体細胞分裂の過程とほぼ同じ。
    ③ 核相nの2個の細胞がそれぞれ分裂して，nの生殖細胞が4個できる。
- **性染色体と常染色体**
    ① **性染色体**…性を決定する染色体。雌雄で数や形が異なる。
    ② **常染色体**…性染色体以外の染色体。体細胞では，すべての相同染色体が対になっているため，2Aで表す。
- **性決定**…雄ヘテロ型と雌ヘテロ型がある。
    ① **雄ヘテロ型**…雌はXX，雄はX染色体が1本でXYかXO。
    ② **雌ヘテロ型**…雌はZ染色体が1本でZWかZO，雄はZZ。

〔雄ヘテロ型〕

XY型	♀2A + XX ♂2A + XY	ショウジョウバエ, ヒト
XO型	♀2A + XX ♂2A + X	トノサマバッタ

〔雌ヘテロ型〕

ZW型	♀2A + ZW ♂2A + ZZ	カイコガ, ニワトリ
ZO型	♀2A + Z ♂2A + ZZ	ミノガ

基本問題

解答 → 別冊 p.24

85 無性生殖と有性生殖

次の生殖のうち，遺伝的に親とまったく同じ子ができるのはどれか。すべて選び，記号で答えよ。

　ア　チューリップの球根　　イ　アオミドロの接合　　ウ　オニユリのむかご
　エ　バッタの受精　　　　　オ　イソギンチャクの分裂

　📖 **ガイド**　無性生殖の場合は，遺伝的に親とまったく同じ子ができる。

86 染色体

次の記述は，染色体と遺伝子に関するものである。空欄に適語を入れよ。

染色体は，①(　　　)がヒストンという②(　　　)に巻きついて何重にも折りたたまれたものである。同じ形・大きさの染色体を③(　　　)という。ある遺伝子の染色体上の位置は決まっており，これを④(　　　)という。1対の③上の同じ④にある遺伝子が同一である個体を⑤(　　　)，異なる遺伝子である個体を⑥(　　　)という。

87 体細胞分裂と減数分裂

以下の文は，細胞の分裂に関するものである。あとの問いに答えよ。

細胞の分裂には，生殖細胞が形成されるときに起こる①(　　)と，生殖細胞以外の体細胞がふえるときに起こる②(　　)の2種類がある。

①は，連続した③(　　)の分裂を行い，1個の母細胞から④(　　)個の娘細胞を生じるが，②では，1回の分裂で，1個の母細胞から⑤(　　)個の娘細胞を生じる。

- (1) 文中の(　)内に適する語を入れよ。
- (2) ①と②の分裂で，母細胞と娘細胞の染色体数を比較すると，それぞれどうなっているか。
- (3) ①の分裂を観察するのに適した材料はどれか。下から選び，記号で答えよ。
   ア　ネズミの肝細胞　　　　　　イ　ユリの葯
   ウ　タマネギの根の先端部の細胞　エ　ユスリカのだ腺(だ液腺)
- (4) 右の図は，①，②の最初の分裂の前期のようすである。①の分裂の前期の像は，A，Bのどちらか。

📖 ガイド　(4)減数分裂では，相同染色体どうしが接着(対合)するようすが見られる。

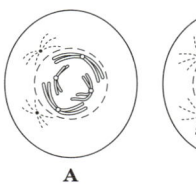

88 減数分裂の過程　◀テスト必出

次の図は，ある動物の精巣内に見られる細胞分裂の分裂像を示したものである。ただし，A～Eの順序は分裂過程と一致していない。

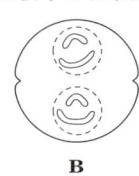

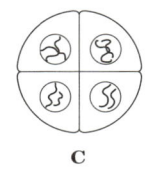

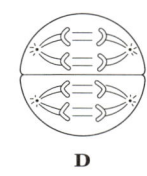

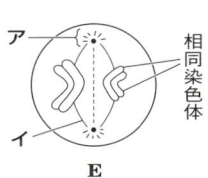

- (1) Eのア，イの名称を示せ。
- (2) A～Eを分裂の順序どおりに並べよ。
- (3) 第一分裂中期にあたるものはどれか。
- (4) 第二分裂後期にあたるものはどれか。
- (5) 二価染色体が見られるものはどれか。

(6) この動物の場合，完成した精子は何本の染色体をもつか。

(7) 以下の文で，この分裂の記述として誤っているものはどれか。
   ア　2回の連続した分裂が起こる。
   イ　第一分裂のときも第二分裂のときも染色体の複製が起こる。
   ウ　第一分裂で染色体数が半減する。
   エ　この動物の体細胞は$2n$で，つくられた精子はnである。

ガイド　(3), (4)中期と後期の染色体の動きは，第一分裂でも第二分裂でも同じである。中期…赤道面に染色体が並ぶ。後期…染色体が両極へ移動する。
(5)二価染色体というのは，相同染色体が対合したもの。

89 性染色体と性決定

右の図は，キイロショウジョウバエの雌雄の体細胞の染色体を示したものである。これに関する次の(1)～(4)の文の(　)に適当な語を入れよ。

(1) 右の図の染色体のうち，a, bを除く雌雄共通の染色体を①(　)といい，a, bの染色体を②(　)という。

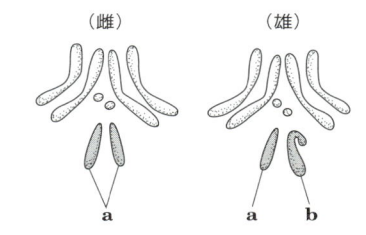

(2) a, bのうち，雌雄共通に含まれているaは③(　)染色体といい，雄にのみ含まれているbを④(　)染色体という。

(3) このように，②について，雌では③を2本，雄では③を1本もっている場合，その性決定様式を⑤(　)型の⑥(　)型といい，ヒトもこのような性決定を行う。

(4) これに対して，ニワトリのように，雄の②がホモの場合を⑦(　)型といい，⑧(　)型と⑨(　)型の2種類が存在する。

応用問題

解答 ➡ 別冊 p.25

90 《差がつく》 有性生殖について，次の問い(1), (2)に答えよ。

(1) 生殖のために形成され，2つが合体することで新個体をつくる生殖細胞を一般に何というか。

(2) 有性生殖の利点を50字以内で答えよ。

91 減数分裂の観察について，次の各問いに答えよ。

(1) 観察材料として，次のどれが適切か。
ア ツクシから落ちた多数の胞子
イ ユリのおしべについた黄色の花粉
ウ ムラサキツユクサの若い葯
エ ムラサキツユクサのおしべの毛

(2) 染色体の観察には，次のうち，どの染色液が使われるか。
ア ヨード溶液　　イ 酢酸オルセイン溶液　　ウ BTB 溶液
エ 中性赤溶液

(3) あるバッタの雄のからだを使って減数分裂を観察したい。からだのどの部分を使うとよいか。

(4) (3)のバッタの雄の染色体数は $2n = 19$ である。この動物の1個の生殖母細胞から4個の精子がつくられるとき，それぞれの染色体数は次のア〜エのどれが正しいか。
ア $n = 10$ と $n = 9$ が2個ずつ　　イ $n = 19$ が4個
ウ $2n = 19$ が2個ずつ　　　　　　エ $n = 9$ が4個

(5) ある植物の染色体数は $2n = 6$ で示され，第一分裂の後期は図Aで示されている。これが第二分裂の後期になると，どのように観察されるか。図B中に図Aにならってかけ。

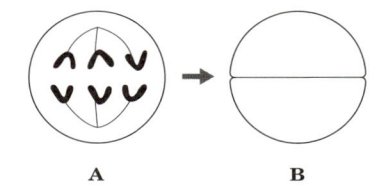

92 次の文は，減数分裂の過程を順不同で述べたものである。問いに答えよ。

A 相同染色体のおのおのが両極に移動する。
B 細い染色体が赤道面に並ぶ。
C 相同染色体が対合して，太い染色体になる。
D 細い染色体が縦列して，染色分体に分かれる。
E 対合した相同染色体が赤道面に並ぶ。
F DNAの複製が行われる。

(1) 第一分裂前期のようすを示したものは，A〜Fのどれか。
(2) 第一分裂後期のようすを示したものは，A〜Fのどれか。
(3) A〜Fの現象で，体細胞分裂にも見られる現象はどれか，すべて答えよ。

18 遺伝の法則

テストに出る重要ポイント

● **遺伝の法則の発見**…メンデルがエンドウの対立形質に注目して交配実験を行って発見。➡**優性の法則，分離の法則，独立の法則**。

● **一遺伝子雑種の遺伝**…1組の対立形質(特徴となる形や性質)についての遺伝。

例 種子の形(丸・しわ)

〔**優性の法則**〕 対立形質をもつ純系の親どうしを交雑すると，F_1には両親のいずれか**一方の形質だけが現れる**(**優性形質**)。現れない形質を**劣性形質**という。

〔**分離の法則**〕 形質を決定する1対の遺伝子は，配偶子形成時に**1つずつに分かれ，別々の配偶子に入る**。➡右の図の$F_1(Aa)$の場合，配偶子は$A:a=1:1$の比でつくられる。

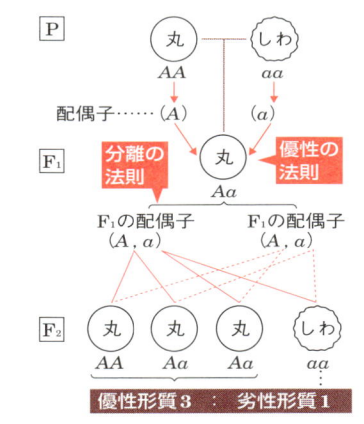

P 丸 AA ── しわ aa
配偶子……(A) (a)
F_1 丸 Aa [分離の法則] [優性の法則]
F_1の配偶子 (A, a) F_1の配偶子 (A, a)
F_2 丸 AA 丸 Aa 丸 Aa しわ aa
優性形質3 : 劣性形質1

● **二遺伝子雑種の遺伝**…異なる2組の対立形質についての遺伝。例 種子の形(丸・しわ)と子葉の色(黄・緑)

〔**独立の法則**〕 2対の対立遺伝子は，互いに**独立して配偶子に入る**。

➡下の図の$F_1(AaBb)$の場合，配偶子は$AB:Ab:aB:ab=1:1:1:1$の比でつくられる。

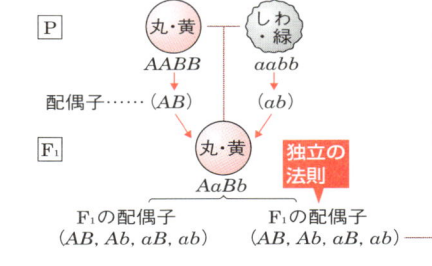

P 丸・黄 $AABB$ ── しわ・緑 $aabb$
配偶子……(AB) (ab)
F_1 丸・黄 $AaBb$ [独立の法則]
F_1の配偶子 (AB, Ab, aB, ab) F_1の配偶子 (AB, Ab, aB, ab)

F_2	AB	Ab	aB	ab
AB	〔AB〕	〔AB〕	〔AB〕	〔AB〕
Ab	〔AB〕	〔Ab〕	〔AB〕	〔Ab〕
aB	〔AB〕	〔AB〕	〔aB〕	〔aB〕
ab	〔AB〕	〔Ab〕	〔aB〕	〔ab〕

丸・黄〔AB〕：丸・緑〔Ab〕：
しわ・黄〔aB〕：しわ・緑〔ab〕
＝**9：3：3：1**

● **検定交雑**…優性形質個体(AAまたはAa)の遺伝子型を調べるために**劣性ホモ接合体**と交雑すること。検定交雑の結果より，

- 子がすべて優性形質 ➡ 検定個体は**優性ホモ接合体**(AA)
- 子が優性：劣性＝1：1 ➡ 検定個体は**ヘテロ接合体**(Aa)

基本問題

93 遺伝と遺伝用語
次の文中の（ ）に適当な語を入れよ。

(1) 遺伝子をどのようにもつかは、AA, Aa, aaのようにアルファベットの大文字と小文字の記号で表される。このように、遺伝子の記号で表したものを①（　　）といい、丸・しわなどのように外に現れる形質を②（　　）という。また、AA, aaのような同じ遺伝子をもつ場合を③（　　）接合体、Aaのような異なる遺伝子をもつ場合を④（　　）接合体と呼んでいる。

(2) Aaのように、対立関係にある遺伝子を⑤（　　）にもつ場合、Aaの遺伝子のどちらか一方が形質として現れており、現れる形質を⑥（　　）形質、現れない形質を⑦（　　）形質と呼ぶ。

94 一遺伝子雑種の遺伝 ◀テスト必出
エンドウについて、純系で子葉が黄色のものと、純系で子葉が緑色のものを親（P）として交雑したところ、下の図のような結果を得た。子葉を黄色にする遺伝子をY、緑色にする遺伝子をyとして、次の問いに答えよ。

(1) 優性形質は何色か。また、それはなぜわかるのか。
(2) Pの遺伝子型を答えよ。
(3) F_1がつくる配偶子の遺伝子型とその割合を答えよ。
(4) F_2全体の遺伝子型とその割合を答えよ。
(5) F_1とPの緑色のものとの交雑によって生じる次の世代の表現型と、その分離比を示せ。

(P) 黄色 ── 緑色
(F_1) 黄色
(F_2) 黄色　　緑色

📖 ガイド　純系の個体は遺伝子をホモにもつ。したがって、この場合、親（P）の遺伝子型は、黄色（YY）、緑色（yy）である。

95 二遺伝子雑種の遺伝① ◀テスト必出
エンドウの、丸形の種子で子葉の色が黄色のものと、しわ形で緑色のものとを親（P）として交配させると、F_1はすべて丸形で黄色のものが得られた。種子の形を現す遺伝子を$A\cdot a$、子葉の色を現す遺伝子を$B\cdot b$とし、それぞれ別々の染色体にあるものとして、次の各問いに答えよ。

(1) Pの交配を、遺伝子記号を使って遺伝子型で示せ。
(2) F_1の遺伝子型を示せ。

- (3) F_1 がつくる配偶子の遺伝子型とその分離比を求めよ。
- (4) F_2 のうち，丸形で緑色の形質のものの遺伝子型の種類をすべてあげよ。
- (5) F_2 を種子の形(丸：しわ)と子葉の色(黄色：緑色)に分けて，それぞれの分離比を簡単な整数比で示せ。
- (6) F_2 において，2つの遺伝子について完全に劣性ホモ接合体の個体は，全体の何％を占めるか。

ガイド (6)完全に劣性ホモ接合体というのは，遺伝子型 $aabb$ の個体のこと。

96 二遺伝子雑種の遺伝 2 テスト必出

独立に遺伝する2組の対立形質がある。いま，遺伝子型が $aaBB$ で示される個体と，$AAbb$ で示される個体をPとして F_1 を得た。さらに，この F_1 から F_2 を得た。以下の問いに答えよ。ただし，優性の法則が成立しているものとする。

- (1) F_1 の遺伝子型を答えよ。
- (2) F_2 の表現型は全部で何種類あると考えられるか。
- (3) F_2 で優性形質を両方もつ個体は何％いると考えられるか。

応用問題 解答 → 別冊 $p.26$

97

エンドウの種子の形と子葉の色に関する表現型で，どちらも優性の形質を発現しているもの(丸・黄〔AB〕)には4種類の遺伝子型がある。これらの遺伝子型を求めるために，劣性のホモ接合体の個体の(しわ・緑)を交配させた。下の表は，このときの結果を示している。これについて，各問いに答えよ。表中の○印は F_1 にその表現型が出現したことを示している。

- (1) 劣性のホモ接合体の個体であるしわ・緑は，どのような遺伝子型で表されるか。
- (2) 遺伝子型を調べるために劣性のホモ接合体の個体を交配させることを何というか。

	丸・黄	丸・緑	しわ・黄	しわ・緑
①	○	—	—	—
②	○	○	—	—
③	○	—	○	—
④	○	○	○	○

- (3) ①〜④の遺伝子型は，それぞれ次のア〜エのどれか。
  ア $AABB$ イ $AABb$ ウ $AaBB$ エ $AaBb$

ガイド (3)劣性ホモ接合体がつくる配偶子は，形質の発現に影響しない。そこで，子に現れた表現型から，もう一方の親の遺伝子型を考える。

19 遺伝子と染色体

テストに出る重要ポイント

- **連鎖**…同じ染色体に2つ以上の遺伝子が存在すること。連鎖している遺伝子(**連鎖群**)は，減数分裂や受精のときいっしょに行動するので，メンデルの独立の法則が成り立たない。

- ***AaBb*の配偶子のでき方**
  ① **連鎖していない場合** 2対の対立遺伝子が別々の染色体にある場合，4種類の配偶子ができる。➡ *AB*，*Ab*，*aB*，*ab*
  ② **連鎖している場合** 2対の対立遺伝子が同じ染色体にある場合(*A*と*B*，*a*と*b*が連鎖)，2種類の配偶子ができる。➡ *AB*，*ab*

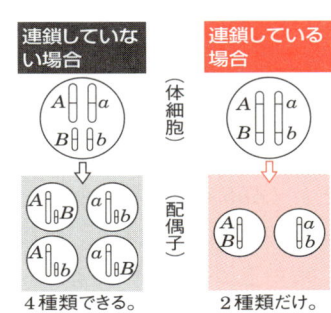

- **遺伝子の組換え**…減数分裂の**第一分裂前期**に相同染色体の一部で**乗換え**が起こり，遺伝子も入れかわる。➡ *A*と*B*，*a*と*b*が連鎖していても，組換えによって*Ab*や*aB*をもつ配偶子ができる。

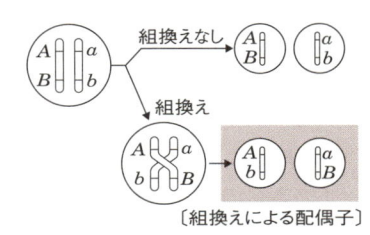

- **組換え価**…組換えの起こった割合。

$$組換え価[\%] = \frac{組換えによって生じた配偶子数}{配偶子の総数} \times 100$$

実際には，検定交雑の結果から次式で求められる。

$$組換え価[\%] = \frac{組換えによって生じた個体数}{検定交雑によって得られた総個体数} \times 100$$

- **染色体地図**…同一染色体にある各遺伝子の位置関係を表したもの。**モーガン**が考案。組換え価が大きいほど**遺伝子間の相対的な位置は遠い**。

- **三点交雑**…同一染色体にある3つの遺伝子の組換え価をもとに，遺伝子の配列順序と位置関係を調べる方法。
  例 (右図)$A-B$間2%，$B-C$間3%，$A-C$間5%の場合。

基本問題

98 遺伝子と染色体
次の各文の（　）内に適当な語または数を入れよ。

(1) キイロショウジョウバエの体色とはねの形の遺伝子は，同一染色体にあるので，2つの遺伝子は①（　　）している。また，体細胞には8本の染色体があるので，遺伝子の②（　　）の数は，③（　　）である。

(2) 上の(1)の場合，体色とはねの形の遺伝子は行動をともにするので，メンデルの④（　　）の法則には従わない。

(3) 生物の遺伝子の数はひじょうに多いのに対して，⑤（　　）の数はあまり多くない。したがって，1つの染色体に多くの遺伝子が存在していて，配偶子をつくり，受精や発生をするとき，それらの遺伝子は行動をともにする。

99 独立と連鎖 ◀テスト必出

スイートピーには，花の色が紫(B)のものと赤(b)のものがあり，花粉には長い(L)ものと丸い(l)ものがある。この2つの対立遺伝子が，①から⑤の関係にあるとき，$BbLl$の個体に検定交雑を行うと，表ア～オのどの結果と一致するか。それぞれ答えよ。

① B，b，L，lが独立した染色体にある。
② Bとl，bとLが完全連鎖している。
③ BとL，bとlが完全連鎖している。
④ BとL，bとlが連鎖していて，組換えが生じる。
⑤ Bとl，bとLが連鎖していて，組換えが生じる。

	紫・長	紫・丸	赤・長	赤・丸
ア	1 :	1 :	1 :	1
イ	1 :	0 :	0 :	1
ウ	0 :	1 :	1 :	0
エ	8 :	1 :	1 :	8
オ	1 :	8 :	8 :	1

📖 **ガイド** 完全連鎖というのは，遺伝子間の距離が短く，組換えが生じないときの遺伝子間の関係のこと。

100 組換え
2つの対立遺伝子Aとa，Bとbについて，問いに答えよ。

(1) Aとb，aとBが連鎖していて，$AaBb$どうしでF_1をつくるとき，雌雄とも40％の組換えが行われた。F_1の表現型とその分離比を求めよ。

(2) AとB，aとbが連鎖していて，$AaBb$どうしでF_1をつくるとき，雌のみ20％の組換えがあり，雄では組換えが起こらないとすると，F_1の表現型の分離比はどうなるか。

101 連鎖と組換え ◀テスト必出

スイートピーには，花の色が紫(B)のものと赤(b)のものがあり，花粉には長い(L)ものと丸い(l)ものがある。紫・長の個体($BBLL$)と赤・丸の個体($bbll$)を親(P)として交配したところ，子(F_1)はすべて紫・長であった。このF_1を検定交雑したところ，右の図のような結果を得た。これについて，問いに答えよ。

- (1) F_1の遺伝子型を答えよ。
- (2) F_1のつくる配偶子とその割合を示せ。
- (3) 花の色と花粉の形を現す遺伝子間の組換え価は何%か。
- (4) F_1の自家受粉によってできるF_2の表現型の分離比を示せ。

(F_1) ──── 赤・丸

紫・長	紫・丸	赤・長	赤・丸
702	98	102	698

📖 ガイド (2)検定交雑によって得られた子の表現型の分離比は，検定個体がつくった配偶子の遺伝子型の分離比と一致する。

102 染色体地図 ◀テスト必出

次の文を読んで，あとの問いに答えよ。

同一染色体にある3つの遺伝子について，検定交雑によって互いの組換え価を求め，各遺伝子の相体的な位置を調べる方法を①(　　)交雑という。遺伝子間の距離が長いほど組換え価の値は②(　　)くなるので，これを利用して染色体での遺伝子の位置を求め，図に示したものを③(　　)といい，④(　　)という学者が⑤(　　)という生物で最初に作成した。この生物の幼虫の⑥(　　)の細胞には，巨大染色体である⑦(　　)が見られる。染色体には，⑧(　　)という染色液でよく染まる縞模様があり，この縞模様の位置は遺伝子の位置に対応している。

- (1) (　)内に適する語を入れよ。
- (2) ⑦の染色体は，相同染色体どうしが接着している。このことから考えて，体細胞の染色体数とくらべ，⑦の染色体の数はどうなっているか。
- (3) 4つの優性遺伝子A，B，C，Dが連鎖していて，AとCの間の組換え価は1%，BとDの間の組換え価は8%であった。いま，純系AB×abのF_1に純系abを検定交雑した場合を〔AB×ab〕×abのように示すことにすると，〔AB×ab〕×abの結果は，AB：Ab：aB：ab = 19：1：1：19となり，〔CD×cd〕×cdの結果は，CD：Cd：cD：cd = 49：1：1：49であった。以上の結果をもとにして，遺伝子相互の位置を示す染色体地図を右図上に完成せよ。1目盛りは1%とする。

┼┼┼┼┼┼┼┼┼┼┼
　　　　　　$A C$

応用問題

103 〈差がつく〉 以下の問いに答えよ。

スイートピーの花に関する遺伝子紫花(A)と赤花(a)および花粉の形に関する遺伝子長花粉(B)と丸花粉(b)に注目して両親$AABB$と$aabb$との間でF_1をつくった。さらにF_1どうしを交雑してF_2をつくった。ただし遺伝子AとBおよびaとbは連鎖している。以下の問いに答えよ。

(1) F_1の遺伝子構成がどんなモデルになっているか。適切なものを図から1つ選び，記号で答えよ。

ア　　　　イ　　　　ウ　　　　エ

(2) これらの遺伝子が完全連鎖していて組換えは起こらないとするとF_2での表現型とその分離比はどうなるか。適切なものを1つ選び，記号で答えよ。

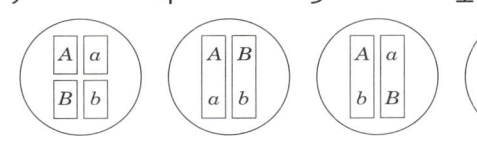

ア　〔AB〕：〔Ab〕：〔aB〕：〔ab〕＝ 9：3：3：1
イ　〔AB〕：〔Ab〕：〔aB〕：〔ab〕＝ 0：3：1：0
ウ　〔AB〕：〔Ab〕：〔aB〕：〔ab〕＝ 3：0：0：1

(3) これらの遺伝子が不完全連鎖しており，F_1と検定交雑して得られた子の表現型の分離比が
〔AB〕：〔Ab〕：〔aB〕：〔ab〕＝ 8：1：1：8
となった場合，組換え価を求めよ。

104 遺伝子の連鎖に関する次の各問いに答えよ。

キイロショウジョウバエでは，体色に関する遺伝子(正常体色A・黒体色a)と，はねの形に関する遺伝子(正常翅B・痕跡翅b)とが連鎖している。このキイロショウジョウバエの正常体色・正常翅($AABB$)と黒体色・痕跡翅($aabb$)との交雑でできたF_1($AaBb$)を検定交雑すると，次の代は正常体色・正常翅，正常体色・痕跡翅，黒体色・正常翅および黒体色・痕跡翅の個体がそれぞれ，180，35，33，165個体得られた。

(1) F_1の遺伝子の位置関係を右図に記せ。
(2) 検定交雑の結果から組換え価を求めよ。
(3) 組換え価の大小は何によって決まるか。

20 動物の生殖細胞の形成と受精

● 動物の生殖細胞の形成

① **精子形成の特徴**…減数分裂により，1個の**一次精母細胞**($2n$)から **4個**の**精細胞**ができ，精細胞が変形して**精子**(n)になる。

② **卵形成の特徴**…減数分裂の第一分裂で，1個の**一次卵母細胞**($2n$)は大きな**二次卵母細胞**(n)と小さな**第一極体**になり，第二分裂で，二次卵母細胞は大きな**卵**(n)と小さな**第二極体**になる。

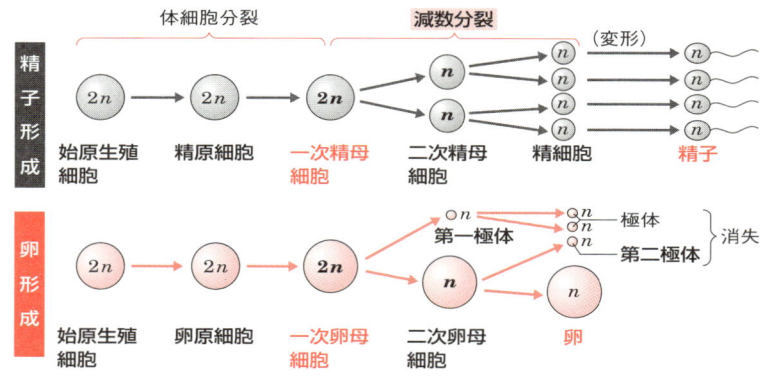

● ウニの受精

① **先体反応**…未受精卵の周囲のゼリー層に精子が到達すると，頭部の**先体**が壊れて**先体突起**を形成する。

② **受精膜の形成**…ゼリー層の下の**卵黄膜（卵膜）**を通過し，先体が卵の細胞膜に接触すると，精子と卵の細胞膜が融合。卵黄膜は細胞膜から離れて**受精膜**となり，他の精子の侵入を防ぐ。

● ヒトの精子
頭部，**中片部**，**尾部**からなる。頭部には**精核**，中片部にはミトコンドリアがある。

● ヒトの卵形成と受精
第二分裂中期の段階（**二次卵母細胞**）で排卵，精子が進入すると第二分裂が進行して卵となり，精核と卵核が合体。

基本問題

105 卵の形成 ◀テスト必出

右の図は，卵形成の過程の模式図である。これについて，問いに答えよ。

(1) A～Gの名称を答えよ。

(2) 減数分裂は，ア，イどちらの過程で起こるか。

(3) 精子形成との相異点を1つあげよ。

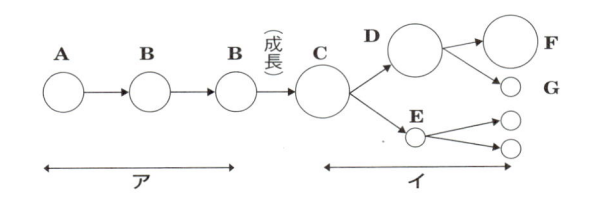

106 受精

右の図は，ウニの受精が起こる過程を表したものである。これについて，問いに答えよ。

(1) A～Dの名称を次から選び，記号で答えよ。
　ア 精核　　イ 卵核　　ウ 受精膜　　エ 受精丘

(2) この過程は海水中で起こるが，このような，動物のからだの外での受精を何というか。

(3) 図のBの膜のはたらきについて，簡単に述べよ。

107 配偶子の形成

次の文は，動物の精子と卵の形成に関するものである。（　）内に適する語を入れ，【　】内には $2n$ または n を入れよ。

(1) 精子は①（　　　）という器官で形成される。この中で，精原細胞【A】がさかんに②（　　　）分裂をくり返し，多数の一次精母細胞【B】が生じる。

(2) 一次精母細胞は，③（　　　）分裂の結果，精細胞【C】となり，これが変形して精子となる。もし，精子が200万個つくられたとしたら，一次精母細胞は④（　　　）個あったことになる。

(3) 卵は⑤(　　)という器官で形成される。卵原細胞が分裂して生じた一次卵母細胞【D】から，⑥(　　)分裂によって，最終的には，大きな1個の⑦(　　)【E】と，3個の小さな⑧(　　)【F】が生じる。このうち，生殖に関わるのは⑦だけで，⑧は消滅してしまう。したがって，100個の一次卵母細胞があれば，それから生じる卵は⑨(　　)個で，極体は⑩(　　)個できることになる。

📖 ガイド　1個の一次精母細胞から4個の精子がつくられるのに対して，1個の一次卵母細胞から，卵は1個しかつくられない。

応用問題　　　　　　　　　　　　　　　　　　　　　　　解答 ⇒ 別冊 p.29

108 動物の生殖細胞の構造・形成・受精に関する次の文章を読み，以下の問いに答えよ。

　卵や精子をつくるもとになる細胞は，始原生殖細胞と呼ばれる。始原生殖細胞は，体細胞分裂を行い，雌では卵原細胞に，雄では精原細胞になる。精原細胞は体細胞分裂を経て，一次精母細胞になる。一次精母細胞は減数分裂を行い精細胞になるが，やがて形が変化して精子になる。卵原細胞は体細胞分裂の後，栄養分を蓄えて大形の一次卵母細胞になる。一次卵母細胞は2回の分裂後，1つの大きな卵と小さな極体になる。

(1) ヒトの精子の構造に関する記述として誤っているものを，1つ選べ。
　ア　頭部には先体がある。
　イ　頭部はほとんど核で占められている。
　ウ　中片部にはミトコンドリアがある。
　エ　尾部には中心体がある。
　オ　尾部は中片部より長い。

(2) 分裂中期の始原生殖細胞がもつDNA量と同量のDNAをもつ細胞として最も適当なものを，次のア～カのうちから1つ選べ。
　ア　一次精母細胞　　イ　二次精母細胞
　ウ　二次卵母細胞　　エ　第一極体
　オ　第二極体　　　　カ　精子

(3) ヒトの精子は分裂中期の二次卵母細胞に進入するが，精子の核は二次卵母細胞が第二分裂を終了した後に卵の核と合体する。このことを説明する記述として最も適当なものを，次のア～オのうちから1つ選べ。
　ア　二次卵母細胞の染色体の複製が完了するまで待つ必要がある。

イ　卵の染色体数が精子の染色体数と同じになる必要がある。
ウ　卵の核のDNAが崩壊するまで待つ必要がある。
エ　二次卵母細胞の減数分裂の速度を遅くする必要がある。
オ　精子の核のDNAが崩壊するまで待つ必要がある。

📖 **ガイド**　(1)精子の中心体は受精時に精核といっしょに卵核へ向かって移動する。ミトコンドリアは，べん毛運動を行うためのATPをつくる。これらのはたらきと関連してどの部分にあるかを覚えるとよい。

109　次の文は，ヒトの配偶子と受精に関するものである。これについて，あとの問いに答えよ。

ヒトの配偶子は，雌雄でその形状が異なるため，①(　　)配偶子という。このうち，運動性があり小形のものを②(　　)といい，大形で運動性のないものを③(　　)という。

②と③が合体することを受精といい，できた細胞を④(　　)という。③は女性の⑤(　　)という生殖器官の中で生じる。卵形成の場合，始原生殖細胞は胎児の段階で形成され，出生時には，大部分の⑥(　　)細胞が減数分裂の⑦(　　)前期の段階になっている。思春期になると，減数分裂が進行し，⑧(　　)中期の段階になり，⑤から排卵される。そして，②が進入すると，⑨(　　)を放出し，③になる。

③に入った②の頭部は，ふくらんで⑩(　　)を形成し，③の核と合体して⑪(　　)をつくり，④の核ができあがる。

☐ (1)　文の(　)内に適する語を次から選び，記号で答えよ。
　ア　精巣　　　　イ　卵巣　　　ウ　輸卵管　　エ　一次卵母
　オ　二次卵母　　カ　極体　　　キ　第一分裂　ク　第二分裂
　ケ　精核　　　　コ　卵核　　　サ　融合核　　シ　卵
　ス　精子　　　　セ　受精卵　　ソ　同形　　　タ　異形

☐ (2)　右の図は，上の文の②の構造を示したものである。図中のA～Dの名称をそれぞれ次から選び，記号で答えよ。
　ア　ミトコンドリア　　イ　核　　ウ　先体　　エ　中心粒

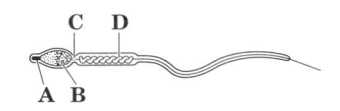

☐ (3)　図のA～Dの構造のうち，DNAを含むのはどれか。A～Dの記号で答えよ。

📖 **ガイド**　(1)ヒトの卵は卵形成の途中で排卵され，精子進入後に卵形成が終了する。
　　　　　(3)DNAは遺伝子の本体で，染色体のほか一部の細胞小器官に存在する。

21 卵割と動物の発生

- **卵割と割球**…発生初期の特殊な体細胞分裂を**卵割**といい，卵割でできた細胞を**割球**という。
- **卵割の特徴**…間期に細胞質の増加が起こらないので，割球は**分裂のたびに小さくなる**。
- **卵割の様式**…卵黄は**卵割を妨げる**ため，卵黄の量と分布により，卵割様式は異なる（右表）。

卵の種類	卵割の様式		動物例
等黄卵	全 割	等 割	ウニ
端黄卵		不等割	カエル
	部分割	盤 割	ニワトリ
心黄卵		表 割	バッタ

- **ウニの発生**
（等黄卵で等割）

受精卵 → 4細胞期 → 8細胞期 → 胞 胚 → 原腸胚 → プルテウス幼生

（胞胚腔，外胚葉，中胚葉，原腸，原口，内胚葉，消化管，骨片，口，肛門）

- **カエルの発生**
（端黄卵で不等割）

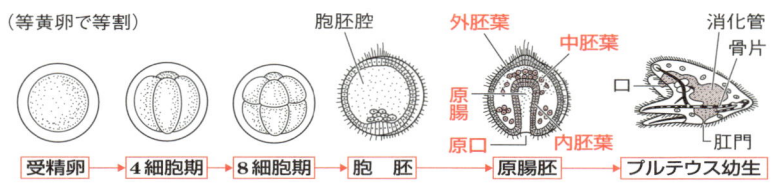

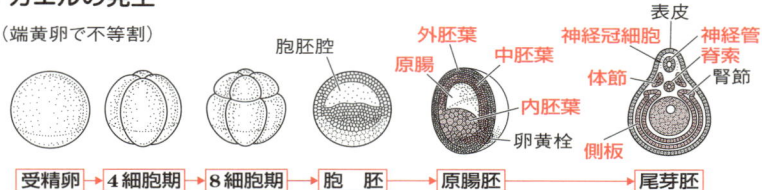

受精卵 → 4細胞期 → 8細胞期 → 胞 胚 → 原腸胚 → 尾芽胚

（胞胚腔，原腸，外胚葉，中胚葉，内胚葉，卵黄栓，表皮，神経冠細胞，神経管，脊索，体節，腎節，側板）

- **胚葉と器官形成**

① 外胚葉 { 表皮 → 皮膚・感覚器など
　　　　　　神経管 → 脳・脊髄など
　　　　　　神経冠細胞（神経堤細胞）→ 感覚神経・交感神経など

② 中胚葉 { 脊索 → （退化）
　　　　　　体節 → 脊椎骨・骨格筋・骨格など
　　　　　　側板 → 体腔壁・心臓・内臓筋など
　　　　　　腎節 → 腎臓など

③ **内胚葉**…原腸 → えら・肺・中耳・消化管・肝臓・すい臓など

基本問題

解答 → 別冊 p.30

110 卵割とその様式

次の文を読み,あとの問いに答えよ。

受精卵の初期の細胞分裂を①(　　)といい,この結果生じた娘細胞を②(　　)という。①が進むと②の数もふえるが,細胞1個の大きさは③(　　)。

また,④(　　)の多い部分は卵割⑤(　　)ので,①の様式は④の量や分布で異なっている。

(1) 上の文の(　)内に適する語を下から選び,記号で答えよ。

　ア 減数分裂　　イ 卵割　　ウ 小さくなる　　エ 大きくなる
　オ しやすい　　カ しにくい　キ 割球　　ク 卵黄　　ケ 卵白

(2) 次の表は,いろいろな動物の卵割様式をまとめたものである。

卵	等黄卵	棘皮動物のなかま(X)	B	全 割	卵割
	A	イモリ・カエル	不等割		
		魚類・ハ虫類・鳥類	盤 割	D	
	心黄卵	ショウジョウバエ・バッタなどの(Y)	C		

① 表中のA〜Dの空欄をうめよ。
② Xには動物名,Yには分類名を入れよ。
③ 不等割,盤割の8細胞期を示したものは,下の図のどれか。それぞれ1つ選び,記号で答えよ。

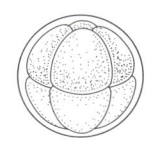

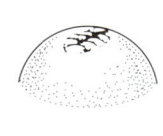

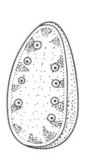

　ア　　　イ　　　ウ　　　エ

111 ウニの発生　テスト必出

次の図は,ウニの発生の各時期のようすを示したものである。問いに答えよ。

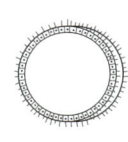

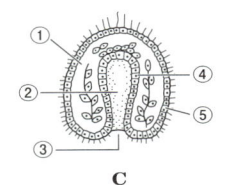

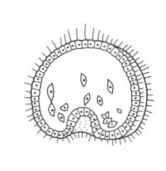

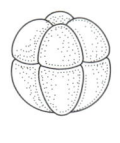

A　　B　　C　　D　　E

78　4章　生殖と発生

- (1) 図のA〜Eを正しい順序に並びかえよ。
- (2) 図のA, B, Cの胚または幼生をそれぞれ何というか。
- (3) 図Cの①〜⑤の名称を答えよ。
- (4) 図Cの②の部分と関係が深いものは、次のア〜エのどれか。
　　ア　体腔　　イ　消化管　　ウ　骨格　　エ　脊索
- (5) カエルの場合、図Eの時期は、ウニとどのようなちがいが見られるか。簡単に述べよ。

📖 **ガイド**　(5)ウニは等黄卵で、全割の等割。カエルは端黄卵で、全割の不等割。

112 カエルの発生　◀テスト必出

次の図A〜Dは、カエルの発生過程における各時期の胚の断面図である。これについて、あとの問いに答えよ。

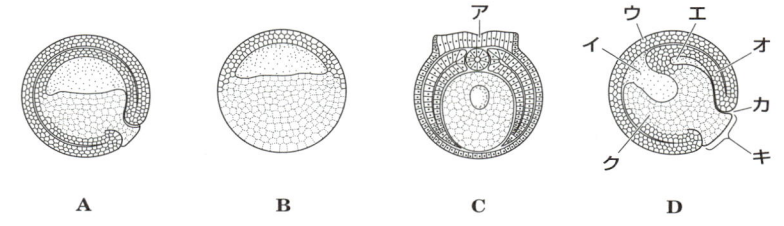

- (1) 図のA〜Dを正しい順序に並べかえよ。
- (2) 図のA, B, Cの時期の胚をそれぞれ何というか。
- (3) 図中のア〜クの名称を答えよ。
- (4) 右の①, ②は、図のA〜Dのどの外観を示したものか。それぞれ選び、記号で答えよ。

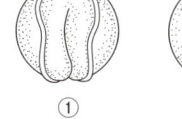

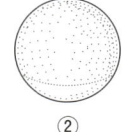

📖 **ガイド**　Cの胚は神経管の形成途中で、まだ神経管にはなっていない。

113 器官形成　◀テスト必出

右の図1はカエルの後期神経胚の断面を示したもので、図2は尾芽胚の外観を示したものである。これについて、(1)〜(5)の問いに答えよ。

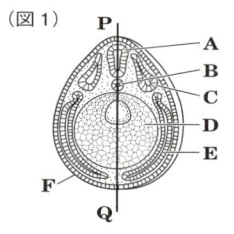

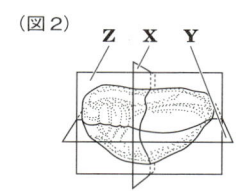

- (1) 図1のA，B，Dの名称を記せ。
- (2) 次にあげたからだの器官は，A～Fのどこから発達してくるか。それぞれ記号で答えよ。
    ① 脳　　　② 肝臓　　　③ 心臓　　　④ 骨格
- (3) 図1で示された胚の断面は，もう少し進んだ状態の胚の外観を描いた図2では，X，Y，Zのどの部分の断面を示したことになるか。
- (4) 図1のA～Fは，それぞれ外胚葉，中胚葉，内胚葉のいずれに由来するか。
- (5) 次の各文のうち，図1について正しく述べた文はどれか，すべてあげよ。
    ア　Aは神経板から形成されたものである。
    イ　Bは器官を形成することなく，やがて退化する。
    ウ　Cは脳になるAの部分に付属した，眼や耳などの感覚器官に変化する。
    エ　Dからは消化管が形成されるが，その一部からは血管もつくられる。

📖ガイド　(2)脳は神経管からでき，肝臓は内胚葉からでき，心臓は側板からでき，骨格は体節からできる。

応用問題　　　　　　　　　　　　　　　　　　　　　　　　解答 ➡ 別冊 p.31

114　◆差がつく　右の図は，ウニの16細胞期と原腸胚の時期とを示したものである。問いに答えよ。

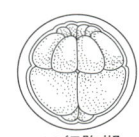

- (1) ウニの卵割について正しく述べたものはどれか。
    ア　上下の割球に大小が見られるので，不等割をする卵に属する。
    イ　卵黄が動物極側に分布しているので，盤割をする。
    ウ　等黄卵であり，全割で等割をする。
    エ　心黄卵で，つねに表割をする。
- (2) 次の文の(　)内に適当な語を入れよ。
    卵割が進むと，胚の内部にできた①(　　)が大きくなり，胚は胞胚期にはいる。胞胚の内部の空所は②(　　)と呼ばれる。やがて，胞胚の表面の特定の部分から陥入が始まり，内外二層の③(　　)と呼ばれる時期になる。陥入が始まった部分の原口は④(　　)となり，やがて独立生活をする幼生となる。
- (3) 上の(1)で選んだ答えと，16細胞期の図とは矛盾するように見える。その理由を述べよ。
- (4) 図中のA，Bの層，そしてその間にある細胞群であるCの名称を書け。

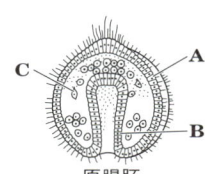

115
次の手順は、ウニの発生過程を観察するための過程を述べたものである。下の問いに答えよ。

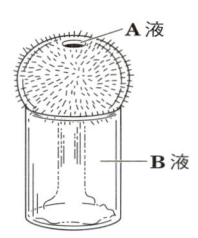

産卵期のウニの口器を切り取り、右図のようにビーカーの上にウニの口部を上にしておき、切り取った穴から**A液**を注入する。すると、口の反対側の生殖孔から、①雌は卵を、雄は精子を放出する。雌はそのままビーカーに放卵させるが、雄は生殖孔を下向きにしたまま、何も入れていない時計皿に精液を集める。採集した卵を少量の**B液**とともにピペットで時計皿に移し、②顕微鏡で観察する。その後、先に得た③精液をB液で約100倍程度に薄めたものを加え、④受精のようすを観察する。

- (1) A液の名称を述べよ。
- (2) B液は、次にあげたもののうちのどれか。
  - ア 蒸留水　　イ 海水　　ウ Aと同じ液
- (3) ウニが発生の材料として適している点を2つ述べよ。
- (4) 実験によく用いられるウニの種類を1つあげよ。
- (5) 下線部①の卵と精子はどのようにして見分けるのか、簡単に述べよ。
- (6) 下線部②で観察された卵のおおよその直径を下から選び、記号で答えよ。
  - ア 10 mm　　イ 1 mm　　ウ 0.1 mm　　エ 0.01 mm　　オ 1 μm
- (7) 下線部②と④で観察される未受精卵と受精卵には、どのようなちがいが見られるか。簡単に述べよ。
- (8) 下線部③で精液を薄めてから加えるのはなぜか。

116
カエルの初期発生について、下の図A、Bを見て、以下の問いに答えよ。

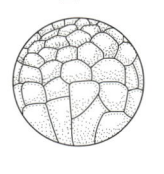

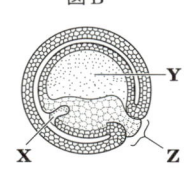

- (1) 図Aの胚について正しく述べたのは次のア〜エのどれか。
  - ア 1個の細胞であるが、多くの核を含む。
  - イ 心黄卵で表割をしている胚である。
  - ウ 多数の割球からなる桑実胚である。
  - エ 等黄卵で全割をする原腸胚である。
- (2) 図Bは、ある時期の胚の断面で、Z部は外見上ここだけ白っぽく円形に見える部分である。このZ部は、このあとどうなるか。
- (3) 図Aの胚で現れ始めた内部の腔所は、図BのX、Y、Zのどの部分か。

22 発生と遺伝子のはたらき

テストに出る重要ポイント

- ● **背腹軸の決定と誘導（カエル）**
  ① **表層回転**…受精後に卵の表層が約30°回転 ➡ 精子進入点の反対側に灰色三日月環が生じる。
  ② **中胚葉誘導**…予定内胚葉が予定外胚葉を中胚葉に分化させる。
  ③ 分化した中胚葉のうち，原口背唇部のはたらきによって外胚葉から神経管が誘導（**神経誘導**）される。

- ● **背腹軸形成にはたらくタンパク質**
  ① **BMP**（骨形成因子）…表皮の分化を誘導。
  ② **ノギン，コーディン**…形成体から分泌され，BMPの表皮誘導を阻害。BMPを阻害することで神経などを誘導する。

- ● **前後軸の形成（ショウジョウバエ）**
  ① **ビコイド遺伝子とナノス遺伝子**は，卵形成時に転写され，mRNAが卵細胞に蓄えられている（**母性遺伝子**。このようなmRNAは**母性因子**という）。
  ② 各mRNAが翻訳されてビコイドタンパク質，ナノスタンパク質がつくられると，そのタンパク質の濃度勾配によって前後軸が決定される。
  ③ **ホメオティック遺伝子**…体節ごとに特有の形態に変化させる遺伝子。この遺伝子に突然変異が起こると，体節の構造が本来の構造とは別の構造に置き換わる（**ホメオティック突然変異** 例 触角の位置に脚が形成される）。

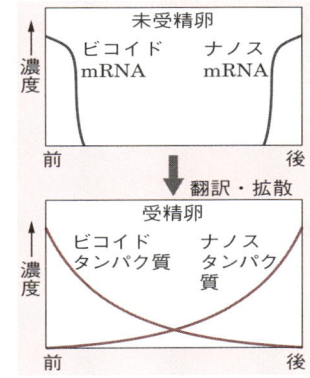

- ● **アポトーシス**（**プログラムされた細胞死**）…発生過程などであらかじめプログラムされている細胞死。例 発生過程の指の形成，おたまじゃくしからカエルに変態するときの尾の消失。

基本問題

解答 → 別冊 p.31

117 初期発生と遺伝子，細胞死 ◀テスト必出

動物の初期発生に関する以下の問いに答えよ。

(1) カエルの受精卵において，精子の進入点のほぼ反対側にできる薄い灰色の領域を何というか。
(2) アフリカツメガエルの初期胚において，表皮を誘導するタンパク質は何か。
(3) (2)のタンパク質を阻害し，背側の形成を誘導するタンパク質を2つあげよ。
(4) (3)のタンパク質などによって背側に形成される組織は何か。
(5) キイロショウジョウバエにおいて，転写されたmRNAが未受精卵に含まれ，前後軸を決定する遺伝子は何か。2つあげよ。
(6) (5)の2つの遺伝子のうち，前部を決定する遺伝子は何か。
(7) 分けられた体節それぞれに決まった構造をつくる遺伝子は何か。
(8) 発生の過程で，オタマジャクシの尾など，一度形成した部分を消失させる際に起こる細胞死を何というか。

118 カエルの初期発生と灰色三日月環

カエルの初期発生について以下の問いに答えよ。

(1) カエルの卵では，精子の進入直後に灰色三日月環と呼ばれる部分が現れる。精子の進入点に対する灰色三日月環と原口の相対的な位置を，右図の矢印からそれぞれ選び，記号で答えよ。

(2) カエル受精卵の灰色三日月環部位の細胞質の役割を調べるために，第一卵割前の卵の灰色三日月環の細胞質を抜き取り，別の第一卵割前の卵の灰色三日月環以外の場所へ注入した。発生が進むにつれて移植部分に二次胚が形成された。この実験から導かれる結論として最も適切な文を1つ選び，記号で答えよ。

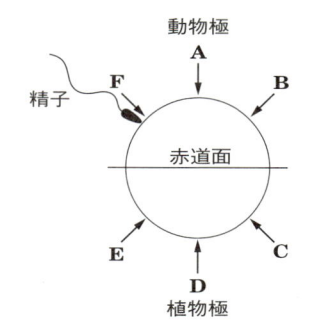

ア　カエル卵の細胞質成分は，受精によって偏りができる。
イ　移植した灰色三日月環の細胞質は，一次胚の形成を阻害する。
ウ　灰色三日月環の細胞質は，二次胚の形成を誘導するはたらきをもつ。
エ　原口の細胞には，灰色三日月環の細胞質が多く含まれる。

📖 **ガイド**　カエルでは精子の進入点の反対側に灰色三日月環を生じ，その少し下に原口ができる。

応用問題

119 次の文を読んで以下の各問いに答えよ。

シュペーマンは2細胞期のイモリ胚を卵割面に沿って細い髪の毛でしばり，それぞれの割球の発生の様子を調べた。通常，第一卵割面は将来背側に生じる灰色三日月環を二分するため，灰色三日月環は2割球のいずれにも取り込まれる。この状態で，強くしばり，割球を完全に分離すると，2つの割球からそれぞれ正常胚が生じた。

(1) 灰色三日月環は将来何に分化するか。以下から1つ選び記号で答えよ。
　ア　原腸　　　イ　卵黄栓　　　ウ　原口背唇部　　　エ　胞胚腔
　オ　一次間充織

(2) まれに灰色三日月環が2細胞期の一方の割球にのみ含まれることがある。その場合，卵割面に沿って割球を強くしばるとどのような結果が予想されるか。以下から，1つ選び記号で答えよ。
　ア　灰色三日月環を含むほうは正常胚に，含まないほうは細胞塊になる。
　イ　灰色三日月環の有無に関係なく，両方とも正常胚になる。
　ウ　灰色三日月環を含むほうも含まないほうも，異常な胚となる。

📖 **ガイド**　原腸胚期になると灰色三日月環の部分から陥入が始まる。

120 動物の発生に関する以下の問いに答えよ。

線虫では，アポトーシスの異常による細胞死異常変異体が見つかっている。<u>アポトーシスは，細胞が自身の死のプログラムを活性化して自殺する細胞死で，プログラム細胞死ともいう</u>。アポトーシスは，ある種のタンパク質分解酵素が活性化し，細胞内の主要なタンパク質を分解することによって起こる。

文中の下線部が関与しない現象を次のア～オから2つ選び，記号で答えよ。
　ア　ヒトの発生中に手足の指が，5本に形づくられる。
　イ　脳血管の血流障害により，ヒトの脳組織が軟化する。
　ウ　オタマジャクシからカエルに変態する際に尾が退縮する。
　エ　火傷した部位の皮膚が，赤くなり熱をもってひりひりと痛い。
　オ　はたらきの衰えたヒトの腸上皮細胞が除かれ，新しい細胞と入れ替わる。

📖 **ガイド**　あらかじめプログラムされている細胞死がアポトーシスである。物理的・化学的ダメージなどで細胞が死んでしまうものとは異なる。

23 形成体と誘導

テストに出る重要ポイント

- **胚の予定運命**…**フォークト**が，イモリの胚（胞胚，初期原腸胚）を用いて，**局所生体染色法**によって胚の各部が将来何になるのかを示す**原基分布図**（**予定運命図**）を作成した。

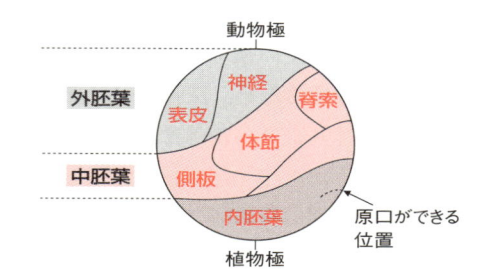

- **イモリの予定運命の決定時期**…シュペーマンは，次の交換移植実験を行い，イモリの予定運命の決定時期を調べた。
  ① **初期原腸胚**で，神経管になる部分と表皮になる部分を交換移植。
  　→**移植先の予定運命にしたがって分化**。➡運命は未決定。
  ② **神経胚**で，①と同じ交換移植。→**移植片自らの予定運命にしたがって分化**。➡運命は決定済み。
  ➡イモリの予定運命は，原腸胚から神経胚の間に少しずつ決定。

- **形成体と誘導**…イモリの**原口背唇部**を他のイモリ胚に移植すると，原口背唇部が**形成体**となって外胚葉の一部から**神経管**を誘導し，二次胚を形成する。

- **形成体の誘導**（→p.81）…胞胚の背側予定内胚葉が外胚葉にはたらきかけて形成体を誘導（**中胚葉誘導**）。さらに，中胚葉は予定外胚葉域から神経を誘導する（**神経誘導**）。

- **ニワトリの表皮の分化**…ニワトリの羽毛は背中に，うろこは足に生じるが，ニワトリ胚の背中と足の皮膚を切り取り，表皮と真皮に分けてさまざまに組み合わせて培養すると，羽毛やうろこは真皮によって**誘導される**。表皮が誘導される**反応能**は，発生の特定の時期に見られる。

23 形成体と誘導

基本問題

解答 → 別冊 p.32

121 胚の予定運命 ◁テスト必出

右の図は、フォークトがイモリの初期胚を用いて実験を行い、胚の各部が将来何になるかを明らかにして図にまとめたものである。以下の問いに答えよ。

(1) この実験を行うのに用いた胚は、どの時期のものか。
(2) このような予定域を調べるために、胚の各部を無害な色素で染色する方法を何というか。
(3) 図のA、D、Fの名称を答えよ。
(4) A〜Fのうち、中胚葉に由来する部分はどれか。すべて選び、記号で答えよ。
(5) 次のア〜エは、図のA〜Fのどの部分からつくられるか。
　ア 脊索　　イ 肺　　ウ 筋肉　　エ 脳
(6) イモリでは、原口は将来何になるか。

📖 **ガイド** 胚の表面が内部に陥入する際、最後まで陥入しない部分が表皮になる。

---

122 初期発生と遺伝子、細胞死 ◁テスト必出

発生のしくみについて調べた次の文の空欄に適する語を入れよ。

ドイツのシュペーマンは、白いイモリの初期原腸胚から、①(　　)と呼ばれる図のXの部分を切り取り、同じ発生時期の黒いイモリの胚に移植した。

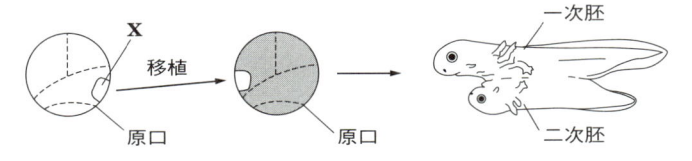

すると、移植された胚の腹部には、やや小形の胚(二次胚)が生じた。二次胚の組織を調べたところ、移植した白い組織はおもに②(　　)に分化し、神経管の大部分は宿主の黒い細胞に由来していた。

この実験から、Xは宿主の細胞にはたらきかけてその分化を促すことがわかる。このようなはたらきを③(　　)と呼ぶ。また、Xのように形態形成に支配的なはたらきをする部分を④(　　)と呼ぶ。

📖 **ガイド** Xの部分は、将来原口ができる部分に接した動物極側(上側、背側)に位置する。

123 目の形成

右の図は，イモリの目の形成を示す模式図である。これについて，次の各問いに答えよ。

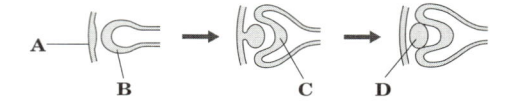

(1) 図中のA〜Dの名称を記せ。
(2) 目の形成過程において，DはBに誘導されてAからできるが，このDは何にはたらきかけて，次に何を誘導するのか。
(3) (2)のように，器官形成の際に誘導するはたらきをもつものを何というか。

📖 ガイド　目の形成では，眼胞(眼杯)・水晶体が二次・三次の形成体となる。

応用問題　　　　　　　　　　　　　　　　　　　解答 ➡ 別冊 p.33

124 ◀差がつく　ある両生類の桑実胚と胞胚を用いて，以下のような実験を行った。

〔実験1〕　図1のように，桑実胚を，将来外胚葉性の組織ができる部分A，中胚葉性の組織ができる部分B，内胚葉性の組織ができる部分Cに分けて培養した。すると，どの部分からも脊索や体節はできなかったが，同じ実験を胞胚で行うと，Bの部分からは脊索や体節が分化した。

〔実験2〕　図2のように，胞胚のAのみ，AとCを合わせたもの，Cのみを培養したところ，AとCを合わせたもののAの部分から脊索や体節が分化した。

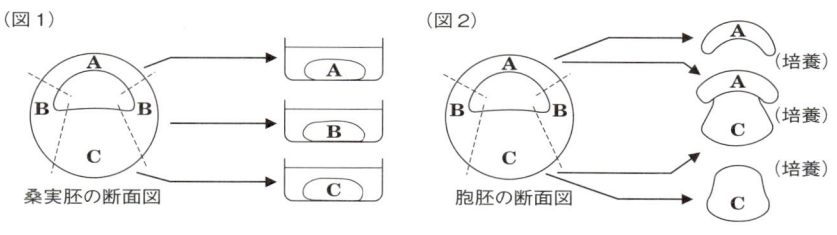

(1) 実験1からどのようなことが言えるか，簡単に説明せよ。
(2) 実験2から推論される結果を以下に示した。(　)に適する語を下から選び，記号で答えよ。

　　中胚葉由来の組織への分化は①(　　)が②(　　)として作用し，③(　　)を④(　　)して中胚葉性の組織に分化させる。

　ア　形成体　　　イ　予定外胚葉　　　ウ　予定中胚葉　　　エ　予定内胚葉
　オ　誘導　　　　カ　調節　　　　　　キ　誘導体

23 形成体と誘導

125 右の図1〜4は、イモリの目の形成過程を示す模式図であり、目が形成される位置での横断面を示している。また、図5は図1と同じ発生段階の胚の体の中央部での横断面を示している。次の問い(1)、(2)に答えよ。

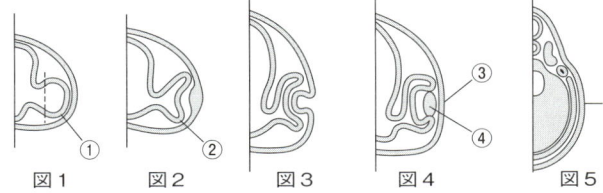

(1) 図中①〜④の名称を答えよ。

(2) 図1の点線の位置で①の部分を切り出し、別の胚の図5の a で示す位置の表皮の下に移植すると、その表皮から④の構造が誘導された。この実験結果から、「①が内側から表皮に接していることが、④の構造を誘導するための十分な条件である」ということがわかる。では、「①が目の形成において表皮から④の構造を誘導するために必要不可欠である」ということを示すためには、どのような実験を行い、どういう結果が得られればよいか。60字以内で答えよ。

126 ニワトリ胚の皮膚では、背中の部分に羽毛が生じ、あしの部分にはうろこができる。羽毛もうろこも表皮が変化したものである。これらの発生について調べた次の文を読み、あとの問いに答えよ。

ニワトリの受精卵を孵卵器で温め始めてから5日目および8日目の胚から背中の皮膚の原基を、10日目、13日目および15日目の胚からあしの皮膚の原基をそれぞれ切り出した。皮膚の表皮と真皮を分離した後、いろいろな組み合わせをつくって数日間培養した。その結果、表皮は表に示すように分化した。

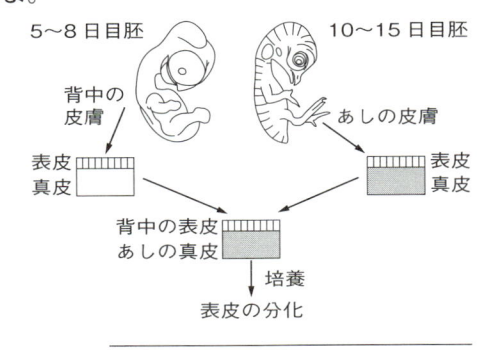

(1) 真皮には表皮が羽毛に分化するかうろこに分化するかを誘導するはたらきがあると考えられる。その誘導能力がはたらくのはこの実験では何日目から何日目の間だと考えられるか。

(2) 羽毛への誘導に対する表皮の反応性についてわかることを簡潔に答えよ。

あしの真皮	背中の表皮	
	5日目胚	8日目胚
10日目胚	羽毛	羽毛
13日目胚	うろこ	羽毛
15日目胚	うろこ	羽毛

24 細胞の分化能

テストに出る重要ポイント

- **分化の全能性**…分化した細胞でも，1個体を形成するすべての遺伝子をもっている。
- **核の移植実験**…アフリカツメガエルの未受精卵に紫外線を当てて除核 ➡ おたまじゃくしの小腸の上皮細胞の核を移植 ➡ 一部の個体が正常に発生（核を提供した個体と遺伝的に同一＝**クローン**）。
- **ES細胞（胚性幹細胞）**…哺乳類の胚盤胞（胞胚に相当）の内部細胞塊を培養して得る。胎盤以外のさまざまな組織・器官に分化可能。
- **ES細胞の問題点**…受精卵を用いていることから倫理的な問題がある。
- **iPS細胞（人工多能性幹細胞）**…山中伸弥教授によって分化した体細胞に4個の遺伝子を導入することで初めてつくり出された（2006年）。治療に用いる場合，拒絶反応を避けられる。

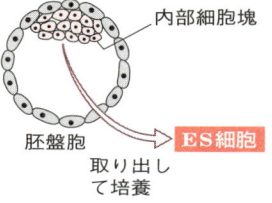

基本問題

解答 ➡ 別冊 p.33

127 分化 ◀テスト必出

□ 以下の文の空欄に語群から適切な語句を選んで入れよ。

　動物の体を構成しているさまざまな細胞は，もともとは1つの①（　　）から始まる。①が分裂して増えた細胞が，個体が発生していく過程で異なる形やはたらきをもついろいろな細胞に変化することによりできる。このような現象を細胞の②（　　）という。また，①のようにどんな細胞にでも②できる能力を，③（　　）という。

　②は，細胞ごとに特定の④（　　）が発現することによる。しかし，②した細胞

も，もともとの①も同じ④をもっている。
〔語群〕 遺伝子　突然変異　分化　受精卵　全能性　クローン

128 ES細胞
ES細胞に関する記述として適切なものを次のなかから2つ選び，記号で答えよ。
ア　体細胞の核を，核を取り除いた卵細胞に移植することによってつくられる細胞である。
イ　哺乳類の初期胚の内部細胞塊からつくられた，あらゆる細胞に分化できる能力をもったまま培養し続けることができる細胞である。
ウ　体細胞に数種類の遺伝子を導入することによって，あらゆる細胞に分化できる能力をもったまま培養し続けることができるようにした細胞である。
エ　ヒトES細胞から分化させた組織や臓器は，誰に移植しても拒絶反応が起こらない。
オ　胚性幹細胞と呼ばれる。

129 iPS細胞
iPS細胞に関する記述として適切なものを2つ選び，記号で答えよ。
ア　胚性幹細胞と呼ばれる。
イ　胚盤胞の内部細胞塊を培養してつくられる。
ウ　ヒトの皮膚細胞などに遺伝子を導入してつくられる。
エ　数種類の限られた細胞にしか分化できない。
オ　患者自身の細胞が利用できるため，移植医療に応用しても拒絶反応は起こらないと期待される。

130 細胞の分化　◀テスト必出
次の文を読んで，以下の問いに答えよ。
　受精卵は，分裂（卵割）をくり返すことによって細胞数を増加させるとともに，a生じた細胞は，それぞれ特定の役割を果たす細胞へと分化する。このように，受精卵はどんな細胞にも分化できる能力をもち，それを①(　　　)という。
　bほとんどの細胞は，一度ある組織を構成する細胞に分化すると，その後，別の種類の細胞に分化することはない。ところが，体細胞のなかにも一度分化した

細胞が再び他の細胞へ分化する能力を回復する場合がある。この性質を人類は利用し，応用しようとしている。例えば，②(　　)細胞(胚性幹細胞)や，③(　　)細胞(人工多能性幹細胞)などを用いた技術の開発が進んでいる。

- (1) 空欄に適切な語を入れよ。
- (2) 下線部aについて，これに関連する文として最も適当なものを次のア〜ウから1つ選び記号で答えよ。
  - ア　乳腺の細胞を貧栄養の環境下で培養すると受精卵とほぼ同じ状態にある細胞となった。
  - イ　イモリの原口背唇部を別のイモリの胞胚(腹側)に移植すると，移植された側から神経管が誘導された。
  - ウ　大腸菌に有用タンパク質の遺伝子を組み込んだプラスミドを導入した結果，多量のタンパク質を合成するようになった。
- (3) 下線部bについて，その説明として誤っているものを次のア〜ウから1つ選び，記号で答えよ。
  - ア　分化した細胞は，その細胞が生きていく上で必要な遺伝子以外をスプライシングで除去するから。
  - イ　一度読まれた遺伝子の一部は再度発現させることができなくなるから。
  - ウ　分化が引き起こされるためには，ある特定の時期の細胞同士の相互作用が必要だから。

131 バイオテクノロジー ◀テスト必出

バイオテクノロジーに関する以下の文の空欄に適する語句を入れよ。

バイオテクノロジーの発展により，①(　　)を取り除いた卵細胞に別の個体の①を移植することにより①を提供した個体と同じ遺伝子をもつ②(　　)生物をつくることが可能である。②生物は優良な肉牛と同じ遺伝子をもったウシを誕生させるなど，畜産への応用が期待されている。

また，体細胞に数種類の③(　　)を導入することでiPS細胞を作製する技術が報告された。iPS細胞は④(　　)とよく似た性質をもっている。④は哺乳類初期胚の⑤(　　)と呼ばれる胚から内部細胞塊と呼ばれる将来胎児になる部分の細胞を取り出し，培養することにより得られる。iPS細胞や④を特定の細胞や組織に分化させ，これを移植して失われた機能を回復させる⑥(　　)の可能性も検討されている。

応用問題

132 ◀差がつく▶ 以下の問いに答えよ。

1962年にガードンはアフリカツメガエルの核移植実験を行った。まず変異型の白いアフリカツメガエルの幼生から腸上皮細胞を採取し，核だけを取り出した。次に，野生型の黒いアフリカツメガエルの未受精卵に紫外線を照射して①(　　　)した後，腸上皮細胞から取り出した核を移植した。核移植した卵のうちのいくつかは正常に発生し，成体となった。正常に発生した個体の体色は②(　　)で，発生割合は右の表の通りである。

移植した核	正常な個体(幼生)が発生する割合
原腸胚の内胚葉の核	約80%
神経胚の腸上皮細胞の核	約60%
幼生の腸上皮細胞の核	約15%

この成体の作成においては，生殖細胞や受精卵ではなく，特定の形態や機能に③(　　　)した細胞の核であっても正常に発生することがあることがわかる。

(1) 文中の空欄に適切な語句を入れよ。

(2) 下線部について，文章中の上記の実験でアフリカツメガエルを作成することができる性別についての記述をア～ウのなかから選び，記号で答えよ。
　ア　雄のみ　　イ　雌のみ　　ウ　雌雄どちらでもよい

(3) この実験からわかることとして正しいものをすべて選び，記号で答えよ。
　ア　発生が進んだ胚の核は，卵を正常に発生させる能力を完全に失っている。
　イ　発生が進んだ胚の核は，卵を正常に発生させる能力を失っていない。
　ウ　発生が進んだ胚の核は，遺伝子発現がしにくくなっている。
　エ　発生が進んだ胚の核は，遺伝子発現がしやすくなっている。
　オ　分化した細胞の核は，受精卵と同じ遺伝情報をもつ。
　カ　分化した細胞の核は，受精卵と異なる遺伝情報をもつ。

(4) ガードンの実験で得られたカエルは，核を採集されたカエルの遺伝情報をそのまま受けついでいる。このような個体を何というか。

(5) (4)と同様に同じ遺伝情報をもつものをすべて選び，記号で答えよ。
　ア　ドリーから有性生殖で生まれた子ヒツジとドリー
　イ　ヒトの男女の一組の双生児
　ウ　ウニの2細胞期胚を分離して発生した2匹の幼生

25 植物の生殖

テストに出る重要ポイント

- **被子植物の配偶子形成**

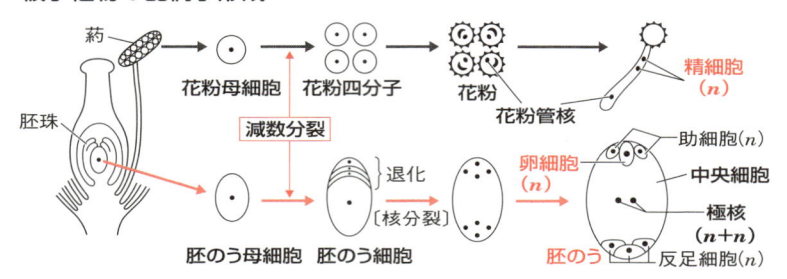

  葯 → 花粉母細胞 → 花粉四分子 → 花粉 → 精細胞(n)／花粉管核

  胚珠 → 胚のう母細胞 → 胚のう細胞 →（退化／核分裂）→ 胚のう

  胚のう内：助細胞(n)、卵細胞(n)、中央細胞、極核($n+n$)、反足細胞(n)

  減数分裂

- **被子植物の受精**…2個の精細胞が卵細胞・中央細胞と受精(重複受精)。

  花粉管 { 精細胞(n) + 卵細胞(n) }　胚のう → 受精卵($2n$)
  　　　 { 精細胞(n) + 中央細胞($n+n$) }　　　　→ 胚乳($3n$)

- **種子の形成**

  { 受精卵($2n$) → 胚(子葉，幼芽，胚軸，幼根)
  　胚乳核($3n$) → 胚乳(発芽時の養分を貯蔵)　　}種子
  　珠　皮($2n$) → 種皮(内部を保護する)

- **有胚乳種子**…胚乳が発達。

  [例] イネ，カキ，トウモロコシ

- **無胚乳種子**…胚乳が発達せず，子葉に養分を蓄える。

  [例] エンドウ，ナズナ，クリ

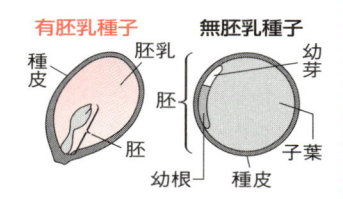

  有胚乳種子：種皮、胚乳、胚

  無胚乳種子：幼芽、胚、子葉、幼根、種皮

基本問題　　　解答 ➡ 別冊 p.35

133　被子植物の受精　◁テスト必出

右の図は，花粉の形成過程を示したものである。問いに答えよ。

(1) 減数分裂はア，イのどちらか。

(2) A，B，Cの名称を答えよ。

(3) 図中の(a)〜(d)の名称を答えよ。

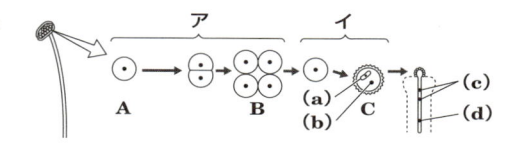

134 胚のうの形成 ◀テスト必出

右の図は，被子植物のめしべの断面図を模式的に示したものである。これについて，以下の問いに答えよ。

（1） 図中のア〜キの名称を答えよ。
（2） 減数分裂の起こる時期について，正しく述べたのは次のA〜Dのどれか。1つ選び，記号で答えよ。
　A　胚のう母細胞から胚のう細胞がつくられるとき
　B　胚のう細胞から胚のうがつくられるとき
　C　胚のうでウ，エ，カ，キがつくられるとき
　D　胚のうでエがつくられるとき
（3） 胚と胚乳は，それぞれ図中のどれとどれ(またはどれを含む細胞)が合体してできるか。また，このような受精を何と呼ぶか。
（4） 胚と胚乳の染色体数をnを用いて表すと，どのようになるか。
（5） 染色体数が$2n=12$の植物がつくる花粉の染色体数はいくつか。
（6） 別の植物の子房の中を観察したところ，5つの種子があった。
　（a）　胚のうは，少なくとも何個形成されたか。
　（b）　胚のうを形成するもとになる胚のう母細胞と，その過程で生じる胚のう細胞は，少なくとも何個存在したか。

📖ガイド　(3)胚は，精細胞と卵細胞が合体した受精卵が成長してできる。
　　　　(5)花粉の核相はnである。

135 有胚乳種子と無胚乳種子

右の図は，カキとエンドウの種子の断面図である。これについて，以下の問いに答えよ。

（1） ア，イ，ウ，エの名称を答えよ。
（2） 胚乳の有無で種子を分けると，カキのような種子を何というか。
（3） 胚乳の有無で種子を分けると，エンドウのような種子を何というか。
（4） 胚が育つための養分は，図のア〜エのどこに蓄えられるか。

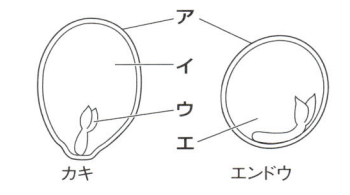

📖ガイド　(4)胚が育つための養分は，有胚乳種子では胚乳に蓄えられ，無胚乳種子では子葉に蓄えられる。

応用問題

136 次の文を読み，以下の問いに答えよ。

被子植物における花は，生殖器官としての役割を果たす。若い花では，めしべの根元にある子房には①(　　)があり，その内部に②(　　)($2n$)がつくられる。②は③(　　)分裂により④(　　)個の細胞となるが，そのうち3個は消失し，残りの⑤(　　)個が⑥(　　)(n)となる。⑥は，その核が3回の分裂の後に8個となり，その後の細胞質分裂によって2個の⑦(　　)，3個の⑧(　　)，1個の⑨(　　)と⑩(　　)個の極核をもつ⑪(　　)となる。

若いおしべの葯の中では，多くの⑫(　　)($2n$)がつくられる。それぞれの⑫は③分裂により④個の細胞(n)からなる⑬(　　)となる。⑬のそれぞれの細胞は，1回分裂して，⑭(　　)と⑮(　　)になり，成熟した花粉となる。これが，めしべの柱頭につくと，花粉は発芽して⑯(　　)を伸ばす。⑯の中では，⑮が分裂して2個の⑰(　　)となり，⑯内部を移動する。

☐ (1) 文章中の(　)内に適する語または数を次の語群から選び，記号で答えよ。

花粉母細胞　胚珠　胚乳　卵母細胞　胚のう母細胞　胚のう細胞
第一精母細胞　精子　雄原細胞　精原細胞　花粉管核　花粉管
花粉四分子　精細胞　主細胞　助細胞　反足細胞　卵細胞　減数
体細胞　核　細胞質　細胞膜　中央細胞　1　2　3　4　5　6

☐ (2) 被子植物の受精と種子の形成に関する記述として，適切な文章を2つ選べ。なお，番号には，上の文章の同じ番号の空欄と同じ語が入る。

ア　花粉は昆虫や風などを利用して運ばれ，めしべの柱頭に付着する。これを受精という。

イ　被子植物では，自家受精を防ぐしくみをもつものがある。同じ個体あるいは同じ花に由来する花粉の⑯の伸長を妨げる自家不和合性は，その代表的なしくみである。

ウ　精細胞のうちの1個は，⑪と融合(合体)して胚乳核となる。胚乳核をもつ細胞は分裂をくり返し，胚乳を形成する。

エ　イネやトウモロコシなどでは，種子の発芽に利用される炭水化物，タンパク質などの栄養分が胚乳に貯蔵されるが，発達途上で胚乳は退化し，かわりに子葉に蓄えられるようになる。

オ　被子植物では，受精卵をつくる⑨と精細胞との受精，ならびに，胚乳核をつくる⑪と精細胞との融合が起こる。これを重複受精という。

137 右の図は，ホウセンカの花粉管の伸長について，0％，8％，16％のスクロースを含む寒天培地を用いて調べたものである。次の問いに答えよ。
(1) ①～③は，それぞれどのスクロース濃度で実験を行ったものか。
(2) ③では，花粉管はほとんど伸長しない。これはなぜか。

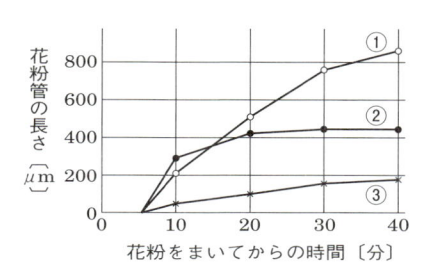

📖 ガイド　外液の浸透圧が高いと原形質分離が起こるため花粉管は伸長しない。また，栄養源がないと，花粉管の伸長は途中で止まる。

138 ◀差がつく▶　次の①～④の文は，被子植物の胚発生に関するものである。これらについて，あとの問いに答えよ。

① 柱頭についた花粉は，細胞質の少ない雄原細胞が大きい花粉細胞の中に取り込まれて入れ子状態になっているが，まもなく花粉管を伸ばし，その中で雄原細胞はさらに分裂して2個の（　ア　）となる。

② 花粉管の先端が（　イ　）に達すると，（　ア　）の1個は（　ウ　）と受精するが，他の1個は（　エ　）と受精し，その核は2個の極核と融合する。

③ 受精卵の第1回目の分裂によって生じた2個の細胞のうち，上の細胞は分裂を行い，先端部が球形の胚（胚球）に変化する。下の細胞はゆっくり分裂して，その下につながる棒状の（　オ　）となる。さらに発生が進むと，胚球の上の部分から（　カ　）や幼芽ができ，下の部分から（　キ　）や（　ク　）ができる。右の図は，その過程を示したものである。

④ 中央細胞の核は，受精後核分裂を行って多数の核となる。やがて，この核を1個ずつ含む細胞ができ，それらが栄養を蓄えて（　ケ　）になる。

(1) ア～ケに適する語を入れよ。
(2) ナズナの場合，カは2枚できるが，このような植物を何と呼ぶか。
(3) ②の文章で述べたことが見られない植物は次のどれか。すべてあげよ。
　　ア　サクラ　　イ　ソテツ　　ウ　イネ　　エ　マツ

📖 ガイド　(1)胚は，子葉，幼芽，胚軸，幼根の4つの部分からできている。
　　　　　(3)被子植物以外では，重複受精は見られない。

26 植物の発生と器官分化

テストに出る重要ポイント

- 被子植物の胚発生…幼芽，子葉，胚軸，幼根が形成。 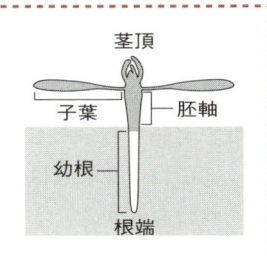
- 被子植物の体制…茎頂分裂組織と根端分裂組織が分裂し続け，茎と根をつくり続ける。
  ➡ 茎・葉・芽からなる単位のくり返し。花…生殖器官
- 被子植物の花の形態…外側から順に，がく，花弁，おしべ，めしべという4種類の部分からなる。
- 花の形態形成・ABCモデル…花芽の形成時，A，B，Cの3つの調節遺伝子(ホメオティック遺伝子)がはたらき，その組み合わせで各構造がつくられる。

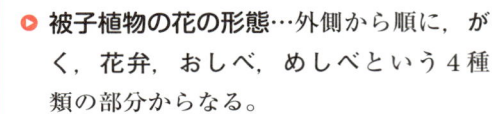

$$\begin{cases} 遺伝子A & →がく \\ 遺伝子A+B & →花弁 \\ 遺伝子B+C & →おしべ \\ 遺伝子C & →めしべ \end{cases}$$

遺伝子Cを欠く場合→おしべの位置に花弁，めしべの位置にがく片が形成。

花を上から見た図

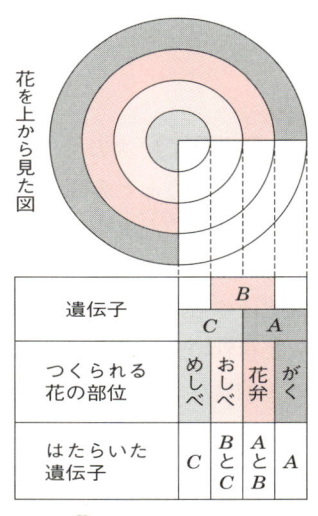

遺伝子		B		
		C	A	
つくられる花の部位	めしべ	おしべ	花弁	がく
はたらいた遺伝子	C	BとC	AとB	A

基本問題　　解答 ➡ 別冊 p.36

139 被子植物の成長 ◀テスト必出

次の文の空欄①～⑤に適する語句を答えよ。

　被子植物の茎や根の先端部には，活発に体細胞分裂を行う組織があり，①(　　)と呼ばれる。ここでつくられた細胞は，さまざまな組織の細胞に分化するとともに植物体に伸長成長をもたらす。茎や根が②(　　)成長する植物では，③(　　)があり，物質の通路となっている④(　　)や⑤(　　)に分化する維管束系の細胞をつくっている。

140 被子植物の器官分化

被子植物の体は，花と根を除き，<u>一定の構造の単位</u>がくり返し規則的に積み重なった構造となっている。新しい茎や葉は①(　　)の中にある②(　　)組織から発生し，次第に発達して完成した形となる。その過程で，葉と茎の間に１つの③(　　)が発達する。③にも②組織があり，新しい葉や茎をつくり出す能力をもっている。花もまた①や③の②組織から発生するが，花が形成されると②組織の活動が終わる。つまり，花は②が最後に形成する器官である。

- (1) 文中①～③の空欄に適切な語句を答えよ。
- (2) 右図は，被子植物の一般的な構造を示す模式図である。文中の下線部にある「一定の構造の単位」を，図中の記号で答えよ。

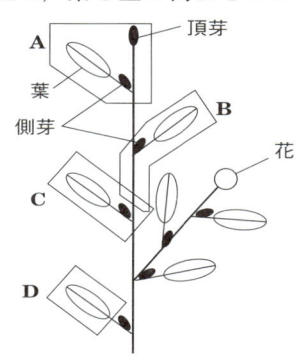

応用問題　　　　　　　　　　　　　　　　　解答 ➡ 別冊 p.37

141 ◀差がつく　花の器官形成に関する次の文を読み，以下の問いに答えよ。

被子植物の花の構造は基本的に上部から見て外側から，がく片，花弁，おしべ，めしべの順に同心円状に配置されている。近年，花の形成は遺伝子 A，B，C の３種類の組み合わせで決まるというモデルで説明できるようになった。

- (1) 右図は，正常な花で形成される花の器官と，A，B，C 各遺伝子が発現する領域を示している。がく片，花弁，おしべ，めしべは，それぞれどのような遺伝子の(組み合わせの)はたらきで形成されるか。
- (2) B 遺伝子が機能しない個体と C 遺伝子が機能しない個体の表現型を答えよ。ただし，A 遺伝子が機能しないと C 遺伝子がすべての領域で発現し，C 遺伝子が機能しないと A 遺伝子がすべての領域で発現する。表現型は，正常個体ではがく片，花弁，おしべ，めしべが形成される４つの領域について，外側から順に答えること。

　📖 **ガイド**　(2) B 遺伝子が発現しない場合，外側部分は A 遺伝子，内側部分では C 遺伝子のみが発現する。C 遺伝子が発現しない場合には，B 遺伝子のみ発現する部分が生じるわけではない点に注意。

27 刺激の受容と受容器

テストに出る重要ポイント

- **刺激の受容と反応経路**
  (刺激)⇨受容器→感覚神経→中枢→運動神経→効果器⇨(反応)
- **適刺激**…受容できる刺激の種類は，受容器によって決まっている。
- **目の構造とはたらき**
  ① 視細胞 { 桿体細胞…明暗に反応。
              錐体細胞…色を識別。
  ② 遠近調節…毛様筋とチン小帯とで水晶体の厚さを変えて調節する。
  ③ 明暗調節…虹彩によって，ひとみ(瞳孔)の大きさを変えて調節する。 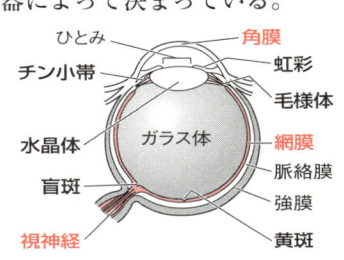
- **耳の構造とはたらき**
  ① 聴覚器…うずまき管
    (音波)⇨鼓膜→耳小骨→うずまき管(リンパ液)→基底膜→コルチ器(聴細胞)→聴神経→大脳
  ② 平衡受容器 { 傾き…前庭
                回転…半規管

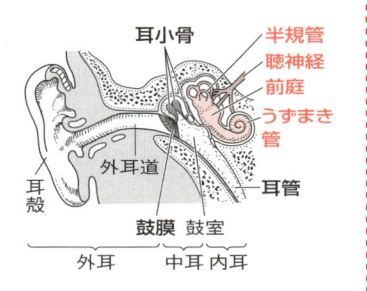

基本問題　　　　　　　　　　　　　　　　　解答 ➡ 別冊 p.37

142 刺激の伝わる経路

動物が刺激に対して反応を示すまでのしくみを表した右図の①～⑥に最も適する語を次から選べ。

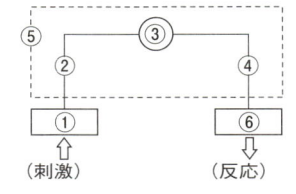

ア 効果器　　イ 受容器　　ウ 感覚神経
エ 運動神経　オ 中枢　　　カ 神経系

143 受容器と適刺激

次の①～④の感覚が生じるための刺激をA群から，その受容器をB群から選べ。

① 視覚　　② 聴覚　　③ 嗅覚　　④ 傾き感覚

〔A群〕　a 重力　　b 音　　c 光　　d 化学物質(気体)

〔B群〕　ア 網膜　　イ 鼻(嗅上皮)　　ウ 耳(コルチ器)　　エ 耳(前庭)

144 目の構造とはたらき ◀テスト必出

右の図は，ヒトの眼球の水平断面を示したものである（上から見た図）。これについて，次の問いに答えよ。

- (1) 図中の a～g の名称を答えよ。
- (2) 次の①～④に最も関係の深いものを図のなかから選び，記号で答えよ。
    ① この部分に結ばれた像は見えない。
    ② 目に入る光の量を調節している。
    ③ 光を受容する細胞が並んでいる。
    ④ 受容した刺激を大脳へ伝える。
- (3) この図は，右目，左目いずれのものか。
- (4) 色を見分けるのに関与している視細胞の名称を答えよ。
- (5) 下の文は，近くの物を見るときに像を結ぶ方法を示したものである。（ ）内に適する語を入れよ。

　近くの物を見るときは，毛様体の筋肉（毛様筋）が①（　　）してチン小帯がゆるむので，水晶体がそれ自体の弾性で②（　　）くなり，焦点距離が短くなって像を結ぶ。このように，目には，物体の像が③（　　）上にはっきりと結ばれるようなしくみが存在する。

145 耳の構造とはたらき ◀テスト必出

右の図は，ヒトの耳の構造を示したものである。これについて，次の各問いに答えよ。

- (1) 図中の a～g の名称を答えよ。
- (2) a～g のうち，中耳に含まれる構造はどれか。3つあげ，記号で答えよ。
- (3) 次の①～④に最も関係の深いものを図中の a～g からそれぞれ選び，記号で答えよ。
    ① 中耳内の空気の圧力を，大気圧の変化に応じて調節する。
    ② てこの原理で振動を増幅する。
    ③ 平衡石（耳石）の動きが感覚細胞を刺激し，重力の方向を感じる。
    ④ 管内のリンパ液の動きが感覚毛を刺激し，からだの回転を感じる。

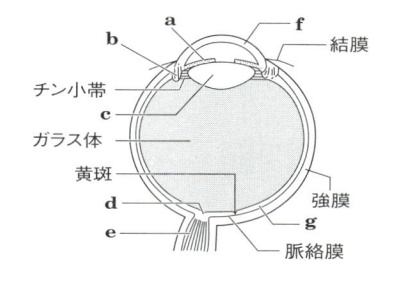

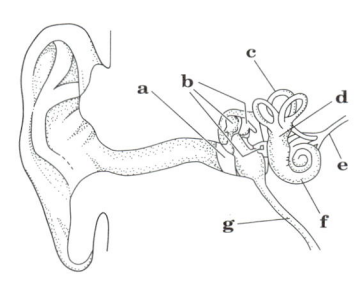

(4) 次の図は，ヒトが音を受容するときの音の振動が伝わる経路を示したものである。（ ）内に入る適当な語を下の語群から選び，記号で答えよ。

鼓膜 → （ ① ） → （ ② ）のリンパ液
（ ④ ）の聴細胞 ← （ ③ ）

ア　前庭　　　イ　コルチ器　　　ウ　うずまき管　　　エ　半規管
オ　耳小骨　　カ　耳管　　　　　キ　基底膜　　　　　ク　おおい膜

応用問題　　　　　　　　　　　　　　　　　　　　　　　　　　解答 → 別冊 p.38

146 ◀差がつく　右の図は，網膜内部の構造を示したものである。また，次の文は，網膜内部の細胞の機能を説明したものである。あとの各問いに答えよ。

図のAの視細胞には，光を吸収すると分解する①(　　　)という物質が存在し，この物質の分解した量によって光の強さを受容できる。暗所から急に明所に出るとまぶしく感じるのは，①が多量に分解され，強い興奮が脳に伝わるからである。しばらくすると，分解産物が再び①に再合成され，興奮がおさまり，目が明るさに慣れる。このような現象を②(　　　)という。

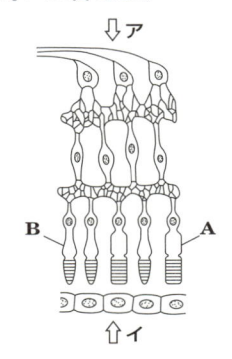

(1) 図のA，Bの細胞の名称を記せ。
(2) 文中の①，②に適する語を入れよ。
(3) 図の中で，光はア，イのどちらの方向から来るか。
(4) 盲斑は，図の右，左のどちらにあるか。

147 次の問いに答えよ。

右の図のように，中央に＋印をかき，その横に線を引いた紙を目の高さに置き，80cm離れた所から右目だけで見る。まずはじめに，＋印が目の正面にくるようにし，正面を見つめたままで，少しずつ紙を右にずらしていく。すると，＋印はいったん見えなくなり，さらに紙を右にずらすと再び見えはじめる。＋印が見えなかった間隔(距離)を5cm，眼球の直径を2cmとすると，盲斑の直径は何cmになるか。

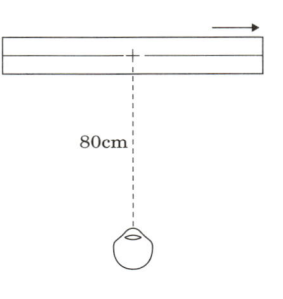

📖 ガイド　盲斑の直径を$x$cmとすると，$80:5=2:x$の関係になる。

28 神経系による興奮の伝達

テストに出る重要ポイント

- **ニューロン(神経細胞)の構造**…細胞体，軸索，樹状突起からなる。
- **有髄神経繊維**…**髄鞘(ずいしょう)**があり，興奮の伝導速度が**速い**(**跳躍(ちょうやく)伝導**)。例 脊椎動物の神経(交感神経以外)
- **無髄神経繊維**…髄鞘がなく，興奮の伝導速度が**遅い**。
  例 無脊椎動物の神経，脊椎動物の交感神経
- **静止電位**…静止時の細胞膜内外の電位差。**内側が−，外側が＋**。
- **活動電位**…興奮時の膜電位の一連の変化(**内側が＋，外側が−**になり，もとにもどる)。
- **全か無かの法則**…活動電位は，ある一定の刺激の強さ(**閾値(いきち)**)以上でないと生じない。➡閾値より強い刺激を与えても**活動電位の大きさは一定**。
- **興奮の伝導**…ニューロンの中を興奮が伝わること。
  ① 刺激を与えると，その部分の**電位が逆転**し，興奮が生じる。
  ② 興奮部と隣接部との間で電位差が生じ，**活動電流**が流れる。
  ③ 活動電流により，隣接部の電位が逆転し，興奮部位が移動する。
- **興奮の伝達**…軸索の末端と次のニューロンとの隣接部(**シナプス**)で，伝達物質によって興奮が伝わること。
  神経伝達物質 ｛ 交感神経…**ノルアドレナリン**
  　　　　　　　 副交感神経，運動神経…**アセチルコリン**
- **興奮の伝達の方向**…伝達物質は軸索の末端からのみ放出されるので，興奮は〔**軸索末端→次のニューロン**〕への一方向のみに伝わる。

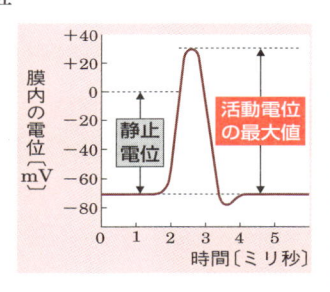

基本問題

148 ニューロン（神経細胞）の構造 ◀テスト必出

右の図は，ある動物のニューロンの構造を示した模式図である。問いに答えよ。

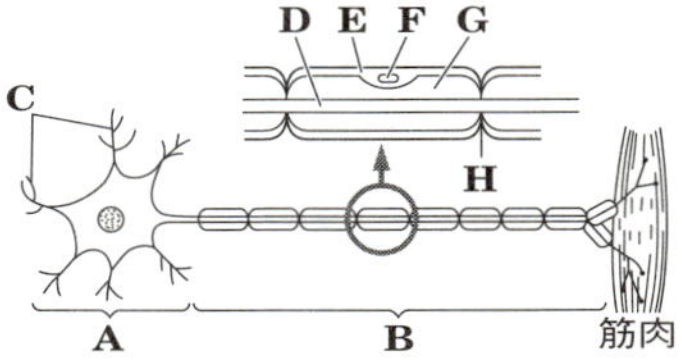

(1) 図中のA〜Hの名称を答えよ。

(2) このニューロンは，次のア〜ウのどれか。
　ア　感覚ニューロン　　イ　介在ニューロン
　ウ　運動ニューロン

(3) この神経繊維は，次のア，イのどちらか。
　ア　有髄神経繊維　　イ　無髄神経繊維

(4) このニューロンは，次のア，イのいずれのものか。
　ア　無脊椎動物　　イ　脊椎動物

(5) 隣接したニューロンどうしのつながりの部分を何というか。

149 興奮の伝導と膜電位

次の文を読んで，あとの各問いに答えよ。

A ニューロンは，通常，軸索の内側は外側に対して①（　　）の電位を示す。この電位のことを②（　　）という。ニューロンが刺激を受けると，細胞内外の電位差が逆転し，内側が③（　　）になる。この状態を興奮したという。逆転した電位差はすぐにもとにもどる。このときの一連の電位変化を④（　　）という。

B 有髄神経では，⑤（　　）が電流を通しにくいため，興奮は⑥（　　）の間をとびとびに伝わり，興奮の伝導速度は⑦（　　）。この伝導を⑧（　　）という。

(1) （　）内に適する語を入れよ。

(2) 右の図は，上のAの文の電位変化を示したものである。このグラフから，②の値と④の最大値をそれぞれ求めよ。

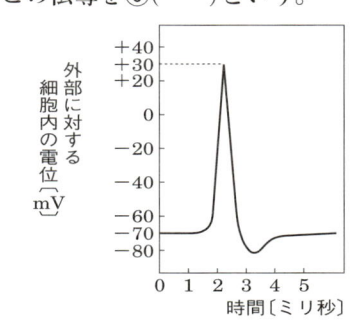

(3) ニューロンに刺激を与え，刺激の強さを強くしながら発生する興奮の大きさを測定し，グラフにするとどのような結果が得られるか。次のA〜Cから1つ選び，記号で答えよ。

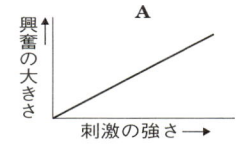

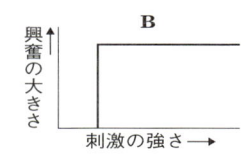

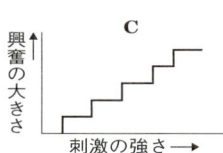

150 興奮の伝導と興奮の伝達 ◀テスト必出

右の図は，機能的につながった3つのニューロン（神経細胞）を模式的に示したものである。

(1) 図の矢印の部分を刺激すると，興奮が起こった。興奮は，IIのニューロン内をどのように伝わるか。次のア〜ウから選び，記号で答えよ。
　ア　矢印の部分から両側に伝わる。
　イ　矢印の部分から左側へのみ伝わる。
　ウ　矢印の部分から右側へのみ伝わる。

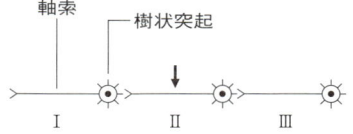

(2) IIのニューロンの興奮は，他のニューロンへどのように伝わるか。次のア〜エから選び，記号で答えよ。
　ア　I，IIIの両方に伝わる。
　イ　IIIのニューロンには伝わるが，Iのニューロンには伝わらない。
　ウ　Iのニューロンには伝わるが，IIIのニューロンには伝わらない。
　エ　I，IIIのいずれのニューロンにも伝わらない。

(3) ニューロンとニューロンとのつながりの部分を何というか。

(4) (3)の部分で，興奮の伝達が一方向になる理由を簡潔に答えよ。

(5) 交感神経の末端から分泌される伝達物質の名称を答えよ。

(6) 副交感神経の末端から分泌される伝達物質の名称を答えよ。

(7) 運動神経の末端から分泌される伝達物質の名称を答えよ。

応用問題

151 ◀差がつく

下の文は，ニューロンが刺激を受けたときに起こる現象を示したものである。A〜Eの現象を発生順に正しく並びかえよ。

A　一時的に，ナトリウムイオンに対する細胞膜の透過性が増大する。

B　カリウムに対する細胞膜の透過性が高まり，カリウムチャネルが開きカリウムイオンが細胞外へ流出する。

C　ナトリウムチャネルが開き，ナトリウムイオンが細胞内に大量に流入する。

D　ナトリウムポンプのはたらきにより，膜電位が静止時のレベルにもどり，細胞膜の内側が外側に対して60〜90 mV負になる。

E　細胞膜の内側が，外側に対して30〜60 mV正になる。

152 **◀差がつく** ある動物の神経を取り出し，軸索の部分を用いて，興奮の伝導について調べる次の実験を行った。あとの問いに答えよ。

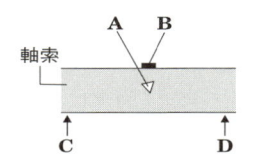

〔実験1〕 記録電極Aを軸索内部に，基準電極Bを軸索表面にとりつけ，2つの電極間の電位差をオシロスコープを用いて測定した。

〔実験2〕 軸索の末端のCの位置に閾値以上の刺激を与え，A，Bの電極間に生じる電位差をオシロスコープを用いて測定した。

☐ (1) 実験1において，2つの電極の電位差にはどのような関係があるか。次から選んで答えよ。
　ア　Aの電極は，Bの電極に対してつねに正である。
　イ　Aの電極は，Bの電極に対してつねに負である。
　ウ　A，Bの2つの電極の間に電位差は見られない。
　エ　A，Bの2つの電極の間の電位差はつねに変化し，正負は一定しない。

☐ (2) 実験2において，オシロスコープに見られる電位変化のようすは次の図のどれになるか。

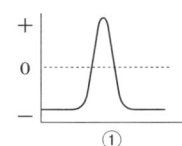

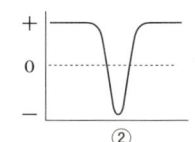

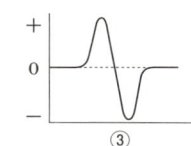

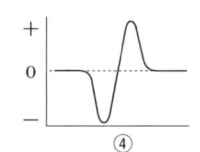

① ② ③ ④

☐ (3) 実験2において，刺激を加える場所を図のDにした場合の電位変化はどうなるか。(2)の①〜④から選び，番号で答えよ。

☐ (4) 実験1で，Aの電極を軸索の表面に置くと，電位変化はどうなるか。(1)のア〜エから選び，記号で答えよ。

☐ (5) (4)の状態で，Aの電極をC側に少し離し，Cに刺激を加えた場合の電位変化はどうなるか。(2)の①〜④から選び，記号で答えよ。

153 右の図のように，カエルの足の筋肉を神経ごと取り出し，筋肉から5mm離れたA点を刺激したところ，3.5ミリ秒後に収縮した。さらに，筋肉から50mm離れたB点を刺激したところ，5.0ミリ秒後に収縮が見られた。この神経の興奮の伝導速度(m/s)を求めよ。

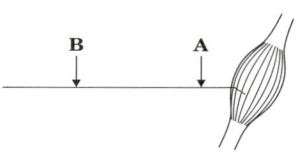

　📖**ガイド**　A点とB点を刺激したときの，収縮に要する時間の差から，神経中を伝わる興奮の伝導速度を求める。1000ミリ秒＝1秒

29 中枢神経系と末梢神経系

★テストに出る重要ポイント

- **脊椎動物の神経系**

  神経系 ｛ **中枢神経系**…脳，脊髄
  　　　　末梢神経系 ｛ 体性神経系…**感覚神経，運動神経**
  　　　　　　　　　　　　自律神経系…交感神経，副交感神経

- **脳の構造とはたらき**

  ① 大脳 ｛ **新皮質**…運動，精神活動の中枢。
  　　　　辺縁皮質…本能・感情の中枢。
  ② 間脳…自律神経系（体温・血糖値）の中枢。
  ③ 中脳…眼球運動・姿勢保持の中枢。
  ④ 小脳…筋肉運動の調節，平衡を保つ中枢。
  ⑤ 延髄…心臓の拍動や呼吸運動の中枢。

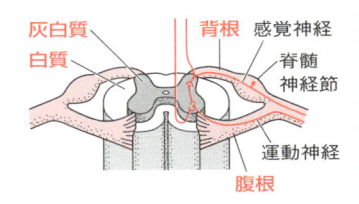

- **脳幹**…間脳・中脳・延髄をまとめた各称。生命維持にかかわる中枢が分布。

- **脊髄の構造とはたらき**

  ① ｛ 髄質…**灰白質**（細胞体の集まり）
  　　　皮質…**白質**（軸索の集まり）
  ② ｛ **背根**…感覚神経が通っている。
  　　　腹根…運動神経が通っている。

  〔はたらき〕 脳と末梢神経の中継，反射の中枢。

基本問題　　　　　　　　　　　　　　解答 ➡ 別冊 *p.39*

154 脊椎動物の神経系

脊椎動物の神経系に関する次の文を読み，文中の空欄に適語を入れよ。

ヒトのような脊椎動物の神経系は，中枢神経系と末梢神経系からなる。中枢神経系は脳とそれに続く①（　　　）からなる。脳はさらに大脳・間脳・中脳・小脳・②（　　　）に分けられ，それぞれ異なった機能をもつ。また，末梢神経系は，運動神経と感覚神経からなる③（　　　）と体内環境を保つためにはたらき，交感神経と副交感神経からなる④（　　　）がある。

155 脳の構造とはたらき ◀テスト必出

右の図は，ヒトの脳の構造を示している。a～eの名称を記せ。また，次の①～⑤のはたらきは，a～eのどの部分と関係が深いか，記号で答えよ。
① 体温調節の中枢
② 呼吸運動の中枢
③ 精神活動の中枢
④ 眼球反射運動の中枢
⑤ からだの平衡を保つ中枢

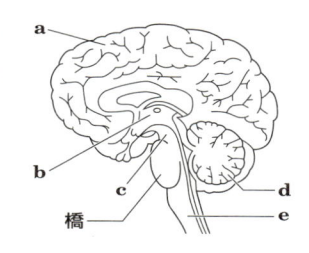

156 反射 ◀テスト必出

ひざの下を軽くたたくと，無意識に足が上がる。この反応の中枢は脊髄であり，右の図のようなしくみで起こる。

(1) このような反応と反応経路を何というか。
(2) 図中のA～Dの名称を答えよ。
(3) この反応の経路を示すと次のようになる。①～④に適当な語を入れよ。
〔刺激〕→筋紡錘（感覚器官）→①(　　)神経→②(　　)根→脊髄→③(　　)根→④(　　)神経→筋肉（効果器）→〔反応〕

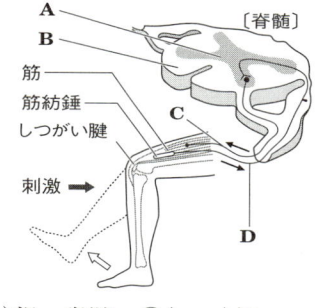

応用問題　　　　　　　　　　　　　　　　　解答 ➡ 別冊 p.40

157 ◀差がつく

右の図は，大脳と脊髄の神経の連絡経路を模式的に示したものである。

(1) 図中のa～hのなかで，灰白質を示しているものをすべて選び，記号で答えよ。
(2) 図中のcの部分で，神経経路の左右が交差している。cの名称を答えよ。
(3) 図中のd，hのどちらの神経が，背根を通っているか，記号で答えよ。
(4) 図中のd，g，hの神経の名称を記せ。
(5) 熱いものに指先が触れたとき，思わず手を引っ込める行動が見られるが，このときの信号の伝達経路を記号で示せ。
(6) (5)において同時に熱いと感じた。このときの信号の伝達経路を記号で示せ。

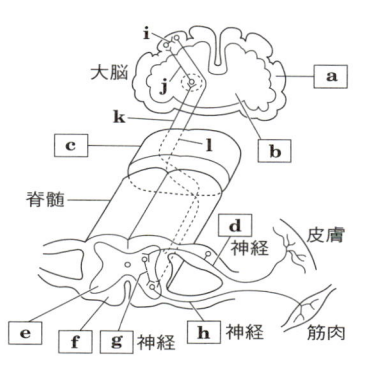

30 刺激への反応と効果器

- **筋肉の種類**
  - 横紋筋 ｛ 骨格筋（骨格につながる） ➡ 意志で動く（随意筋）。
  - 　　　　　心　筋（心臓を構成）
  - 平滑筋…内臓筋（内臓器官を構成） ｝ ➡ 無意識に動く（不随意筋）。

- **骨格筋（横紋筋）の構造**
  ① 筋繊維（筋細胞）…**アクチン**と**ミオシン**からなる**筋原繊維**とそれを包む**筋小胞体**が多数含まれる。
  ② **サルコメア**（**筋節**）…収縮の単位となる構造。
  - **暗帯**…ミオシンフィラメントのある部分。
  - **明帯**…アクチンフィラメントのみの部分。

  収縮すると明帯が短くなる。

- **筋収縮のエネルギー**…ATPは保存しにくいので、いったん化学的に安定な**クレアチンリン酸**の形でエネルギーをためておく。

- **筋収縮の仕組み（滑り説）**
  ① 神経からの興奮により細胞膜が興奮し、**筋小胞体**からCa^{2+}**放出**。
  ② Ca^{2+}が**トロポニン**に結合➡トロポミオシンのはたらきが阻害され、アクチンフィラメントとミオシンフィラメントとの結合が可能になる。
  ③ **ミオシン**が**ATP分解酵素**として作用し、エネルギー放出。
  ④ アクチンフィラメントが筋節中央部に引きずり込まれ、筋節が短縮して筋肉が収縮する。
  ⑤ Ca^{2+}が筋小胞体に回収されると筋肉はもとにもどり弛緩。

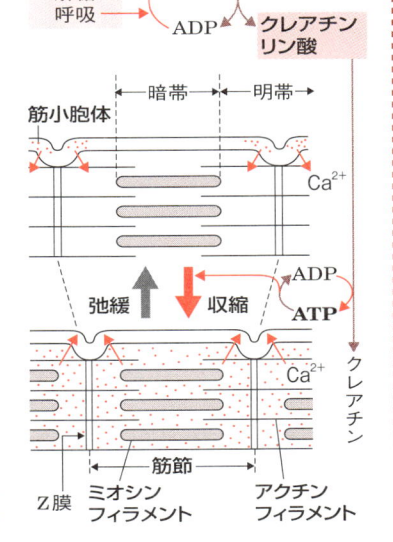

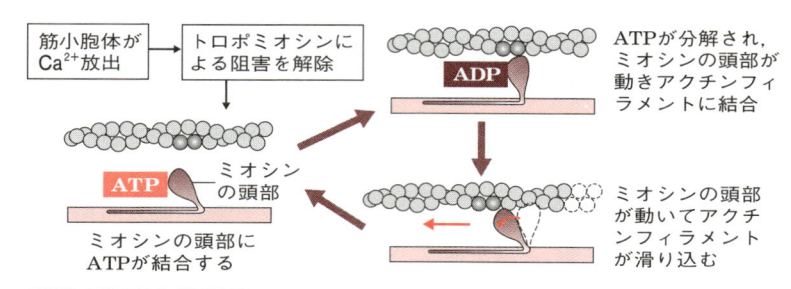

筋小胞体が Ca²⁺放出 → トロポミオシンによる阻害を解除

ATPが分解され，ミオシンの頭部が動きアクチンフィラメントに結合

ミオシンの頭部にATPが結合する

ミオシンの頭部が動いてアクチンフィラメントが滑り込む

- **刺激の頻度と筋収縮**
  ① **単収縮**…1回の刺激で1回収縮。
  ② **強縮**…連続した刺激で生じる持続的な強い収縮。➡ 運動時の収縮。
- **その他の効果器**…発光器官，発電器官，腺（内分泌腺，外分泌腺）など。

基本問題　　　　　　　　　　　　　　　　　　　　　　　　　解答 ➡ 別冊 p.40

158　筋肉の種類と構造

次の文の（　）に適する語を下の語群から選び，記号で答えよ。

(1) ヒトの筋肉は，大きく3種類に分けられる。骨格筋と心筋は横じまが見られるため①（　）というが，②（　）にはこのような模様は見られない。②の筋肉と心筋は，意志によって動かないので③（　）と呼ばれている。

(2) 骨格筋は多数の④（　）からなり，さらに④は多数の⑤（　）を含んでいる。⑤を顕微鏡で観察すると，明帯と暗帯と呼ばれる部分が観察でき，明帯の中央には⑥（　）が見られる。⑥から隣の⑥の間を⑦（　）という。

　ア　筋節（サルコメア）　　イ　筋原繊維　　ウ　筋繊維（筋細胞）
　エ　平滑筋　　オ　横紋筋　　カ　Z膜　　キ　随意筋　　ク　不随意筋

159　効果器の種類

A群の動物に特徴的に見られる効果器をB群から選び，記号で答えよ。

A.　①　ウミホタル　　②　ゾウリムシ　　③　ザリガニ
　　④　シビレエイ

B.　ア　色素胞　　イ　べん毛　　ウ　繊毛　　エ　発電器官
　　オ　発光器官

160 筋収縮のしくみ　◀テスト必出

文中の空欄に適切な用語を入れ，ア～カを骨格筋の収縮過程の順に並べよ。

ア　ATPの分解によってエネルギーが放出される。
イ　筋小胞体から①（　　）が放出される。
ウ　神経からの興奮によって筋細胞膜が興奮する。
エ　アクチンフィラメントが②（　　）フィラメントの間に滑り込み，筋節が縮む。
オ　②がATP分解酵素としての活性を現す。
カ　①が③（　　）に結合することで，トロポミオシンのはたらきが阻害され，アクチンフィラメントと②フィラメントが結合可能になる。

161 筋収縮　◀テスト必出

カエルの骨格筋を用いて，次のような実験を行った。

カエルの足の骨格筋を神経をつけたまま取り出し，右の図のような装置に取りつけた。この筋肉に電極を取りつけ，0.5秒ごとに電気刺激を与えたところ，aのような曲線を描いた。さらに，電気刺激の強さは変えずに1秒間に30回の刺激を与えたところ，bのような曲線を描いた。

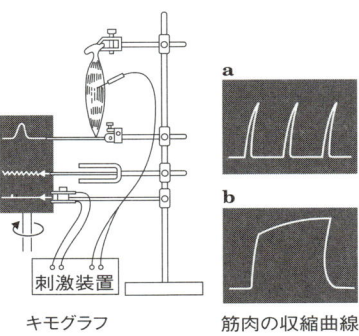

(1) 図a，bで見られる収縮をそれぞれ何というか。
(2) 我々が運動をしているとき生じている収縮は，a，bのどちらか。
(3) 筋肉が収縮したあと，もとの状態にもどることを何と呼ぶか。
(4) 刺激の間隔は一定で刺激の強さを増していくと，収縮の強さはどうなるか。次のグラフから正しいものを選べ。

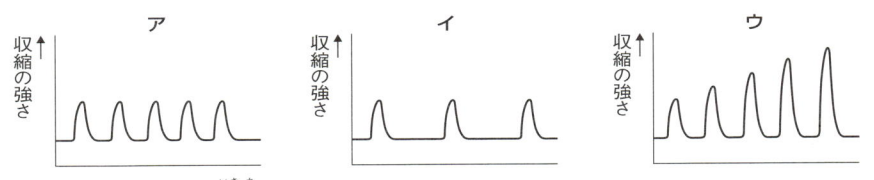

📖 ガイド　(4)筋繊維の閾値は1本1本ちがっており，刺激の強さが増すと，収縮する筋繊維の数がふえる。

応用問題

162 ◀差がつく

図1は骨格筋の構造について模式的に描いたものである。また，図2はサルコメア(筋節)の長さとその時発生する力(張力)との関係を示したものである。以下の問いに答えよ。

図1: アーオの部分、①(　)フィラメント、②(　)フィラメント、③

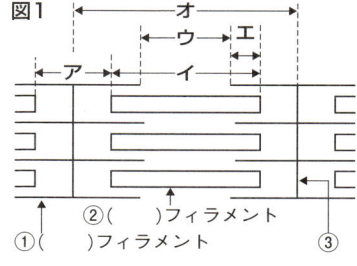

(1) 図中の①～③にあてはまる語句を答えよ。
(2) 筋原繊維には明帯と暗帯とが交互にくり返されており，筋収縮はサルコメア(筋節)を単位として起こる。明帯，暗帯，サルコメアを図のア～オより選べ。
(3) 明帯，暗帯，サルコメアのうち筋収縮した際に短くなるものを答えよ。
(4) 筋節でATPの再生のためにエネルギーを供給する物質名を記せ。
(5) 筋収縮は，①フィラメントが②フィラメントの間に引き込まれることで起こり，2種類のフィラメントの重なりが多いほど張力は大きくなる。

図2に示すようにサルコメアの長さが2.0～2.2μmの範囲では張力に変化がなかった。また，引き込まれた①フィラメントどうしが衝突すると張力が低下することが知られている。

図中のA，Bのときの①，②のフィラメントの重なりのようすを図1をもとに模式図で示せ。

図2: 横軸 サルコメアの長さ〔μm〕、縦軸 相対張力〔%〕、A (2.0, 2.2 付近 100%)、B (3.6, 0%)

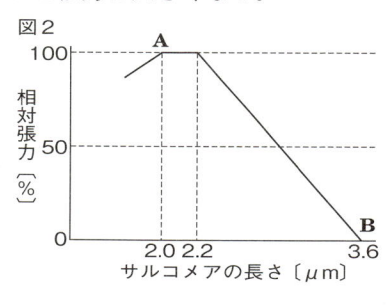

(6) 図2をもとに，①フィラメントの③からの長さ，②フィラメントの長さをそれぞれ求めよ。

📖ガイド (4)多量に蓄積できないATPの代わりに，別の物質にリン酸を転移させて高エネルギーリン酸結合のエネルギーを保存する。
(5)グラフの問題では，傾きが変わっているところに着目し，何を意味しているか読み取る力が求められる。

163 次の文の(　)に適当な語を入れよ。

(1) ホタルなどが発光するのは，効果器の1つである発光器官の中で①(　)という発光物質が②(　)という酵素によって酸化されるためである。

(2) また，魚類や両生類が，周囲の明るさなどに応じて体色を変化させることができるのは，皮膚に③(　　)と呼ばれる効果器が存在しているためである。

(3) また，発電器官をもつシビレエイなどは，筋肉が変化した④(　　)板という特殊な効果器をもっている。

(4) 単細胞生物のゾウリムシは細胞表面に⑤(　　)という構造をもち，ミドリムシや精子は⑥(　　)を小器官としてもち，移動に用いる。

(5) 腺も効果器の1つである。腺には，⑦(　　)を通じて体外に分泌物を放出する⑧(　　)と，ホルモンを体液に直接放出する⑨(　　)がある。

164 筋収縮のしくみに関する次の文を読み，あとの各問いに答えよ。

　骨格筋の筋収縮は，筋原繊維を構成する_aアクチンフィラメントが，ミオシンフィラメントの間に滑り込むことによって起こる。このような収縮のしくみの説明を①(　　)という。筋収縮の直接のエネルギー源はATPであるが，これは，筋原繊維のまわりに多数含まれる②(　　)で呼吸によって合成されている。また，筋肉は酸素の供給が不足している状態でも乳酸菌などが行う③(　　)と同じ過程により収縮に必要なATPを生成することができる。この過程を④(　　)という。

　カエルのふくらはぎの筋肉を一部切り出して，解糖の阻害剤で処理をし，酸素がない状態で_b1回の電気刺激を与え，筋肉を収縮させた。収縮の前後で筋肉中に含まれるATPの量を測定したところ，_cATPの量は変化していなかった。

(1) 文中の空欄に適切な語を記せ。

(2) 筋収縮が始まるとき，筋小胞体から放出されるものは何か。

(3) 文中の下線部aについて，アクチンフィラメントを構成する成分のうち，(2)で答えたものと結合するタンパク質の名称を答えよ。

(4) 文中の下線部bについて，このような収縮を何というか。

(5) 文中の筋肉に電気的な刺激をくり返し与え続けたとき，以下の筋肉中の成分はどのように変化するか。増加，減少，変化しないのいずれかで答えよ。
　　A　グリコーゲン　　B　乳酸　　C　クレアチンリン酸

(6) 下線部cについて，筋収縮のためにエネルギーが消費されたにもかかわらずATPの量が変わっていないのはなぜか。簡単に説明せよ。

(7) ATPは筋肉の弛緩のときにも必要である。筋肉の弛緩のとき，ATPのエネルギーがどのように使われているか簡単に説明せよ。

31 動物の行動

<テストに出る重要ポイント>

- **生得的な行動**…うまれつき備わっている行動。
  ① **走性**…ある刺激に対して，その刺激に近づいたり（**正の走性**），遠ざかったり（**負の走性**）する行動。例 光走性，化学走性，重力走性
  ② **かぎ刺激による行動**…種や個体の維持のための行動。それぞれの行動に特有な刺激（**かぎ刺激**）に誘発される。求愛行動などでは独特の行動が決まった順番で連鎖して起こる**固定的動作パターン**が見られる。

- **定位**…環境中の刺激を目印にして一定の方向に位置を定めること。
  ① **聴覚定位**…聴覚で獲物の位置を特定。例 メンフクロウ
    ➡ **反響定位（エコーロケーション）**…超音波の鳴き声を発して，反響音を分析することで障害物や獲物に対して定位する。例 コウモリ
  ② **太陽コンパス**…太陽の位置の情報をもとに行動の方向を定める。
    例 渡り鳥（ホシムクドリなど）
  ③ **その他**…星座コンパス，地磁気コンパス，電気定位，性フェロモンによる定位など。

- **学習**…生まれた後の経験による行動の変化。
  ① **刷込み**…生後特定の時期に行動の対象を記憶する学習。
  ② **慣れ**…同じ刺激を与え続けると，次第に反応しなくなる。感覚神経からのシナプスで伝達効率が低下（再び反応が回復する現象が**脱慣れ**）。
  ③ **鋭敏化**…ある刺激に対する反応が，異なる刺激を受けた後に強化されるようになる。感覚神経からのシナプスで伝達効率が上昇。
  ④ **試行錯誤**…ある目的に対して経験をくり返すことで誤りが減る。
  ⑤ **条件付け**…経験により，本来中立的な刺激によって特定の反応を誘発されるようになる。新しい神経の回路が生じる。
  - **古典的条件付け** 例 えさを与える（**無条件刺激**）と同時にベルの音を聞かせる→ベルの音（**条件刺激**）だけでだ液が出るようになる。
  - **オペラント型条件付け** 例 ブザー音と同時にレバーを押すとえさが出る箱に入れたマウスが正しく行動してえさを得るようになる。
  ⑥ **知能行動**…未体験の事態に対して，思考や判断にもとづいて行う的確な行動。

個体間の情報伝達

① フェロモン…動物の体内でつくられ，体外に分泌されることで，微量でも同種の個体に特定の作用を示す化学物質。固定的動作パターンのかぎ刺激。性フェロモン，集合フェロモン，警報フェロモン，道しるべフェロモン

② ミツバチのダンス…えさ場のありかをなかまに伝える。
- えさ場が近いとき…**円形ダンス**をくり返す。
- えさ場が遠いとき…**8の字ダンス**（遠いほど遅い）。

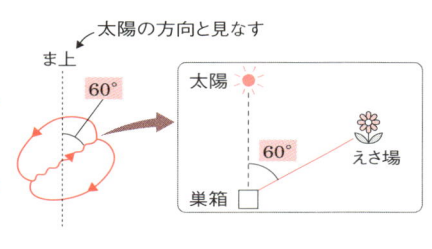

基本問題 　　　　　　　　解答 → 別冊 *p.42*

165 走　性

動物が刺激に対して一定方向に向かう行動を示す場合がある。次の(1)～(7)の動物の行動は，それぞれ何と呼ばれているか。〔　〕の中に適当な行動名を答えよ。また，それぞれの行動を引き起こす刺激源を（　）の中に，その行動が刺激源に近づく場合には＋，刺激源から遠ざかる場合には－の記号を□の中に記せ。

- (1) 夏の夜，灯火に多数の昆虫が集まってくる。………〔　〕・（　）・□
- (2) 水槽に入れたメダカの群れは，水をかきまわすとすべてが同じ方向に向かって泳ぐ。………………〔　〕・（　）・□
- (3) 雨の日，カタツムリは木の幹を上へ上へとのぼっていく。………………………………………………〔　〕・（　）・□
- (4) ヒトが近づくと，草かげからカが出てくる。………〔　〕・（　）・□
- (5) 水槽の水の中に直流電流を流すと，ゾウリムシは陰極に集まってくる。………………………………〔　〕・（　）・□
- (6) ミミズは，昼間は土の中で生活し，夜間に地表に出てくる。……………………………………………〔　〕・（　）・□
- (7) ノミやシラミは，温度の高い皮膚に集まる。………〔　〕・（　）・□

ガイド　(6)ミミズが昼間は土の中で生活するのは，光を避けるためである。光を避けることで，からだが乾燥するのを防いでいる。
(7)温度の高い皮膚のすぐ下には血管があり，血液が流れている。

166 動物の行動様式 ◀テスト必出

次の(1)～(6)は，**A**；走性，**B**；固定的動作パターン，**C**；学習，**D**；知能行動のどれに属するか。それぞれ，記号で答えよ。

- (1) ガが蛍光灯に集まってくる。
- (2) クモが巣をつくる。
- (3) ネズミに，同じ迷路実験をくり返し行わせると，迷路を抜けるまでの時間が短くなる。
- (4) チンパンジーが棒を使ってシロアリの巣からえさをとる。
- (5) メダカが川の流れに向かって泳ぐ。
- (6) イトヨの雄が巣に雌を誘い込む。

167 魚類の生得的行動

イトヨという魚が繁殖期に行う独特の配偶行動について次の各問いに答えよ。

- (1) 配偶行動の特徴を述べた文として正しいものを，次のア～エから1つ選べ。
  - ア 配偶行動は生得的なものではなく，学習によって習得するものである。
  - イ 配偶行動は複雑であって，反射や走性とは関係がない。
  - ウ 配偶行動は型にはまっていて，条件が変わっても，途中で行動の順序は変わらない。
  - エ 配偶行動は型にはまっているが，条件が変わると，それに応じて行動の順序がいろいろ変化する。
- (2) 同じ個体に配偶行動を引き出す刺激を与えた時刻や季節によっては，その配偶行動を示さないことがある。このような現象と関連が深いものを，次のア～エから1つ選び，記号で答えよ。
  - ア 生物時計　　イ ホメオスタシス　　ウ 条件反射　　エ 学習
- (3) 配偶行動では，それぞれの個体が周囲の多くの刺激のなかから，配偶行動を引き出す特定の刺激を読み取り，その刺激に対する行動を示す。配偶行動を引き出す刺激は一般に何と呼ばれているか。

📖 **ガイド** (3)イトヨの雄は，雌のふくれた腹を刺激として配偶行動を起こす。

168 学 習 ◀テスト必出

次の文は，動物の学習行動に関するものである。文中の空欄に下記の語群から適当なものを選び，文を完成させよ。

(1) 動物は，①(　　)をくり返すことによって，より環境に適合した新しい行動を示すことがある。このような，生後の①による行動の習得を学習という。

(2) 学習には，②(　　)のような単純なものから，反射に条件づけをした③(　　)，④(　　)などを迷路に入れたときに見られる⑤(　　)，イモを洗って食べる行動が⑥(　　)の群れにひろがったような複雑で高度なものまでいろいろある。

(3) ⑦(　　)などは，卵からかえってまもないときに，最初に見た動くものが⑧(　　)であるかのようにそのあとを追う行動をとる。この行動は⑨(　　)と呼ばれ，一生変更されないという点では，⑩(　　)と同じであるが，生後に成立するという点では，学習行動であるということができる。

〔語群〕　a　条件反射　　b　無条件反射　　c　経験　　d　親
　　　　 e　試行錯誤　　f　刷込み　　　　g　慣れ　　h　ネズミ
　　　　 i　ガチョウ　　j　ニホンザル　　k　固定的動作パターン

169 知能行動

次のア～オの行動のなかで，知能行動だと判断されるものをすべて選べ。

ア　金網ごしに子イヌにえさを与えると，はじめは金網にぶつかるが，やがてまわり道をしてえさをとるようになる。

イ　うまれたばかりのセグロカモメのひなは，母鳥のくちばしをつついてえさをねだる。

ウ　野生のチンパンジーは，ある草の茎をシロアリの巣に入れて，ついてくるシロアリを食べる。

エ　イトヨの雄は，なわばりに入ってくる他の雄を威嚇(いかく)して追いはらう。

オ　ツバメは，太陽高度から季節を識別し，渡りをする。

170 個体間の情報伝達

カイコガの雄は，近くに雌がいると接近し交尾する。このとき雄はどのように雌を感知しているのかを確かめるため，以下の実験1，2を行った。これについてあとの問いに答えよ。

実験1　A…2本の触角を切除した雄，B…両目を無害な塗料でぬり視界を塞いだ雄，C…無処置の雄をそれぞれ雌の近くに置いた。その結果，BとCの雄は雌に接近できたが，Aは接近できなかった。

実験2　雌を透明な容器に入れ密封し，無処置の雄を近くに置いた。その結果，雄は反応を示さなかった。

〔問〕 次の文中の空欄に適切な語を入れよ。

実験1，2から，雄は雌を①(　　)でなく，雌が分泌する物質を②(　　)で受容し感知していることがわかる。この物質を③(　　)といい，カイコガの雄に生得的行動を引き起こす④(　　)である。また，雄は③の発信源に向かっていくので，正の⑤(　　)をもつと表現できる。

171 動物の行動と神経系

次の文を読んで，あとの問い(1)〜(3)に答えよ。

軟体動物のアメフラシは，水管に触れると反射により露出したえらを引っ込める。しかし，くり返し触れるうちに，えらを引っ込めなくなる。このような学習行動を①(　　)という。①(　　)を生じた個体を十分な時間放置した後，水管に触れるとA[　　]。また，①(　　)を生じた個体の尾を刺激した後に水管に触れるとB[　　]。さらに，尾に強い刺激を与えた後に水管に触れるとC[　　]。このような現象を②(　　)という。

①や②の行動は，水管の感覚神経とえらの運動神経との間のシナプスでの興奮の伝達効率に変化が起きることによって生じる。①では，シナプスでの伝達効率が〔a 上がり・下がり〕，運動神経が興奮〔b しやすく・しにくく〕なり，②では，伝達効率が〔c 上がり・下がり〕，運動神経が興奮〔d しやすく・しにくく〕なる。

☐ (1) ①，②に適する語を答えよ。
☐ (2) A，B，Cにあてはまる行動を次から選べ。
　ア　えらを引っ込める。
　イ　えらを引っ込めない。
　ウ　弱い刺激に対してもえらを引っ込める。
☐ (3) 文中a〜dの〔　〕内の適する語をそれぞれ選べ。

172 フェロモンとミツバチのダンス ◀テスト必出

次の文を読んで，あとの問いに答えよ。

〔A〕 体外に分泌され，少量で他の同種の個体に特異的な行動を誘発する物質を①(　　)という。①の種類には，アリがえさから巣までの道を他の個体に教える②(　　)や，ガの雌が交尾のため雄を誘引する③(　　)などがある。

〔B〕 ミツバチは，花の蜜の所在を他の個体に教えるため，花までの距離が近い場合は④(　　)ダンスを，遠い場合は⑤(　　)ダンスを行い，なかまに知らせる。これは，⑥(　　)動作パターンの一種である。

- (1) （　）内に適する語を答えよ。
- (2) 下線部のダンスの速度は，花までの距離が遠いほどどうなるか。
- (3) このミツバチの研究を行った学者の名前を答えよ。

　📖 ガイド　(3)動物行動の研究では，ローレンツ（刷込み），ティンバーゲン（イトヨの配偶行動），フリッシュが有名である。

応用問題　　　　　　　　　　　　　　　　　　解答 ➡ 別冊 p.43

173 ◀差がつく　ゾウリムシを試験管に入れておくと，液面近くに密集してくる。この要因を確かめるために，次の実験を行った。あとの各問いに答えよ。

〔実験A〕　遠心分離機にかけてやると，ゾウリムシは沈んだ。

〔実験B〕　試験管に空気が入らないようゴム栓をして，さかさまにしてやると，ゾウリムシは上のほうに集まってきた。

〔実験C〕　ゾウリムシの入っている試験管の一部を黒い紙でおおうと，ゾウリムシは暗い部分に集まってきた。

- (1) 実験Aは何を確かめるために行ったか，簡潔に答えよ。
- (2) 実験Bの結果，どんな可能性が否定されたか，簡潔に答えよ。
- (3) 実験Cで見られるゾウリムシの行動名を答えよ。
- (4) ゾウリムシが液面近くに密集してくるのは，何によると考えられるか。

174　ミツバチは，えさのありかを，巣と太陽の位置関係をもとに，特有のダンスを踊ることでなかまに知らせている。これについて，次の問いに答えよ。

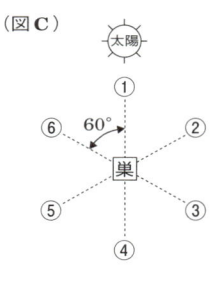

- (1) このダンスで，遠方にあるえさ場を知らせる際に行うダンスを何というか。
- (2) この情報伝達の場合，太陽の位置を基準にえさ場の方向を示しているが，このように，太陽の位置で行動の方向を決めることを何というか。
- (3) ミツバチが右図のA，Bのようなダンスを踊った場合，えさ場は巣に対してどの方向にあるか。図Cの①〜⑥のなかからそれぞれ選べ。 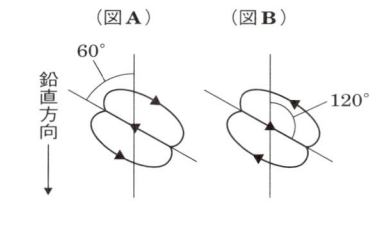
- (4) 太陽が②の向きに動き，えさ場が⑥の方向にあるとき，ミツバチはどのようなダンスを踊るか。図A，Bにならって作図せよ。

32 環境要因の受容と植物の応答

テストに出る重要ポイント

- **環境の変化と植物の応答**…**受容体**が環境の変化を感知➡**植物ホルモン**の生産量や移動が変化し，発生や成長を制御。
- **受容する環境要因**…光，温度，水，化学物質，重力など
- **植物の運動**…**成長運動**（屈性や花弁の開閉など）と**膨圧運動**（気孔の開閉やオジギソウの葉の開閉など）がある。
- **環境に応じた成長の調節**…おもに**屈性**と**傾性**がある。
  ① **屈性**…**刺激の方向に対して**屈曲して成長する性質。
  - 正の屈性…刺激源の方向に向かう場合。
  - 負の屈性…刺激源の方向から遠ざかる場合。

刺激源	正(+)の屈性	負(−)の屈性
光	光の方に伸びる(茎)	光の反対に伸びる(根)
重力	下向きに伸びる(根)	上向きに伸びる(茎)
接触	物に巻きつく(巻きひげ)	
物質	高濃度のほうに伸びる(スクロースに対する花粉管)	

  ② **傾性**…**刺激の方向とは無関係に一定方向**に屈曲する性質。

刺激源	例
温度	チューリップの花弁の開閉
接触	オジギソウの葉の開閉
光	タンポポの花弁の開閉

- **気孔の開閉による水分の調節**
  ① フォトトロピンが光(青色光)を受容➡開口
  　　　　　　→水分放出(蒸散量増)，光合成促進(CO_2吸収)
  ② 水不足➡**アブシシン酸**が増加➡閉鎖→蒸散抑制
- **ストレス**…環境要因によって生育などに支障をきたしている状態。
- **ストレスの原因**…著しい低温・乾燥，高濃度の塩，食害など
- **ストレスへの応答**
  ① アブシシン酸…ストレスへの抵抗性(耐凍性など)の獲得に関わる。
  ② ジャスモン酸…食害等の傷害で合成され，傷害の拡大を防ぐ。

基本問題

175 刺激に対する植物の反応 ◀テスト必出

刺激に対する次の①〜⑥の植物の反応について，あとの各問いに答えよ。
① イネの芽生えを暗所に水平にして置いておくと，芽生えは上のほうに曲がる。
② オジギソウの葉に手で触れると，葉が閉じる。
③ 窓際に置いたダイコンの芽生えは，明るいほうに向かって曲がる。
④ チューリップの花は，昼間温度が高くなると開く。
⑤ ベニバナインゲンの葉は日中開き，夜は閉じる。
⑥ キュウリの巻きひげが，棒に巻きつく。

(1) ①〜⑥の運動は，次のどれに当たるか，記号で答えよ。
　ア　光屈性　　　　イ　重力屈性　　　ウ　接触屈性　　　エ　化学屈性
　オ　温度傾性　　　カ　接触傾性　　　キ　光傾性

(2) 上の(1)で屈性を選んだものについて，正の屈性か負の屈性か答えよ。

(3) ①〜⑥のうち，膨圧運動に属するものをすべて答えよ。

📖 **ガイド**　(2)刺激源のほうに曲がれば正の屈性，逆に曲がれば負の屈性。

176 気孔の開閉のしくみ ◀テスト必出

次の文の（　）に適する語をあとの語群から選び，記号で答えよ。

(1) 陸上の植物の葉の表面は①（　）と呼ばれる層でおおわれており，水分が蒸発しにくい構造になっている。水分は，おもに，葉の気孔から②（　）作用によって放出され，これによって，水分の調節を行っている。

(2) 気孔が開く際には，気孔をつくる2つの③（　）細胞が吸水して，細胞内部の④（　）が大きくなる。③細胞は，内側の細胞壁が外側より⑤（　）いため，④によってふくらむと，外側に向かってそりかえり，気孔が開くしくみになっている。また，乾燥などによって植物体内に水分が不足すると，気孔は閉じて，②作用が停止する。

(3) ⑥（　）という植物ホルモンには気孔を閉じる作用がある。一般に，水の蒸発量は日中にくらべて夜間は⑦（　）い。

　ア　凝集　　　イ　蒸散　　　ウ　光合成　　エ　浸透圧　　オ　膨圧
　カ　ジベレリン　　キ　オーキシン　　ク　アブシシン酸
　ケ　表皮　　コ　孔辺　　サ　クチクラ　　シ　厚　　ス　薄
　セ　多　　ソ　少な

応用問題

177 植物による刺激の受容と反応について，文中の空欄①の物質名を答え，②〜⑥には適切な語を下の語群より選んで入れよ。

　植物が外界の光条件を認識するには，植物の中にある光受容物質が光を吸収し，信号伝達する必要がある。植物がもつ光受容物質としては，赤色光や遠赤色光を吸収する①（　　　）と，②（　　　）光を吸収するクリプトクロムやフォトトロピン（ホトトロピン）が知られている。

　これらの光受容物質は，光屈性や植物が自らの成長や形態形成を光条件によって調整する「光形態形成」に関与する。暗所で生育した植物は「もやし」の形態をとり，胚軸が③（　　　）し，子葉や本葉の④（　　　）が見られない。しかし，白色光下では通常の形態となる。この現象には①の関与が知られており，⑤（　　　）光を吸収した①は，胚軸の⑥（　　　）を抑制し，子葉・本葉の④を促進することで，通常の形態をとらせている。したがって①の機能を欠損した突然変異体を白色光下で生育させると，芽生えは⑦（　　　）の形態になると考えられる。

　　徒長　　短縮　　屈曲　　展開　　赤色　　遠赤色　　青色　　近紫外
　　肥大成長　伸長成長　枯死　　通常　　もやし

178 気孔の開閉に関する次の文を読み，問いに答えよ。

　気孔の開閉はさまざまな環境要因を感知して調節される。乾燥したときに気孔を閉じるのは，乾燥すると植物が（ア）という植物ホルモンを合成し，この植物ホルモンの濃度上昇を感知した気孔の孔辺細胞が浸透圧を低下させることによる。ある植物で，乾燥しても気孔が閉じない突然変異体が数種類見つかっている。これらは，（Ⅰ）（ア）を合成する酵素，（Ⅱ）孔辺細胞が（ア）を受容するしくみ，（Ⅲ）孔辺細胞が浸透圧を下げるしくみ，のいずれか1つに関わる突然変異が原因である。なお，光の強さや二酸化炭素濃度に対する応答には（ア）は関与しない。

	（ア）を投与	暗条件
突然変異体A	閉じる	閉じる
突然変異体B	開いたまま	開いたまま
突然変異体C	開いたまま	閉じる

(1) 文中の空欄アの植物ホルモンは何か。

(2) A〜Cの突然変異体が，それぞれⅠ，Ⅱ，Ⅲのどの突然変異を起こしたものか答えよ。

　ガイド　(2)アの投与で正常な反応を示すのは植物ホルモンの合成が異常な場合。暗条件で開いたままなのはアの合成・受容ともに関係ない異常である。

33 植物ホルモンによる成長の調節

テストに出る重要ポイント

● **植物ホルモン**…植物体の一部でつくられ，発生や成長の制御を行う物質。ごく微量で濃度に応じた作用を示す。

植物ホルモン	種子	成長	分化の調節	老化
オーキシン		茎・根の伸長調節 屈性制御	発根＋ 頂芽優勢	－
ジベレリン	発芽＋	茎・根の伸長＋	子房肥大＋ 花芽形成＋	
サイトカイニン		細胞分裂＋	側芽成長＋	－
ブラシノステロイド		＋	胚軸成長＋	－
花成ホルモン （フロリゲン）			花芽形成＋	
アブシシン酸	休眠	－		＋
エチレン		茎の伸長－肥大＋	果実成熟＋	＋
ジャスモン酸				＋

＋：促進　－：抑制

● **オーキシンの性質**
① 上から下へ移動 ➡ **重力屈性**の制御
② 光の当たらない側に移動 ➡ **重力屈性**，**光屈性**の制御　<small>細胞膜上の輸送タンパク質（輸送体）のはたらきによる。</small>
③ **極性移動**…茎の先端部から基部へ移動。逆へは移動しない。
④ **器官による感受性のちがい**…最適濃度：茎(頂芽)＞側芽＞根
　{ 茎がよく成長する高濃度では側芽の伸長が抑制される ➡ **頂芽優勢**
　 高濃度で**根**は伸長抑制(**正の重力屈性**)，**茎**は伸長促進(**負の重力屈性**)
⑤ **水溶性**…寒天片などにしみ込むが，雲母片は透過しない。

● **ジベレリンの成長促進**…細胞壁のセルロース繊維を横向きに合成させる ➡ 細胞は繊維の方向に伸びにくいため縦方向に伸長成長。

● **エチレン**…**気体**の植物ホルモン。果実の成熟促進などのほか，**離層形成**→落葉・落枝促進。伸長成長抑制・肥大成長促進。

基本問題

179 オーキシンの作用 ◀テスト必出

右のグラフは，あるオーキシンの濃度と植物の各部位の成長の関係を示したものである。各問いに答えよ。

(1) 植物がつくり出すオーキシンは何という物質か。

(2) このグラフから明らかにわかることを次の文からすべて選べ。

　ア　オーキシンは，濃度が高いほど根，茎，葉すべての成長を促進する。
　イ　根，茎，葉の成長を促進するオーキシン濃度は，それぞれ異なる。
　ウ　オーキシンは，根に対しては低濃度で成長促進作用があり，茎に対しては高濃度で成長促進作用がある。
　エ　オーキシンに対する感受性の強さは，茎が最も大きく，根が最も小さい。

(3) 重力屈性は，重力の影響で下側にオーキシンが移動して下側のオーキシン濃度が高くなるため生じる。根と茎で重力屈性にちがいが見られるのはなぜか。

180 オーキシンと光屈性 ◀テスト必出

次の図のようにマカラスムギの幼葉鞘を用いて①〜⑦の実験を行った。
①，②，④，⑤は右から光を当て，③，⑦は暗黒中に置いた。

① 何もしない
② 先端部を切除
③ 先端部を切除し左にずらしてのせる
④ 雲母片を光のくる側に挟み込む
⑤ 雲母片を光の反対側に挟み込む
⑥ 先端部を切除し，その間に寒天を挟み，再びのせる
⑦ 切り取った先端部を寒天の上に置き数時間放置した後に，その寒天を切除した芽生えに右にずらしてのせる

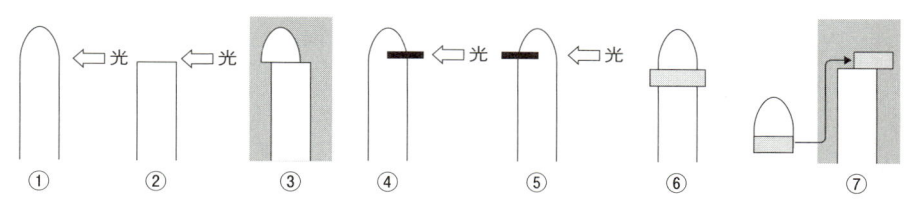

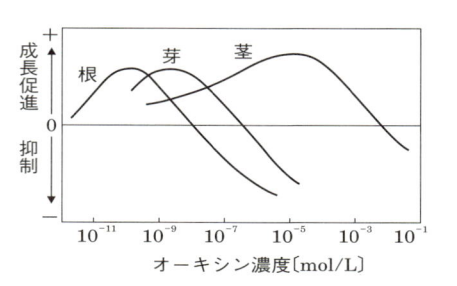

- (1) 実験①〜⑦の結果を次から選び，記号で答えよ。
  - ア　まっすぐ上に伸びる。　　イ　右に屈曲する。
  - ウ　左に屈曲する。　　　　　エ　ほとんど成長しない。
- (2) 屈曲や成長に先端部が重要であることはどの実験とどの実験からわかるか。
- (3) 成長促進物質が，光の当たる側から当たらない側へ移動することは，どの実験とどの実験を比較するとわかるか。
- (4) 成長を促進する物質が水溶性であることがわかる実験をすべてあげよ。
- (5) この実験で明らかになった植物の成長を促進する物質の総称を答えよ。

📖 ガイド　オーキシンは，光の当たる側から当たらない側に移動して成長を促進する。

181 いろいろな植物ホルモン

次の①〜⑥の文が説明している植物ホルモンは何か。それぞれ名称を答えよ。なお，ホルモン名は重複してもよい。

① 植物が乾燥状態になると葉で急激に増加して，葉の孔辺細胞を排水させて気孔を閉じさせる。また，落葉現象や樹木の芽の休眠を促進する。

② イネの徒長を起こす馬鹿苗病菌から発見されたが，ふつうの植物に広く分布。矮性の(背丈の低い)植物を大きくしたり，休眠の打破，花の形成に関与。

③ 常温で気体。成熟したリンゴから放出されるため，未成熟のバナナと成熟したリンゴを1つの密閉容器に入れて置くとバナナの成熟が促進される。

④ 受粉なしでも子房の肥大を促進する作用があり，ブドウの開花前にこのホルモンの水溶液につぼみを浸しておくと種なしブドウをつくることができる。

⑤ ホルモン名は「成長素」という意味をもち，現在ではインドール酢酸など単子葉植物の幼葉鞘の成長を促進する物質の総称として使われている。

⑥ DNAの分解産物から発見されたこのホルモンを，ニンジンの培養細胞に加えて培養したら，細胞分裂が促進される。

応用問題

解答 ➡ 別冊 p.46

182 〈差がつく〉マカラスムギの幼葉鞘に，次ページの図のような処理をして，一定時間後に先端部を切り取った。その後，その先端部を寒天片の上に一定時間置き，寒天片に含まれるオーキシン量を測定した。

①〜④の寒天片中のオーキシン量は，それぞれどのような関係になっているか。次のア〜ウから1つ選び，記号で答えよ。ただし，幼葉鞘の先端部は，図で正面

から見た向きのまま寒天片にのせ，中央に雲母片をはさむものとする（③，④では新たな雲母片をはさむ）。

ア　A＞B　　イ　A＝B　　ウ　A＜B

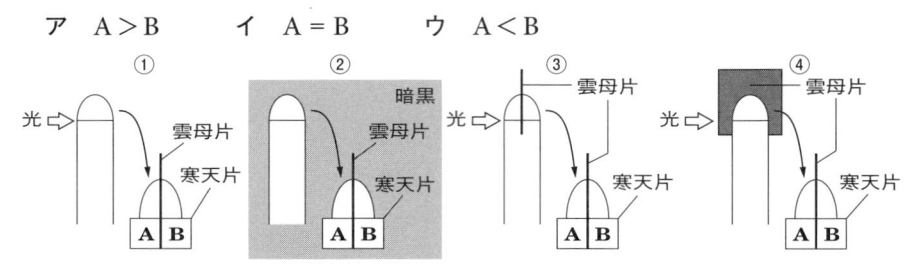

ガイド　オーキシンは，光が当たると光の反対側へと移動する。また，オーキシンは雲母片を通過することはできない。この2点から考える。

183 次の図は，植物の一年と植物ホルモン（a～e）およびフロリゲンの関係を表している。これについて問いに答えよ。

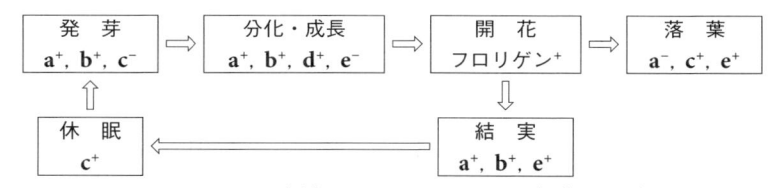

```
発　芽            分化・成長          開　花           落　葉
a⁺, b⁺, c⁻   ⇒   a⁺, b⁺, d⁺, e⁺  ⇒  フロリゲン⁺  ⇒   a⁻, c⁺, e⁺
  ⇧                                      ⇩
休　眠                              結　実
  c⁺          ⇐                    a⁺, b⁺, e⁺
```

※図中の＋はホルモンによる促進，－は抑制を示す。

茎と葉の成長には，植物ホルモン a，b，d が促進的にはたらいている。詳しく見ると，b は茎が細長く伸長する際に必要で，d は葉の拡大成長時にはたらくと考えられている。一方 e は抑制的にはたらく。植物は風に吹かれたり，機械的な接触がたびたび起こると e をつくり，伸長成長を抑制し茎を太らせる。

□(1)　植物ホルモン a はオーキシンを示している。b～e はそれぞれ何か答えよ。

□(2)　ミカンの果肉は熟しているが，果皮がまだ青い場合，果皮の成熟（色づき）を促進するために適切な処理はどれか。次から1つ選べ。
　　ア　果皮に b の水溶液を吹きつける
　　イ　果実を密閉して e のガスを送り込む
　　ウ　果実を a の水溶液に浸す
　　エ　果実に c の水溶液を注射器で注入する
　　オ　果実に d の水溶液を塗布する

ガイド　成長を促進する植物ホルモンには，オーキシン，サイトカイニン，ジベレリンが，休眠・老化を促進する植物ホルモンには，アブシシン酸，エチレンがある。

34 植物の花芽形成の調節

★テストに出る重要ポイント

- **花芽形成**…植物は，あるタイミングで栄養成長(根茎葉の成長)期から，生殖期に入り，茎頂分裂組織で**花芽**が形成される。
- **光周性**…生物が日長に対して反応する性質。
- **花芽形成の調節と日長**
  ① **長日植物**…長い日長(暗期が限界暗期未満)のとき花芽形成。**日本では春〜初夏に開花**。例 アブラナ，コムギ，ナズナ
  ② **短日植物**…短い日長(暗期が限界暗期以上)のとき花芽形成。**日本では夏〜秋に開花**。例 アサガオ，キク，イネ，オナモミ
  ③ **中性植物**…明暗の長さに関係なく花芽形成(温度条件などによる)。
- **光と花芽形成の関係**

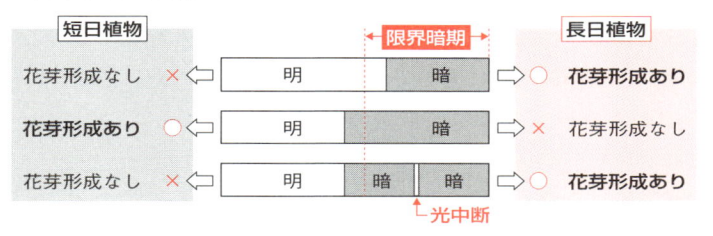

短日植物		明暗パターン		長日植物
花芽形成なし ×	⇐	明／暗(限界暗期)	⇒ ○	花芽形成あり
花芽形成あり ○	⇐	明／暗	⇒ ×	花芽形成なし
花芽形成なし ×	⇐	明／暗／光中断／暗	⇒ ○	花芽形成あり

  ① **光中断**…暗期の途中で短時間だけ光を照射し，暗期を中断する操作。光中断には**赤色光**が特に有効→フィトクロムが関与。
  ② **限界暗期**…ある植物にとって花芽を形成するかしないかの境となる連続した暗期の長さ。
- **花芽形成のしくみ**
  暗期の長さを感知…**葉**で。受容体は**フィトクロム**。
  ↓
  花成ホルモン(フロリゲン)の生成…**葉**で。**師管**を通って移動。
  ↓　　実体はFTタンパク質
  花芽形成…**茎頂**で。（生殖と発生 花の形態形成 *p.96*）
- **人為的な花芽形成の誘導**
  ① **春化処理**…温度の影響を受ける植物を，一定期間低温状態に置き，花芽形成を促進させる。
  ② **ジベレリン処理**…ジベレリンの増加が花芽形成を促進する。

基本問題

184 花芽形成の条件
次の文は，花芽形成のさまざまな条件について述べたものである。

植物の開花には日長が大きく関係しているが，一定期間以上の連続した暗期で開花する植物を①(　　)，それ以下の暗期で開花する植物を②(　　)といい，明暗の長さに関係なく開花する植物を③(　　)という。このように，植物が日長に反応する性質を④(　　)という。秋まきコムギは，光の条件以外に一定期間低温の状態に置かないと開花しない。このような低温下での処理を⑤(　　)という。

(1) (　)内に適する語を答えよ。
(2) ①の植物の開花を遅らせるには，どのような処理をすればよいか。

185 花芽形成と日長の関係 ◀テスト必出
ある短日植物は，連続した暗期が9時間以上になると開花する。この植物を図のような明期と暗期の状態に置いて，開花の有無を調べた。各問いに答えよ。

(1) 右の図のA～Dで，この植物が開花したのはどれか，すべて答えよ。
(2) この植物に見られるような，開花に必要な連続した暗期の長さを何というか。
(3) CとDの実験では，暗期の途中に短時間光を照射しているが，このような操作を何というか。
(4) この短日植物が，1日あたりの暗期の長さではなく，連続した暗期の長さを感じて開花していることは，どの実験とどの実験を比較すると明らかか。
(5) 次のなかから短日植物を選び記号で答えよ。
　ア　ダイコン　　イ　キク　　ウ　トマト　　エ　アブラナ

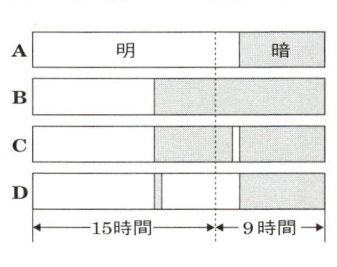

応用問題

186 ◀差がつく
次ページの図は，オナモミをさまざまな条件で処理して花芽形成の有無を調べた実験である。実験の結果，B，D，Eでは花芽が形成され，オナモミは短日植物であることがわかった。これについて，次の各問いに答えよ。

(1) オナモミが短日植物であることは，どの実験とどの実験を比較するとわかるか。

(2) 日長は，植物のどの部分で感じとっていると考えられるか。また，それは，どの実験とどの実験を比較するとわかるか。

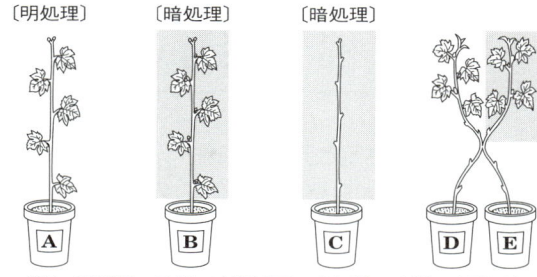

(注) 明処理；暗期8時間以下，暗処理；暗期9時間以上

(3) 花芽形成に関与するホルモンを何と呼ぶか。また，それは，植物の茎のどこを通って移動するか。

📖 ガイド　(1)(2)調べる条件以外の条件がすべて同じものどうしを比較する。

187 アサガオはただ1度の短日処理を行った場合でも花芽が形成される短日植物である。さまざまな草丈のアサガオについて，以下のような実験を行った。

最上部の完全に広がった葉より上部を切除し，さらに上から3枚の葉だけを残して，それ以外のすべての葉を除去。そして右図のような2つのグループに分け，側芽を1つ残して全て除去した。

これらのアサガオに14時間または16時間の暗期を1回だけ与え，暗期終了直後に側芽よりも上の茎とすべての葉を除去(図で「切断」と記載)して，その後の側芽における花芽形成を調べた。

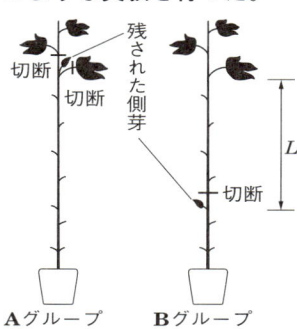

(1) Aグループでは，14時間の暗期を与えた場合には花芽が形成されなかったが，16時間の暗期を与えた場合には花芽形成が起こった。この結果から花成ホルモンについて言えることを40字以内で述べよ(句読点も1字と数え，数字は2桁でも1字とする)。

(2) Bグループで図中のL(一番下の葉が出ている節から側芽が出ている節までの長さ)が102 cmのアサガオでは，14時間の暗期を与えた場合には花芽が形成されず，16時間の暗期を与えた場合には花芽形成が起こった。この結果と(1)のことからいえることとして，次の文の□に入る数字を答えよ。

アサガオの花成ホルモンは□時間以内に約102 cm移動する。

(3) 文中の下線部に示すような処理を行ったのはなぜか，その目的を説明せよ。

35 種子発芽の調節

テストに出る重要ポイント

- **種子の休眠と発芽の条件**
  ① 種子が成熟する際，<u>アブシシン酸</u>の作用で休眠（耐乾性を獲得）。
  ② 休眠の打破，発芽には，<u>適度な温度，水，酸素</u>の3つが必要。
  ③ 低温要求種子（発芽に長期間の湿潤・低温条件が必要）…冬の低温期の前に発芽するのをさける。
- **光発芽種子**…種子の発芽に光照射が必要な植物。 例 タバコ，レタス
- **暗発芽種子**…光照射で種子の発芽が抑制される植物。 例 カボチャ
- **光発芽種子と波長の関係**

  $\begin{cases} 赤色光（R）…発芽を促進 \\ 遠赤色光（FR　近赤外光とも）…発芽を抑制 \end{cases}$ → <u>最後に受けた光</u>が有効
  （red）　　　　　　　　　（far red）

  光合成に有効な赤色光が当たる環境下で発芽が促進される。
  光条件の感知には<u>フィトクロム</u>が関与。

  　　　　Pr型（赤色光吸収型）
  赤色光→↓ ↑←遠赤色光
  　　　　Pfr型（遠赤色光吸収型）→発芽促進

- **発芽と植物ホルモン**
  胚で<u>ジベレリン</u>を合成─→糊粉層に作用し，アミラーゼなどの酵素を合成させる─→アミラーゼが胚乳に蓄積されたデンプンを糖に分解─→胚が糖を栄養分に成長，発芽。

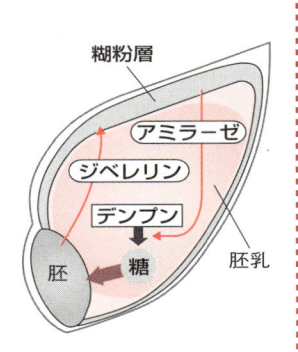

（図：糊粉層，アミラーゼ，ジベレリン，デンプン，胚，糖，胚乳）

基本問題

解答 → 別冊 p.47

188 種子の発芽の条件 ◁テスト必出

次の文の（　）に適当な語を入れよ。

☐ (1) 一般の種子の発芽条件には，①（　　），②（　　），酸素などがある。これらの発芽条件が満たされない場合，種子は何年も発芽せずに種子のままでいる。このような状態を種子の③（　　）という。

- (2) 発芽条件が満たされない環境下では，種子の③は，④(　　)という植物ホルモンによって維持される。
- (3) ある種のレタスの種子は，①，②，酸素以外の発芽条件として，光の照射が必要であり，このような種子を⑤(　　)という。
- (4) 発芽条件が整うと，種子の胚の中で⑥(　　)という植物ホルモンが合成され，この植物ホルモンが，⑦(　　)と呼ばれる酵素の合成を促進し，種子内部のデンプンを分解してグルコースを生成する。胚は，このグルコースを呼吸基質にして，発芽の際のエネルギーを得る。

応用問題

解答 → 別冊 p.47

189 〈差がつく〉 次の文を読み，問いに答えよ。

オオムギの種子は，発芽のための養分を A(　　)に蓄えている。種子が発芽に適当な条件におかれると，胚で植物ホルモンである B(　　)が合成され，この植物ホルモンが糊粉層に作用する。その結果，糊粉層では C(　　)と呼ばれる酵素が合成され，この酵素によって A(　　)に貯蔵された D(　　)が分解されて糖が生じる。糖は胚に取り込まれ，発芽のエネルギー源や物質の合成に利用される。

- (1) 文中の空欄 A～D に適当な語を記せ。
- (2) 文中の下線部に関して，種子の発芽に不可欠な環境要因を3つ記せ。
- (3) レタスやタバコの種子では，(2)の環境要因のほかに光が必要である。
    ① このような種子を何と呼ぶか。
    ② 光を受容し発芽を誘発する物質の名称を記せ。
    ③ レタスの発芽を促進するのは，②の物質が P_{FR} 型と呼ばれるときである。レタスの発芽と光の波長にはどのような関係があるか。次から2つ選べ。
    　ア　赤色光の照射によって発芽が促進される。
    　イ　遠赤色光の照射によって発芽が促進される。
    　ウ　赤色光の効果は，その後の遠赤色光の照射によって促進される。
    　エ　赤色光の効果は，その後の遠赤色光の照射によって打ち消される。
    　オ　発芽を起こすには，赤色光と遠赤色光の両方を照射する必要がある。

📖 ガイド　(3)③ ②の物質には P_R 型と P_{FR} 型の2つの状態があり，P_R 型(赤色光吸収型)が赤色光を吸収すると P_{FR} 型に，P_{FR} 型(遠赤色光吸収型)が遠赤色光を吸収すると P_R 型になる。

36 個体群とその成長

テストに出る重要ポイント

- **個体群**…一定地域で生活する同種の個体の集まり。
- **個体群密度**…一定の生活空間（面積または体積）あたりの個体数。

$$個体群密度(D) = \frac{個体数(N)}{生活空間(S)}$$

- **個体数の調査**
  ① **区画法**…調査地域を一定の広さの区画に区分し，そのうちいくつかの区画内の個体数を調べ，総個体数を推定。植物や移動が少ない動物が対象。
  ② **標識再捕法**…ある地域に生息する動物を捕獲して標識を付けて放し，一定時間経過後再捕獲する。2回目に捕獲したうちの標識の付いた個体の割合から全体の個体数を推定。行動範囲が広い動物に用いる。

$$総個体数 = はじめに標識をつけた個体数 \times \frac{再捕獲された総個体数}{再捕獲された標識のついた個体数}$$

〔実施の条件〕 2回の捕獲を同条件で行う，調査地域からの移出入や個体数の増減がない，標識が動物の生活に影響せず消失しないなど。

- **個体群の成長**…構成する個体が増え，個体群密度が高くなること。
- **個体群の成長曲線**…個体群の成長のようすをグラフに表したもの。最初は指数関数的に増加，その後密度効果により，一定の大きさで安定。
  ➡ S字状（ロジスティック曲線）
  〔**環境収容力**〕 ある環境で存在できる最大の個体数（成長曲線が水平になったときの個体群密度）。
- **密度効果**…食物や生活空間の不足，排出物の蓄積による害など，**個体群密度の増加にともなう影響**。
  〔**相変異**〕 密度効果によって個体の**形態や行動様式**が変化。
  〔**最終収量一定の法則**〕 単位面積当たりの植物個体群の総重量は，低密度の個体群と，高密度の個体群の総重量とでほぼ変わらなくなる。

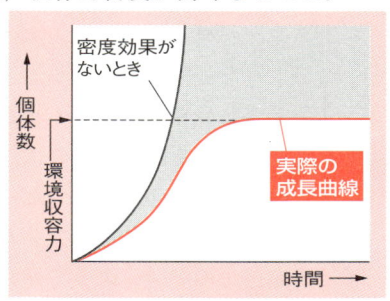

36 個体群とその成長

- **齢構成と年齢ピラミッド**
  …個体群における年齢や世代ごとの個体数の分布が齢構成。個体群の総個体数に対する各年齢の割合を図示したものが年齢ピラミッド。3つのタイプに大別。

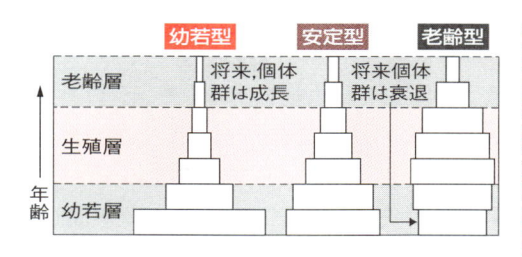

  （図：幼若型／安定型／老齢型。老齢層・生殖層・幼若層。安定型は「将来,個体群は成長」、老齢型は「将来個体群は衰退」）

- **生命表と生存曲線**…個体群内で同時期に生まれた新個体の，成長過程ごとの個体数を表にしたものが生命表。グラフに表したもの（通常，最初の個体数を1000に換算して対数目盛りで描く）が生存曲線。

- **生存曲線の3タイプ**
  ① 魚類，海産無脊椎動物など
    出生直後の死亡率が高い。小形の卵（子）を多数生み，親の保護なし。
  ② 小形の鳥類，ハ虫類など
    ほぼ一定の生存率。
  ③ 哺乳類，社会性昆虫など
    多くが寿命近くまで生存。大きな卵（子）を少数生み，親が保護。

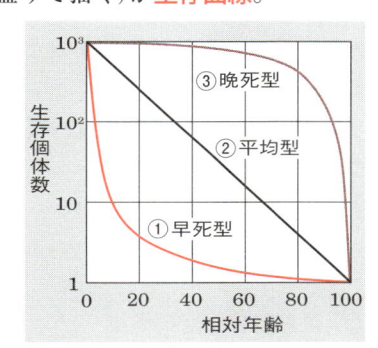

  （図：生存曲線 ①早死型 ②平均型 ③晩死型。縦軸 生存個体数（$10^3, 10^2, 10, 1$），横軸 相対年齢）

基本問題   解答 → 別冊 p.48

190 個体群とその成長 ◁テスト必出

次の文中の空欄に最も適する語句を入れよ。

　同種の個体から構成された集団を①（　　）という。一定の面積に生活している生物の②（　　）を個体群密度という。①の②が増えることを①の③（　　）という。個体群密度が増加するとえさ不足など生活環境の悪化が起こり，個体群密度は一定のところで安定する。この値を④（　　）という。その結果，時間に対する②変化のグラフは⑤（　　）字状を示すようになる。個体群密度が①に影響を与えることを⑥（　　）という。

191 標識再捕法

キャベツ畑で捕虫網を使い，モンシロチョウの個体数調査を行った。

初日に雄55頭，雌を35頭捕獲した。すぐに翅にマークを付け，同じ場所で解放した。翌日，再び同じ方法で雄40頭，雌28頭を捕獲した。そのなかには，前日にマークを付けた雄25頭，雌5頭が混じっていた。このキャベツ畑のモンシロチョウの雄と雌のそれぞれの個体数を推定せよ。

192 生存曲線　◀テスト必出

右の生存曲線を見て，各問いに答えよ。

(1) 幼齢時の死亡率が最も低いものはどれか。
(2) 生息環境が変化することによって，集団の大きさが最も激しく変化すると考えられるものはどれか。
(3) 以下の①～⑥の生物をすべて，図中のア～ウのいずれかに分類せよ。
　① サケ　　② ヒツジ　　③ ツバメ
　④ ヨトウガ　⑤ ミツバチ　⑥ トカゲ

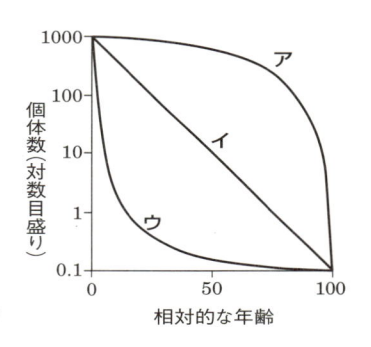

193 最終収量一定の法則

次の文の空欄①～⑤に適する語を答えよ。

植物が生育している空間内の栄養塩類や光エネルギー，水分は限られているため，個体群密度は個体の成長に影響を及ぼす。このような現象を植物の①(　　)という。右図は，0日目を除き，高密度で成長させるほど個体は②(　　)することを示している。しかし，個体群全体の重さは③(　　)の違いに関わらず，日数の経過に伴って一定の値に近づく。これを④(　　)一定の法則という。

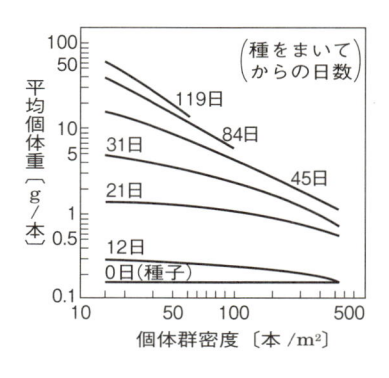

樹木の場合，同種だけを高密度で成長させると，小さい個体は枯れ，残った個体が成長して林をつくる。⑤(　　)が起こらず，林が高密度のまま成長すると，個体の成長が悪くなる。このような林では，強風を受けると多くの樹木が倒れ，林全体が枯れることもある。

応用問題 解答 ➡ 別冊 p.48

194 ◀差がつく 表はガの一種アメリカシロヒトリ個体群の生命表である。各問いに答えよ。

発育段階	生存数	死亡要因（天敵ほか）	死亡数
卵	4290	ふ化せず	130
ふ化幼虫	4160	クモAなど	744
1齢幼虫	3416	生理死A	108
		クモBなど	1093
2齢幼虫	2215	生理死B	11
		クモCなど	322
3齢幼虫	1882	クモDなど	463
4〜6齢幼虫	1419	シジュウカラのひな	640
		シジュウカラ成鳥	736
7齢幼虫	43	アシナガバチなど	29
蛹（さなぎ）	14	ブランコヤドリバエ	4
		病気	1
成虫	9		0

（成虫は産卵を終えるまで死ななかったものとする）

(1) 最大の死亡要因を選べ。
　ア　生理死
　イ　事故死
　ウ　病死
　エ　天敵による捕食

(2) 死亡率の最も高い死亡要因は何か。また，その死亡率を求めよ。

(3) 幼虫終了時までの死亡率を求めよ。

(4) この昆虫は春にふ化するものと秋にふ化する（蛹で越冬する）ものとがあるが，この表はどちらのものか。理由も述べよ。

📖ガイド　(1)最大の死亡要因は死亡数の多い要因，(2)死亡率の高い要因は，死亡数をもとの個体数(生存数)で割って比較する。

195 ある種のカメの個体群において，ある時期に生まれた個体数が1000で，その後の年齢ごとの個体数が $N(t) = 1000 \times 0.7^t$ だとする。ただし，t は年齢を，$N(t)$ は年齢 t での個体数を示す。

(1) すべての年齢範囲で生息条件が同一として，このカメの生存曲線を描け。

(2) このカメについて，この時期に生まれた群れの個体数が5未満になるのは生まれてから何年後か。ただし，$\log_{10}2 = 0.301$，$\log_{10}7 = 0.845$ として計算せよ。

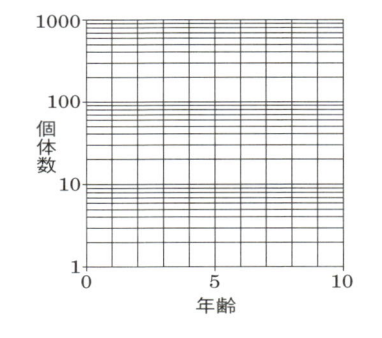

📖ガイド　(2)1000個体が5未満まで減るのだから，$1000 \times 0.7^t < 5$。

37 個体群内の相互作用

テストに出る重要ポイント

- **群れ**…動物の個体群で，個体どうしが集合して行動するときの集団。
  ① **利点**…危険の分散・外敵に対する防衛（警戒や反撃）・採食の容易化（食物を発見）・生殖の機会増加。
  ② **欠点**…食物や生活の場所などの資源をめぐる個体間の競争が生じる。
  ③ **最適な群れの大きさ**…警戒時間や群れ内で争う時間により決定。
- **縄張り**…食物や繁殖（機会・場所）などの確保のため一定の生活空間（**縄張り**）を占有し，**同種個体を排除**。
  例 食物…アユ，繁殖…トンボ，トゲウオ，シジュウカラ
- **順位制**…群れの中の個体間に優劣関係（**順位**）ができ，群れ内の争いが減る。例 ニワトリ，ニホンザル
- **社会性昆虫**…血縁関係にある個体が**コロニー**と呼ばれる群れをつくる。極端に**個体間の分業**が進み，生殖個体や働き個体など，**形態までもが分化**することが多い。
  例 ミツバチ，シロアリ，アリ

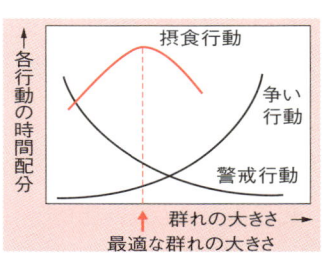

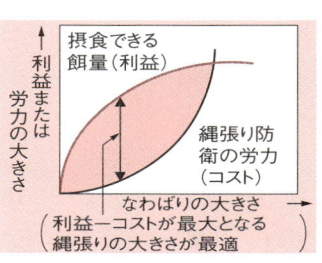

基本問題

解答 ➡ 別冊 p.49

196 群れ　テスト必出

次の空欄に適する語句を，下のア～オから選べ。

動物が群れで生活する利点としては，①（　　）能力や防衛能力が向上したり，②（　　）が分散することがあげられる。また，群れることにより③（　　）の機会が増加したり，えさをとりやすくなることもある。一方，群れることにより，群れを構成する個体間で④（　　）や休息場所を求めての争いが発生するという欠点もある。群れの最適な大きさは，この両者の関係によって決まる。

　ア 食物　　イ 危険　　ウ 繁殖　　エ 警戒　　オ 役割

37 個体群内の相互作用

197 個体群内の相互作用 ◀テスト必出

次の記述に最も適する用語と生物例をそれぞれア～クから1つずつ選べ。

① 群れの中の個体間に優劣関係が生じ，無用の争いが未然に防がれる。
② えさの確保や繁殖のため，個体が一定の空間を占有し，そこに侵入する他の個体を排除しようとする。
③ 多数の個体が集団で生活しており，そこでは分業が進み，役割に応じて形態までも分化している。

ア 縄張り　　イ 順位制　　ウ 社会性昆虫　　エ 競争
オ シロアリ　カ アユ　　　キ カブトムシ　　ク ニワトリ

応用問題　　　　　　　　　　　　　　　　解答 ➡ 別冊 p.49

198 ◀差がつく　えさ場にさまざまな大きさのハトの群れをつくり，タカを放して攻撃させたところ，その成功と失敗に関して図1と図2のような結果が得られた。また，冬のえさ場に集まる小鳥では，摂食行動・警戒行動・えさをめぐる争いの各行動の時間配分と群れの大きさの関係は図3のようであった。次の各問いに答えよ。

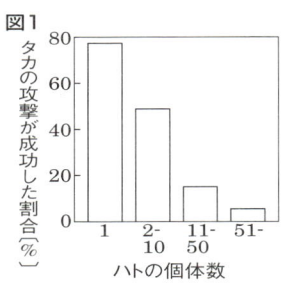

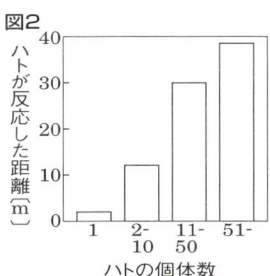

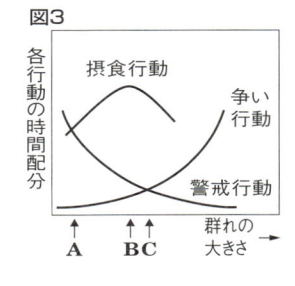

図1 タカの攻撃が成功した割合(％) / ハトの個体数
図2 ハトが反応した距離(m) / ハトの個体数
図3 各行動の時間配分 / 群れの大きさ（摂食行動・争い行動・警戒行動，↑A ↑↑BC）

(1) 次の空欄に適語を入れよ。

図1より，群れの大きさ（ハトの個体数）が大きいほど，タカの攻撃が成功した割合は①(　　)なった。大きな群れほどタカに早く気づき，ハトが逃げ出したときの群れからタカまでの距離は②(　　)なった。一方，小鳥の群れでは，群れが大きくなるほどえさをめぐる争い行動に費やす時間が③(　　)なり，逆に捕食者への警戒行動に費やす時間は④(　　)なった。この小鳥の群れの最適の大きさは，図3の記号⑤(　　)である。また，この小鳥の群れは，捕食者の攻撃頻度が低下した場合，最適な群れの大きさは⑥(　　)くなると考えられる。

(2) (1)の⑥について，そのように考えた理由を答えよ。

38 個体群間の相互作用

テストに出る重要ポイント

- **捕食－被食(食う－食われるの関係)**…食うもの(**捕食者**)と食われるもの(**被食者**)との関係。両者の個体数は互いに影響して変動。隠れる場所やえさの種類が豊富にある自然界では，両者の個体数はある範囲内を周期的に変動。

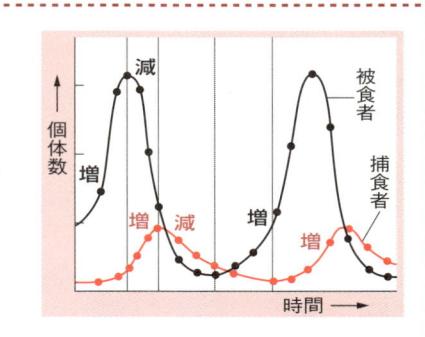

- **競争**…食物・生活空間・生活時間などをめぐる争い。**種間競争**の場合，生活様式の近い個体群間ほど激しく，一方が絶滅することもある(競争的排除)。例 ゾウリムシ(下図B種)とヒメゾウリムシ(下図A種)

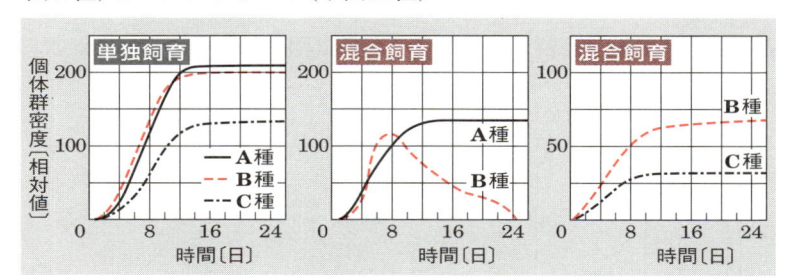

- **共生**…異種の個体群とともに生活して利益を得る関係。
  - **相利共生**…互いに利益を得る。例 マメ科植物と根粒菌，アリ(外敵から守る)とアブラムシ(食物を提供)，地衣類(藻類と菌類)
  - **片利共生**…一方は利益を得るが他方は利益も不利益もない。例 サメとコバンザメ(サメに付着して移動)

- **寄生**…一方が利益を得て，他方が被害を受ける関係。寄生する方を寄生者，される方を宿主(寄主)という。例 カイチュウ，吸血性のダニ

- **片害**…一方が不利益を受けるだけで，他方は益も不利益もない関係。例 アオカビの分泌する物質で細菌の増殖が抑制される。

- **中立**…個体群間の要求がほとんど重ならない。例 キリンとシマウマ

基本問題

解答 → 別冊 p.50

199 個体群間の相互作用 ◀テスト必出

次の①〜⑥の生物現象を適切に表している用語を語群Ⅰから選び，そのような生活をしている生物例を語群Ⅱから選べ。

① 同じ場所のよく似た生活環境にすむ動物が，種によって生活の場をずらして共存する。
② 同じ場所のよく似た生活環境にすむ動物が，種によっておもに食べる食物を違えることで共存する。
③ 生活様式の類似した2種の生物が，食物や生活場所をめぐって争う。
④ 異種の生物がいっしょに生活し，一方は利益を得るが他方は不利益を受ける。
⑤ 異種の生物がいっしょに生活をし，互いに利益を受ける。
⑥ 異種の動物間で，一方が他方をえさとしている。

[語群Ⅰ]　ア　競争　　イ　すみわけ　　ウ　相利共生
　　　　　エ　食いわけ　オ　捕食−被食関係　カ　寄生

[語群Ⅱ]　a　ヒメウとカワウ　　b　ネコとノミ　　c　レンゲと根粒菌
　　　　　d　ヤマメとイワナ　　e　ノウサギとキツネ
　　　　　f　カントウタンポポとセイヨウタンポポ

200 異種個体群の混合飼育実験

A，B 2種類のゾウリムシを同数ずつとって，1つの容器の中で培養したところ，図1のような結果が得られた。また，ゾウリムシAを単独で培養した容器の中にミズケムシを入れたところ，図2の結果が得られた。これらについて，次の(1)〜(4)の問いに答えよ。

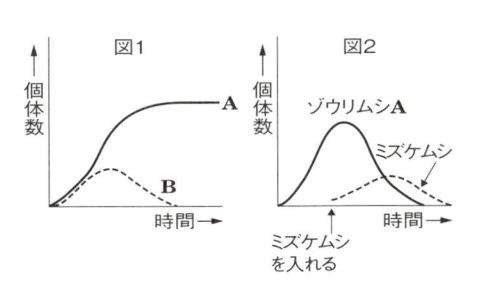

(1) 図1のような異種個体群間の関係を何というか。
(2) 図2のような異種個体群間の関係を何というか。
(3) ゾウリムシAは隠れることができるが，ミズケムシが入り込めない場所をつくって両者を混合培養すると，両種の個体数はどう変化するか，図示せよ。
(4) (3)の実験で，ゾウリムシAに隠れる場所を与えず，定期的に少量を補給すると，両種の個体数はどう変化するか，図示せよ。

応用問題

201 複数の容器に水生昆虫マツモムシのえさとなるカゲロウの幼虫とミズムシ計20匹をさまざまな個体数比で放した。これらの容器にマツモムシを1匹ずつ入れ，それぞれのえさ動物の密度が常に一定になるように食べられた分を補充しながら1日間自由に摂食させた。この実験結果は，図の曲線Aで表せた。

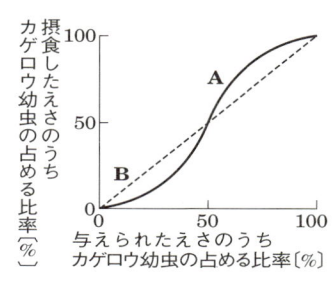

(1) 次のうち，マツモムシと同様な生態的地位を占めるものはどれか。
　　ア　イトミミズ　　イ　ミジンコ　　ウ　トンボの幼虫　　エ　タニシ

(2) 仮にマツモムシが図の破線Bのような食べ方をしたとすれば，それはどのようなことを意味するか。

(3) ある池に，マツモムシと2種のえさ動物からなる生物群集が見られた。いま，少ないほうのえさ動物の10％を人為的にとり除いた。この後，マツモムシがえさ動物種の密度にどのような作用を及ぼすと考えられるか。

202 〈差がつく〉右図は，ある2種類の動物AとBの個体数を約40年間観察した結果から，横軸にAの個体数，縦軸にBの個体数を示している。

ある時点での両者の関係は点であるが，時間を追って調べていくと，図のような軌跡が描かれる。図中の矢印は，時間の経過する方向を表す。観察期間中，環境の変化はほとんどなかった。

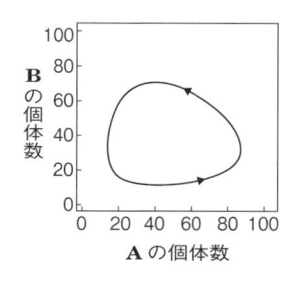

(1) AとBの個体数の経年変化を図示すると，下のどのグラフのようになるか。

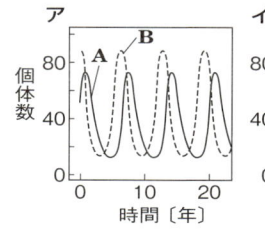

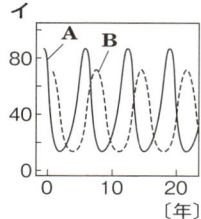

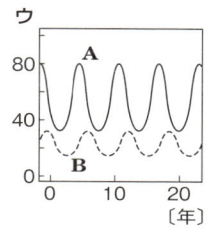

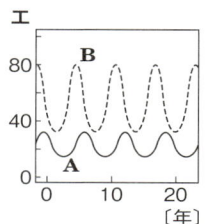

(2) 2種の種間関係は次のア～オのどれか。
　　ア　AがBを捕食　　イ　BがAを捕食　　ウ　競争　　エ　相利共生　　オ　中立

39 生物群集と種の共存

テストに出る重要ポイント

- **生物群集**…一定地域で生活する生物の個体群のまとまり。

- **生物群集を構成する栄養段階**
  ① **生産者**…無機物から有機物を合成する生物。光合成を行う植物など。
  ② **消費者**…他の生物が合成した有機物を利用して生活する生物。

  生産者 →(捕食) 一次消費者 →(捕食) 二次消費者 →(捕食) 三次消費者

  ③ **分解者**…有機物を CO_2 や H_2O, NH_3 などの無機物に分解。菌類や細菌類など。＊消費者と分解者を区別しない考えもある。

- **生態的地位**(ニッチ)…各生物が生態系の中で占める位置。どのような資源をどのように利用するか，つまり生活様式で決まる。
  〔生態的同位種〕 同じ生態的地位を占める種。
  〔生態的地位と共存〕 1つの生物群集の中で生態的同位種どうしは共存できない。➡生態的地位をずらすと共存可能(すみわけ・食いわけ)。

- **キーストーン種**…その種が存在することで被食者どうしの競争を緩和し，多様な種の共存を可能にする捕食者。

基本問題

解答 ➡ 別冊 p.51

203 生態的地位

生態的地位に関する記述について，正しいものを次のア〜オから3つ選べ。

ア 生態的地位とは，ある生物種が食物連鎖の中で占める位置のことである。
イ 日本の本州でニホンジカが占める生態的地位と，北海道でエゾジカが占める生態的地位はよく似ている。
ウ タカとフクロウは食物連鎖の中で占める位置は似ているが，活動時間が違うため，同じ生態的地位にあるとはいわない。
エ オーストラリアのフクロアリクイと南アメリカのオオアリクイは同じ生態的地位を占める。
オ 生態的地位が似た生物種は，同じ地域にいっしょに見られることが多い。

204 さまざまな種間関係と生態的地位

生物群集内の個体群間にはさまざまな種間関係が見られる。下の(1)〜(3)の文章を読み，空欄①〜③にあてはまる最も適切な語句を記せ。

(1) 水田では稲の害虫であるウンカやヨコバイをクモやカエルが捕食する。カエルはクモも捕食する。さらにヘビがカエルを捕食するというように，食う・食われるの関係が複雑に組み合わさった全体を①(　　　)という。

(2) ゾウリムシと近縁種のヒメゾウリムシを混合飼育する実験を行った。その結果，片方の種だけが残り，もう一方の種はやがて絶滅してしまった。これは，両種の②(　　　)が類似していたためである。

(3) 河川の上流域にすむイワナとヤマメは，両種が生息する川では，それぞれ一方の種のみが生息する川と異なり，夏期の水温が13〜15℃付近を境にして上流域と下流域に分かれてすむことが多い。このように，近縁種が同じ場所に生息可能な場合に，生息場所を分けて共存する現象を③(　　　)という。

応用問題　　　　　　　　　　　　　　　　　解答 ➡ 別冊 *p.51*

205　差がつく　次の文を読み，問いに答えよ。

ある潮間帯の生物種の種間関係について調査を行ったところ，ヒトデ，カメノテ，フジツボ，イボニシ，ムラサキイガイ，カサガイ，ヒザラガイ，紅藻など17種が生息していた。このフィールドで最大の捕食者であるヒトデは，おもにフジツボ，ムラサキイガイを捕食する。フィールド内に実験区画を設置し，その区画からヒトデをすべて取り除いて種数の変化を調べたところ，右図のようになった。実線は実験区画内を，点線はヒトデを取り除かなかった区画外で実験区画と同じ面積について調べた種数である。

(1) ヒトデを取り除いた実験区画内で最後まで生き残ったと考えられる2種の生物を答えよ。

(2) どうして(1)のような現象が起こったと考えられるか。50字程度で説明せよ。

(3) この実験結果から，ヒトデはこの地域でどのような役目をもっていたと考えられるか。50字程度で説明せよ。

40 生態系の物質生産・物質収支

テストに出る重要ポイント

- **生態系**…生物群集と非生物的環境のまとまり。
  ① **水圏生態系**…海洋生態系は地球表面の70%。
  ② **陸上生態系**…陸地面積の約40%は森林生態系。生物量は非常に多い。

- **物質生産**…生産者が行う有機物生産の過程や、生産された有機物量。

- **生産者の生産量**
  ① **総生産量**…生産者が光合成で生産した有機物の総量
  ② **純生産量**＝総生産量－呼吸量
  ③ **成長量**＝純生産量－（被食量＋枯死量）

- **消費者の同化量**
  ① 同化量（二次生産量）
     ＝捕食量（摂食量）－不消化排出量
  ② 消費者の成長量＝同化量－（呼吸量＋死亡分解量＋被食量）
     （老廃物排出量・死亡量）

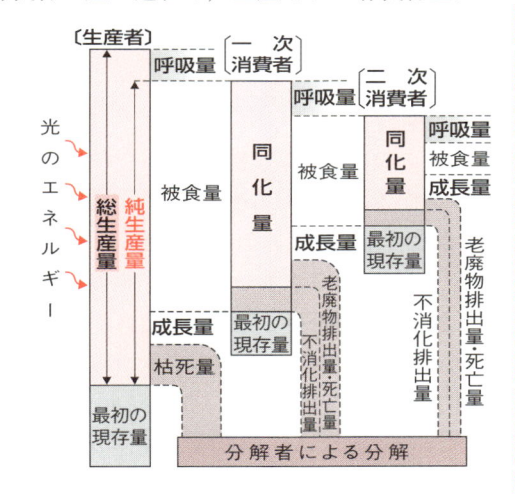

- **生産構造図**…植物群集を一定の高さごとに区分し、同化器官（葉）と非同化器官（茎など）の重量を図に示したもの。

- **水圏生態系の階層構造**…深いほど光が弱まり、植物プランクトンによる物質生産が減少する。光合成量と呼吸量がつりあう深さを**補償深度**という。補償深度より浅い層を**生産層**、深い層を**分解層**という。

- **生態ピラミッド**…生物群集の**個体数**、**生物量**（現存量・生体量とも）、**生産力**（エネルギー）などを栄養段階ごとにそれぞれ積み重ねたもの。

- **エネルギー利用効率**

$$\text{エネルギー効率} = \frac{\text{その栄養段階の同化量}}{\text{1つ前の栄養段階の同化量}} \times 100 \, [\%]$$

（生産者は総生産量／生産者の場合は生態系に入射した光エネルギー量）

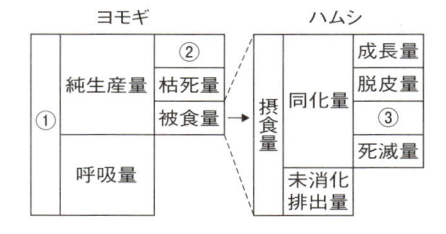

基本問題

206 物質生産 ◀テスト必出

ヨモギと植物食性昆虫の物質の流れについて，図の空欄①〜③に入る適語を選べ。

ア 総生産量　イ 純生産量
ウ 呼吸量　　エ 同化量
オ 成長量　　カ 枯死量

207 生態系

地球上の複数生態系に関するデータをまとめた下の表を見て，問いに答えよ。

(1) 次の記述に該当する生態系を表の生態系から選べ。
　a 温度や湿度が生物の生息に適し，環境が多様なので生物種は多い。
　b 一般に降水量が少なく，生活地の環境は単調で，生物の種数は少ない。
　c 栄養塩類が少なく，単位面積あたりの生物量，純生産量ともに小さい。

(2) (1)のa〜cのおもな生産者を次から選べ。

草本植物　落葉高木　常緑高木　植物プランクトン　海藻

生態系	陸上					海洋		
	森林	草原	湖沼と河川	農耕地	全体	沿岸	外洋	全体
面積($10^6 km^2$)	56.5	32.0	2.0	14.0	149.0	34.6	332.0	366.6
生物量(乾重量 kg/m^2)	30.1	2.5	0.02	1.1	12.5	0.09	0.003	0.009
純生産量(乾重量 kg/m^2/年)	1.31	0.52	0.50	0.65	0.73	0.46	0.13	0.16

📖ガイド　降水量が影響を与えるのは陸上生態系。

208 水圏生態系の構造と物質生産

次ページの図は，ある湖沼での夏の光合成量と呼吸量の垂直分布を示したものである。これと次の文に関する以下の問いに答えよ。

湖沼でのおもな生産者は植物プランクトンで，これが有機物を生産できる深さは限られている。光合成量から呼吸量を引いたものを①(　　)という。光合成量と呼吸量が等しくなる深さを②(　　)といい，このときの①は③(　　)である。②より上部を④(　　)層，下部は⑤(　　)層に区別される。

植物プランクトンによって生産された有機物は，動物プランクトンや魚類などの⑥(　　)によって直接あるいは間接的に利用される。動物プランクトンの同化量は，摂食量から⑦(　　)量を引いたものである。動物プランクトンはさらに魚類に捕食されていく。魚類の同化量は，動物プランクトンの同化量よりも⑧(　　)。

〔問い〕 文中の空欄①～⑧に適切な語句を答えよ。ただし，①，②，④，⑤は図中の記号と一致している。また⑧については「多い」または「少ない」のいずれかを答えよ。

📖 ガイド　光合成量が呼吸量を上回っている深度は差し引き物質生産が行われる層。呼吸量のほうが上回っている深度は有機物が分解される層。同化量は栄養段階が上位になるほど減少する。

応用問題

解答 ➡ 別冊 $p.52$

209 〈差がつく〉 図は，生態系の各栄養段階間におけるエネルギーの移動を示したものである。次の問いに答えよ。

(1) ①～⑥の記号は何を意味しているか，ア～クから選べ。ただし，$B(B_0 \sim B_2)$ は各栄養段階での成長量を，$D(D_0 \sim D_2)$ は枯死・死滅量を示す。

① A　② C　③ E　④ F　⑤ G　⑥ H

ア　摂食量　イ　被食量
ウ　呼吸量
エ　不消化排出量
オ　最初の現存量
カ　純生産量
キ　総生産量
ク　吸収されたエネルギー量

(2) 分解者にわたるエネルギー量を求める計算式を答えよ。

(3) 生産者と一次消費者のエネルギー効率を，図中のできるだけ少ない記号を使って表せ。

41 生態系と生物多様性

テストに出る重要ポイント

- **生物多様性**…生物多様性は大きく3つの視点で評価される。
  ① **種多様性**…ある地域に生活する生物種の多様性。種数が多く，各種が占める割合（優占度）に偏りが少ないほど種多様性が高い。
  ② **遺伝的多様性**…ある生物種内における遺伝子の多様性。
  ③ **生態系多様性**…地球上にはさまざまな環境に応じて多様な生態系が成立している。例 森林，草原，砂漠，河川，湖沼，遠洋，沿岸
- **多様性の減少をもたらす原因**…生息域の縮小や**分断化・孤立化**(局所個体群)，外来生物，地球温暖化などの気候変動。
- **絶滅**…ある生物種または個体群が子孫を残すことなく消失すること。
- **「絶滅の渦」**…局所個体群➡遺伝的多様性の低下➡有害な遺伝子や環境変動の影響を受けやすくなる➡個体数の減少が急速に進む
- **攪乱**…生態系やその一部を破壊するような外的要因。
  - 自然攪乱…火山噴火，山火事，台風，河川の氾濫，土砂崩れなど
  - 人為攪乱…森林伐採，河川改修や土地開発，外来生物の持ち込みなど
- **中規模攪乱説**…一定頻度で中規模な攪乱が起こることで種多様性が増大・維持されるという考え。
- **生態系サービス**…人間生活が生態系から受けているさまざまな恩恵➡生物多様性と生態系を保全する理由 例 食料，薬品の原料，生活環境・観光資源，森林による酸素供給，貯水効果
- **保全のための対策**…ワシントン条約(希少種の貿易規制)，レッドデータブック(絶滅危惧種)，ラムサール条約(湿地(水鳥の生息地)の保護)，生物多様性条約，外来生物法(**特定外来生物**)

基本問題

解答 ➡ 別冊 p.52

210 種多様性

種多様性について述べた次のア～エの文のうち正しいものを1つ選べ。
ア 一般に，緯度が高く高度が高いほど，種多様性は高い。
イ 種数が同じであれば，そのうちの一種の割合が大きいほど，種多様性は高い。
ウ 陸上よりも海のほうが種多様性は高い。
エ 一般に，地形が複雑なほど種多様性は高い。

211 生物多様性 ◀テスト必出

生物多様性に関する次の文を読み，空欄に適する語を下の語群から選べ。

生物多様性には，種多様性のほかに，種内の①(　　)多様性や，環境に応じた②(　　)多様性と，さまざまな階層が含まれる。人類が得ている③(　　)を持続的に利用していくためにも生物多様性の保全は必要で，その重要性が世界的に認識されるようになっているが，生物多様性の急激な消失スピードを抑えることはできていない。生物多様性消失のおもな原因は④(　　)であり，人や物の移動に伴い持ち込まれた⑤(　　)問題も含まれる。

〔語群〕　生態系　　生態系のバランス　　生態系サービス　　遺伝的
　エネルギー　　外来種　　人間活動　　化石燃料　　自然災害

212 生物多様性に影響を与える要因

生物多様性に関する以下の問いに答えよ。
(1) 生態系を一部破壊するような自然現象や人間活動を何というか。
(2) 生物多様性を維持することと(1)について適当なものを次のア～ウから選べ。
　ア　(1)は起こらないほうがよい。
　イ　大規模な(1)が頻繁に起こるとよい。
　ウ　アとイのどちらでもない。
(3) 森林や宅地開発などによってある生物種の生息域が小さく分かれることと，それぞれの生息域の個体が互いに行き来できなくなることを，それぞれ何というか。また，そのような状態になった個体群を何というか。
(4) (3)のようになった個体群で，遺伝的に均一化して環境の変化などによる死滅や出生率の低下などによって急速に個体数が減少していく現象を何というか。

応用問題
解答 ➡ 別冊 p.52

213 ◀差がつく

生物多様性とその保護に関する以下の問いに答えよ。
(1) レッドデータブックとは何か，簡単に説明せよ。
(2) 外来生物法で特定外来生物に指定されている動物と植物を1種ずつあげよ。
(3) 人間によって継続的に加えられていた一定規模の攪乱がなくなることで，生物多様性が低下する現象が報告されている。このような例を1つ挙げよ。

42 生命の起源

- **地球の誕生**…<u>約46億年前</u>，微惑星の衝突によって形成された。
- **化学進化説**…「原始地球上において生命が発生する条件がそろい，<u>無機物から有機物ができ</u>，長い時間をかけて化学反応によって<u>生命が誕生するための材料が生成した</u>」という最初の生命発生に関する説。
- **ミラーの実験**…当時原始大気と考えられていたCH_4（メタン）・NH_3（アンモニア）・H_2O（水）・H_2（水素）から<u>放電</u>や<u>熱</u>による化学反応で<u>アミノ酸</u>ができることを確かめた。（現在では原始大気の主成分はCO_2，N_2，H_2O，COなどと考えられている。） 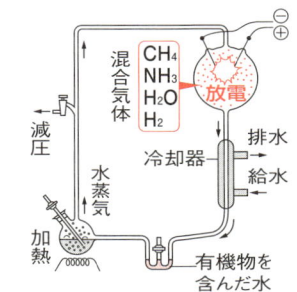
- **生命の誕生**…有機物から生命が誕生するには「秩序だった代謝を行う能力」・「膜で仕切られたまとまり」・「自己複製する能力」が必要。
- **コアセルベート**…オパーリンが原始生命体の初期の形として提唱した，高分子化合物に水分子が吸着したものが集まった液状の粒。（外界との境界があり，物質の出入りがある。） 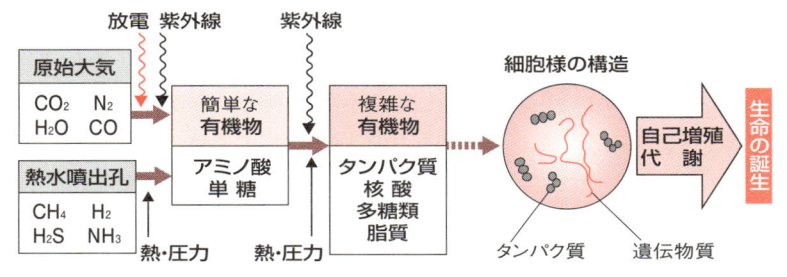
- **RNAワールドからDNAワールドへ**…原始の生命では**RNA**が遺伝情報の保持と触媒作用をもっていたが，次第に遺伝情報の保持は**DNA**が，触媒作用はタンパク質が担うようになった。
- **原始生物の誕生**…約40〜38億年前，原始的な細菌類の誕生。有機物を取り込んで<u>嫌気呼吸</u>をする従属栄養生物の細菌とメタン・水素・硫黄などを酸化させてエネルギーを得る独立栄養生物の<u>化学合成細菌</u>。
- **最古の化石**…約35億年前の細菌の化石。オーストラリアの地層から。

基本問題

214 生命の誕生 ◀テスト必出

文中の空欄に，最も適切な語句を記せ。

地球は今からおよそ①(　　)億年前に誕生した。原始地球の海では，無機物からアミノ酸・糖・塩基などの②(　　)ができた。長い時間をかけた化学反応によって生物に必要な有機物が生成されていく過程を③(　　)という。海底には熱水とともにCH_4・H_2S・H_2・NH_3が噴出する④(　　)という場所があり，生命に必要な有機物はおもにここで生成されたと考えられている。

③によって生成・蓄積した有機物から生命が誕生するためには，外界と自己を隔てる⑤(　　)・秩序だった⑥(　　)能力・自分と同一な個体を増やす⑦(　　)能力の獲得が必要だった。

215 生命の起源に関する研究

次の説明と関連の深い科学者の名前を答えよ。

① 原始大気の成分と考えられていたCH_4・H_2O・H_2・NH_3などの簡単な物質から，放電によってアミノ酸や単糖類などの有機物が生成されることを実証。
② タンパク質や核酸を含んだコロイド粒子からなるコアセルベートが生命体に発展したとする説を発表した。

216 原始生命の自己複製系

原始生命体を構成する物質について，次の問いに答えよ。

(1) 自己複製に必要な遺伝情報と，化学反応を担う触媒の両方の役目を同じ物質が果たしていた時代があったと考えられている。そのような世界を何というか。
(2) (1)に対して，現在のようにDNAが遺伝情報を担い，タンパク質が代謝を担う世界を何というか。

応用問題

217 ◀差がつく

ミラーの実験にならい，容器にメタン・水蒸気・水素を入れて実験を行ったところ，いくつかの有機物は合成されたが，アミノ酸や核酸の塩基は合成されなかった。どうしてそうなったのか，説明せよ。

43 生物の変遷

地質時代と生物の変遷

地質時代	紀	動物界の変遷		植物界の変遷	
新生代	第四紀	人類の発展	哺乳類時代	草原の拡大	被子植物時代
	新第三紀 / 古第三紀 約6600万年前	人類の出現 / 哺乳類の多様化		被子植物の繁栄	
中生代	白亜紀 約1.46億年前	アンモナイト類・恐竜類の繁栄と絶滅	ハ虫類時代		裸子植物時代
	ジュラ紀 約2.00億年前	鳥類の出現 / アンモナイト類繁栄 / ハ虫類(恐竜類)繁栄		被子植物出現 / 裸子植物繁栄	
	三畳紀 約2.51億年前	哺乳類出現 / ハ虫類発達			
古生代	ペルム紀 約2.99億年前	三葉虫絶滅 / 紡錘虫絶滅	両生類時代		シダ植物時代
	石炭紀 約3.59億年前	両生類繁栄 / ハ虫類出現		木生シダ類の大森林(石炭の原料)	
	デボン紀 約4.16億年前	両生類出現(陸上進出) / 昆虫類出現(陸上進出)	魚類時代	裸子植物出現	
	シルル紀 約4.44億年前	サンゴ繁栄 / 魚類出現		シダ植物出現(陸上進出)	
	オルドビス紀 約4.88億年前	三葉虫繁栄	無脊椎動物時代	(オゾン層形成) / 藻類繁栄	藻類時代
	カンブリア紀 約5.42億年前	脊椎動物出現 / バージェス動物群			
先カンブリア時代	約6億年前	エディアカラ生物群		藻類出現	
	約11億年前	無脊椎動物出現			
	約21億年前	真核生物出現		(O_2が大量に発生)	
	約35億年前	光合成細菌出現 → シアノバクテリア出現			
	約40億年前	最初の生物(原始的な細菌類)出現			
	約46億年前	(地球の誕生)			

- 地質時代…最古の地層が形成されてから今日まで。**先カンブリア時代**, **古生代**, **中生代**, **新生代**の4つに分けられ, さらに紀, 世, 期に細分。

- ● 化石…生物の体や生活の痕跡が地層中などから発見されたもの。
  - 示準化石…分布が広く特定の地質時代に多い生物の化石。年代決定に役立つ。 例 三葉虫(古生代)，アンモナイト(中生代)
  - 示相化石…当時の環境がわかる。例 サンゴ(温暖で光の届く海底)
- ● 先カンブリア時代
  - ① 独立栄養生物の出現(光合成細菌出現→シアノバクテリア出現・光合成で酸素を放出)→海底に大量の酸化鉄沈殿，縞状鉄鉱床を形成)
    〔ストロマトライト〕シアノバクテリアの微化石と石灰岩からなる層状化石。
  - ② 好気性細菌の出現…酸素による大量絶滅の中，生活範囲を拡大。
  - ③ 真核生物出現…嫌気性原核細胞内に核ができ，原始真核細胞誕生。
    〔共生説〕好気性細菌→ミトコンドリア，シアノバクテリア→葉緑体
  - ④ 多細胞生物出現…エディアカラ生物群は最古の多細胞生物化石群。
- ● 生物の上陸…約5億年前，オゾン層の形成→有害な紫外線が減少し，生物の上陸の条件整う。シルル紀に植物，次いで動物が陸上に進出。

基本問題 　解答 ⇒ 別冊 p.54

218 示準化石 テスト必出

(1) 示準化石の条件として適しているのはどちらか，（　）内から1つずつ選べ。
　① 生存期間が(長い・短い)　② 分布域が(限定されている・広い)
　③ 個体数が(少ない・多い)

(2) 次の生物の化石はそれぞれいつの時代の示準化石か。地球の歴史を大きく4つに分けた地質時代の名称で答えよ。
　① アンモナイト類　② 三葉虫類　③ 大形哺乳類

(3) 示準化石に対して，当時の生息環境を示す化石を何というか。

219 独立栄養生物の出現 テスト必出

文中の（　）内に最も適した語を答えよ。
　約①(　　)億年前，初めて光のエネルギーで有機物を合成する②(　　)栄養生物の光合成③(　　)が現れた。つづいて，光合成色素である④(　　)をもち，二酸化炭素と⑤(　　)で有機物を合成する⑥(　　)が誕生した。光合成の結果⑤が

分解されて生じる⑦（　）は海水中の⑧（　）を酸化して現在の縞状鉄鋼床をつくり，さらには大気中に出てその濃度を増し，やがて上空に⑨（　）層を形成した。⑦は多くの細菌にとって有毒であったが，なかには，この⑦を利用してエネルギー効率が約19倍も高い呼吸を行う⑩（　）性細菌が登場した。

📖 **ガイド**　シアノバクテリアの光合成によって発生した酸素で地球環境は大きく変わり，それにより生物も変わっていった。酸素を多く含む大気は他の惑星に見られない特徴である。

220 真核生物の起源

- (1) 地球上に初めて誕生した生物は，細胞のつくりから何生物に分類されるか。
- (2) 大形化した(1)に核膜が生じ，真核生物になった。真核生物のミトコンドリアや葉緑体は，別の独立した生物が進化の過程で取り込まれたものだと考えられている。このような考えを何というか。また，この説の提唱者を答えよ。
- (3) (2)の説で①ミトコンドリアと②葉緑体の起源とされる生物は次のどれか。
　　ア　嫌気性細菌　　イ　好気性細菌　　ウ　シアノバクテリア　　エ　古細菌

📖 **ガイド**　(3)ミトコンドリアや葉緑体が細胞の中で担うはたらきを行う生物を選ぶ。古細菌は，細胞壁を構成する物質などによって分類される原核生物の一群。

221 地質時代と生物の変遷　◀テスト必出

地球の地質時代についてまとめた次の表について，問いに答えよ。

地質時代区分		植物	動物
新生代	③（　）		カ（　）
	古第三紀・新第三紀	ア（　）	哺乳類の繁栄
①（　）	白亜紀		キ（　）
	④（　）	イ（　）	ク（　）
	三畳紀		
古生代	ペルム紀		ケ（　）
	⑤（　）	ウ（　）	両生類の繁栄 ハ虫類の出現
	デボン紀		
	シルル紀	陸上植物の出現	コ（　）
	オルドビス紀	エ（　）	
	⑥（　）		
②（　）		オ（　） 原始生命の出現	

- (1) 表の①〜⑥の時代区分の名称を答えよ。

(2) 表のア～コに下記の出来事を入れて，表を完成させよ。
 a シダ植物の森林発達　　b 海藻類の発展　　c 三葉虫の絶滅
 d 被子植物の繁栄　　　　e 針葉樹の繁栄　　f 魚類の出現
 g 人類の発展　　　　　　h 細菌類の出現
 i 鳥類の出現　　　　　　j アンモナイト・恐竜の繁栄と滅亡

(3) 次の出来事は，それぞれ今から約何年前か。
 ① 古生代の終わり　　　② 新生代の始まり

(4) 次の①・②の地層に見られる多細胞動物の化石群と地質時代の名称を答えよ。
 ① オーストラリアにある約6億年前の地層
 ② カナダのロッキー山脈にある約5.4億年前の地層

(5) (4)の①と②の化石に見られる動物群の大きな違いを答えよ。

ガイド (4), (5)約46億年間の地球の歴史のうち，古生代の始まりは約5.4億年前である。それ以前の動物群の世界には，「捕食－被食の関係」がまだなかったと考えられている。

応用問題　　　　　　　　　　　　　　　　　解答 ⇒ 別冊 p.55

222 ◀差がつく▶ 生物の進化に関して，次の文を読み，問いに答えよ。

　地球誕生後，初期の生物のなかから浅い海で光のエネルギーを利用する生物が現れた。そのなかから①酸素を発生する光合成を行う生物が現れ，地球の環境と生物の構成は大きく変化していくことになった。
　葉緑体を獲得した生物は，最初，藻類として水中で大繁栄をとげたが，やがて約4億年前，②その一部が陸上へ進出し，③コケ植物門など陸上植物へと進化した。同じ頃，動物界の脊椎動物門の生物も陸上に進出し，その後④陸上の環境に適応，両生類からハ虫類，鳥類，および哺乳類へと進化してきた。

(1) 下線①について，最初に酸素を発生する光合成を始めた生物は何か。また，その生物が化石として残っている層状の岩石を何というか。

(2) (1)の生物の出現によって，当時の地層に特徴的に見られる鉱石は何か。

(3) 下線②について，植物の陸上進出が可能になった原因は何か。地球の大気環境の変化に着目して，答えよ。

(4) 下線③について，コケ植物にはなくシダ植物と種子植物にある組織系は何か。

(5) 下線③について，裸子植物と被子植物の胚珠の違いを40字以内で書け。

(6) 下線④について，ハ虫類・鳥類・哺乳類の胚発生時に共通する構造は何か。

ガイド 植物の光合成に必要な大気中の物質の変化，生存にとって有害な条件が除かれることになった変化を考える。

44 ヒトへの進化

テストに出る重要ポイント

- **原始食虫目から霊長類へ**…ツパイに似た原始食虫類の仲間から初期の霊長類誕生。
- **霊長類の特徴**…樹上生活への適応が知能の発達につながる。

  ツパイ

  ① 腕渡りが可能な肩関節の回転。
  ② 枝をつかむ指…親指が他の指と向かい合い(母指対向性)，平爪に。
  ③ 視覚の発達…両目が前方を向き立体視。色覚の獲得。

- **ヒトの特徴**…最大の特徴は**直立二足歩行**。
  ① 脊椎・脳…**S字状の脊柱**，垂直に支えられた頭骨(大後頭孔が真下にある)，脳容積の増加
  ② 顔・歯…眼窩上隆起の退化，放物線に近い歯列，犬歯の小形化
  ③ 骨格・手足…横に広い骨盤，長い下肢(足)，手の発達

- **ヒトへの進化**

  700万年前…サヘラントロプス(最古の化石人類。猿人)。
  300〜400万年前…アフリカの草原で**地上生活をする直立二足歩行**の**猿人**(アウストラロピテクス)誕生。(100万年前頃絶滅)
  200万年前…**原人**(ホモ・エレクトス)出現。石器をつくる。
  60万年前…**旧人**(ホモ・ネアンデルターレンシス)が出現。
  20万年前…アフリカの旧人から**新人**(ホモ・サピエンス)へと進化。

  〔単一起源説〕 それ以前に世界中へ広がっていた原人ではなく，約10万年前にアフリカを出た新人が，現在のヒトの祖先となったとする説。

基本問題

解答 → 別冊 p.55

223 サルの仲間の特徴 ◀テスト必出

ヒトの進化について重要なサルの仲間の特徴について，各問いに答えよ。

☐ (1) ヒトを含むサルの仲間を総称して何類というか。
☐ (2) 手の爪が平爪になっているが，このほかに物をつかんだりつまみやすくなっている手の特徴を1つあげよ。
☐ (3) 両目が前方を向いていることは，どのような利点があるか。

☐ (4) これらの特徴はどのような生活に適応して進化したと考えられるか。
📖 ガイド　視覚や手先の感覚を通じて入る外部の情報が増大，これに対応するため大脳が発達。

224 サルからヒトへ ◀テスト必出

ヒトの起源に関して説明した次の文を読んで，(1)〜(3)の問いに答えよ。

　約①(　　)万年前に恐竜が絶滅した後，ハ虫類にかわってさまざまな②(　　)類が繁栄した。そのなかで，夜行性の原始的食虫目からサルの仲間の③(　　)類が進化した。③類は森の樹上に生活の場を開拓し，昆虫食から④(　　)食へと変化した。正面を向いた両眼，発達した脳，器用な手などヒトのもつ特徴はいずれも③類の仲間の特徴でもある。化石の研究やDNAなどの分子による分岐年代の研究から，ヒトが類人猿から分かれたのは約700万年前の⑤(　　)と考えられている。直立二足歩行ができた最古の人類とされる⑥(　　)や，森を出て草原(サバンナ)へ進出した⑦(　　)に続き，⑧(　　)など多くの絶滅した人類が誕生し，現代の新人が登場した。しかし，ヨーロッパのネアンデルタール人(旧人)やアジアのジャワ原人が現生の新人に進化したのではない。約10万年前に⑨(　　)大陸を出たホモ・サピエンスのあるものが急速に世界に広がり，現代人すべての祖先となった，という考えが現在支持されている⑩(　　)起源説である。

☐ (1) 空欄の①〜⑩に適する語を答えよ。
☐ (2) 現存している類人猿を4種あげよ。
☐ (3) 直立二足歩行をするヒトでは，類人猿と異なる骨格の特徴が見られる。各文中の選択肢から，正しい語を選べ。
　① 脊柱は(まっすぐ・S字状)で，(垂直・斜め)に頭骨を支えている。
　② 骨盤は幅が(広く・狭く)，丸くて(長い・短い)。
　③ 手は足よりも(短い・長い)。

応用問題　　　　　　　　　　　　　　　　　　　解答 ➡ 別冊 *p.55*

☐ **225** ◀差がつく　類人猿と人類(ゴリラとヒト)の頭部と歯を比較した右の図を見て，人類と類人猿の違いを3つ以上あげよ。

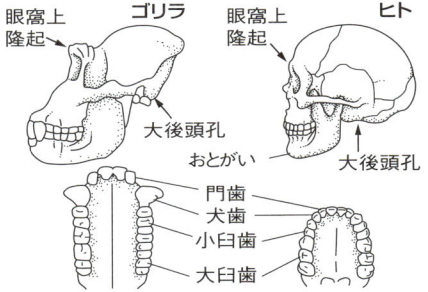

45 進化のしくみ ①

テストに出る重要ポイント

- **進化**…生物が世代を重ねていく間に,形質が変化すること。
  - **小進化**…種が形成されない小さな形質の変化。
  - **大進化**…新しい種が形成されるレベル以上の進化。
- **変異**…同種の個体の形質の違い。変異には遺伝子の突然変異によって生じ次世代に遺伝する**遺伝的変異**と,生育環境の違いによって生じた**環境変異**がある。
  - ① **遺伝子突然変異**…DNAの塩基に変化が生じる(置換・欠失・挿入など)。
  - ② **染色体突然変異**…染色体の数や構造に変化が生じる。
- **自然選択(自然淘汰)**…集団内の突然変異が生存に有利な形質である場合,遺伝して世代を重ねるごとにその遺伝子をもつ個体が集団全体に増える。例 **工業暗化**…イギリスの工業地帯で樹皮の暗色化(大気汚染で地衣類が死滅)➡オオシモフリエダシャク(ガの一種)が,目立って鳥に捕食されやすい淡色型から黒色型中心に。
- **適応放散**…共通の祖先をもつ生物がさまざまな**異なる環境に適応して多様な系統に分かれる**こと。例 有袋類(コアラ,フクロモグラなど)
- **相同器官**…形やはたらきは違うが,**基本的構造や発生の起源が同じ**。相同器官をもつ生物種は共通祖先から進化。例 鳥の翼とヒトの腕
- **相似器官**…**形やはたらきが似ていて**も,基本的構造や発生の起源が異なる。例 鳥の翼とチョウの翅,脊椎動物の目とイカの目
- **痕跡器官**…今は退化しているが先祖では機能していたことを示す。例 ヒトの尾骨・耳の筋肉・虫垂・目の瞬膜,クジラの後肢
  ↑盲腸
- **隔離**…地理的あるいは生殖的に隔離が起こることで種分化が進む。
  - **地理的隔離**…地形の変動により海や山などで分断された集団で個別に突然変異や自然選択による変化が進む。
  - **生殖的隔離**…隔離された集団の間で生殖器官の構造や生殖時期に違いが生じ,集団間の交配ができなくなる。
- **種分化**…1つの種から新しい種ができたり,複数の種に分かれること。
- **共進化**…互いに影響しあっている複数の種が,ともに進化すること。

基本問題
解答 → 別冊 p.56

226 進化の証拠 テスト必出

次の文を読み，空欄にあてはまる語を入れよ。

地球上の多様な生物は，長い時間をかけて，さまざまな環境に①(　　)して進化した歴史の反映である。進化が起こったことの証拠は，過去の生物の遺体である②(　　)の研究，生物の体に見られる現在でははたらきを失った③(　　)，形やはたらきが異なっていても起源が等しい④(　　)，個体発生の比較，遺伝子の塩基配列の比較などから得られる。それらは，進化が起こったと仮定しなければ説明が困難なものである。そのため，進化が起こった証拠となりうる。

227 進化の証拠

進化の証拠に関する以下の各問いに答えよ。

(1) 次の①〜④の組み合わせを，相同器官と相似器官とに分類せよ。
① イヌの前肢と鳥類の翼
② サツマイモとジャガイモ，それぞれのいも
③ コウモリの翼とアゲハの翅(はね)
④ サボテンのとげとエンドウの巻きひげ

(2) ヒトの体に残る痕跡器官の例を，外見から1つ以上，体内の構造から1つ以上，それぞれあげよ。

(3) 北米のウマの化石を年代順に並べてみると，ウマの進化の過程をたどることができる。
① 初期のウマから現在のウマの歯と指を比較したときに見られる変化をそれぞれ述べよ。
② ①の変化は，初期のウマから現在のウマへ，どのような生活の変化があったからと考えられるか。

228 種分化

文中の空欄に，最も適する語句を次ページのア〜オより選べ。

生物の集団の生息域が行き来できないほど分断されることを①(　　)という。①(　　)の結果，集団間の交配がなくなり，それぞれの環境に適応して行動や生殖器官の構造などに変化が生じ，再び両者の個体が出会っても子孫を残せない状態になることを，②(　　)という。①(　　)や②(　　)が蓄積し，1つの種から

新しい種ができたり，複数の種に分かれることを③(　　)という。③(　　)のように，新しい種ができるような進化を④(　　)といい，③(　　)に至らない程度の小さな変化を⑤(　　)という。

　　ア　生殖的隔離　　　イ　地理的隔離　　　ウ　小進化
　　エ　大進化　　　　　オ　種分化

📖 **ガイド**　生物集団が分かれ，交配ができなくなることで集団間の変異が蓄積する。

229 共進化

次の文に関する以下の問いに答えよ。

　生物は環境に適応し，進化することがある。この現象は無機的な環境のみでなく，捕食者と被食者，寄生者と宿主など，互いに影響を与えあう生物間においても見られ，共進化と呼ばれている。共進化の例として適するものを次のア～ウから選び，その根拠をそれぞれ答えよ。

　　ア　ヤブツバキとツバキシギゾウムシ
　　イ　スズメガとラン
　　ウ　ハナアブとミツバチ

応用問題　　　　　　　　　　　　　　　　　　　　　解答 ➡ 別冊 p.56

230　◀差がつく　次の文の下線の部分が正しければ○，間違っていれば正しく訂正せよ。

① 獲得形質は遺伝子(DNA)を変化させるが1世代限りのものであり，次世代へは遺伝しない。
② DNAの塩基配列に変化が生じる突然変異を，染色体突然変異という。
③ 突然変異が体細胞に起こった場合，次世代に遺伝する。
④ 集団内に突然変異が生じ，その形質が生存に有利であった場合，世代を重ねるごとにこの遺伝子をもった個体が増え，やがて集団全体がこの形質(遺伝子)に置き換わることがある。これを環境変異という。
⑤ オーストラリア大陸に見られる固有の生物種は地理的隔離の例である。
⑥ 地理的隔離が長く続く間に遺伝子が変化し，生殖器官の構造や生殖時期などが変化して，交配できなくなる。これを生殖的隔離という。

📖 **ガイド**　⑤⑥オーストラリア大陸とアジアの大陸や島々とでは，海で隔てられた状態が長い年月の続くことでそれぞれ固有の進化が見られるようになった。

46 進化のしくみ ②

テストに出る重要ポイント

- **遺伝子プール**…ある生物集団内がもつ遺伝子の全体。

- **遺伝子頻度**…遺伝子プール内の対立形質の割合。

- **ハーディ・ワインベルグの法則**…次のような条件を満たすとき，集団内の遺伝子頻度は，代を重ねても変化せず安定している。
①集団が十分大きい，②外部との個体の出入りがない，③突然変異が起こらない，④自然選択がはたらかない，⑤交配が任意に行われる。
逆に，進化はこれらの条件が満たされない場合に起こるといえる。

  数式で表すと，
集団内の遺伝子頻度が $A:a=p:q$ であるとき（$p+q=1$），任意交配の結果は，
$(pA+qa)^2 = p^2AA + 2pqAa + q^2aa$
$\begin{cases} A の遺伝子頻度 = p^2+pq = p(p+q) = p \\ a の遺伝子頻度 = pq+q^2 = q(p+q) = q \end{cases}$
となるので，代を重ねても変化しない。

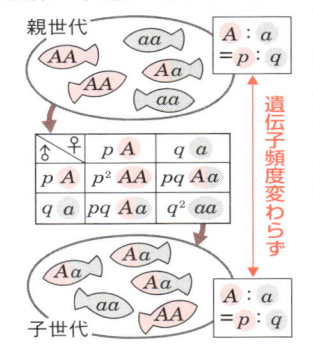

- **遺伝子平衡**…世代を重ねても集団内の遺伝子頻度が変化しないこと。

- **遺伝的浮動**…集団が小さいと，有利でも不利でもない形質が偶然に選択されて遺伝的頻度が増加することがある。

- **びん首効果**…何らかの原因で集団の個体数が大幅に減り，遺伝的浮動の影響が出やすくなり遺伝子頻度がもとの集団と比べ変化すること。

- **中立説**…木村資生（もとお）が提唱。突然変異のほとんどは，有利でも不利でもない中立なものが大半を占めている。

- **中立進化**…自然選択されない分子レベルの変化のこと。

- **分子進化**…DNAの塩基配列やタンパク質のアミノ酸配列を調べることで種ごとの進化の過程を調べることができる。違いが少ないほど近縁で，分岐した年代は新しい。

- **分子時計**…塩基配列やアミノ酸配列の変化の速度。

基本問題
解答 ➡ 別冊 p.56

231 現在の進化学 ◀テスト必出

次の文中の空欄に適する語を答えよ。

数万年，数十万年におよぶ長い時間をかけて起こった進化，分類上の科や目，綱にわたる大規模な進化や①(　　)の分化を②(　　)という。一方，数十年から数百年の比較的短い時間で起こる小規模な進化を③(　　)という。後者は品種の分化などである。

1800年代に，いろいろな④(　　)が提唱され，生物は進化すると考えられるようになった。現在では進化を多角的にとらえようとする試みがさまざまになされている。生物の行動や生態を進化の観点から研究する社会生物学，集団における遺伝子頻度とその構成や変動を研究する⑤(　　)遺伝学，タンパク質やDNAを分析し比較する⑥(　　)進化の研究などである。一方，地層中から発見される生物の遺骸や生痕である⑦(　　)は今でも進化や系統を知る重要な手がかりとして研究されている。

ア 化石　　イ 分子　　ウ 遺伝子　　エ 集団　　オ 社会
カ 小進化　キ 大進化　ク 進化説　　ケ 種

232 進化学に関する用語

進化について述べた次の文のなかで，正しいものはどれか。

- ア 中立説は日本の木村資生によって提唱された説で，分子レベルの進化は自然選択よりも偶然によって生じると唱えた。
- イ 大進化と小進化は，分化がどの分類階層までの規模で起こるかの違いで，事例の多い大進化のほうがより研究が進み，説明が可能となっている。
- ウ 遺伝的浮動(機会的浮動)とは，環境の変化によって子孫を多く残せる形質が異なってくるために，集団内の遺伝子の遺伝子頻度が変動していくことを示す用語である。
- エ 隔離には地理的隔離と生殖的隔離があり，地理的隔離が起こればそれだけで進化が生じる原因となる。

233 遺伝子頻度

遺伝子頻度に関した次の文を読んで，以下の問いに答えよ。
ハーディ・ワインベルクの法則に従うある植物の集団の対立遺伝子 A および a

は，それぞれ30％および70％の割合で存在する。この生物の遺伝子の頻度は世代を経ても変化することなく，$AA : Aa : aa =$ ①(　　)：②(　　)：③(　　)となる。このことを④(　　)という。

　ある年，この集団内に病気が流行し，aaの遺伝子をもつ個体の半分が種子をつくらなかった。よって，この年にできた種子の遺伝子型の比は$AA : Aa : aa =$ ⑤(　　)：⑥(　　)：⑦(　　)となる。

　しかし，実際の生物集団では，病気の流行などのような<u>自然選択とは関係なく集団の遺伝子頻度が変化する</u>ことが知られている。

- (1) 文中の空欄に，最も適切な数値(整数のパーセントで示す)または語句を記せ。
- (2) 下線部について，このような現象を何というか。
- (3) (2)の現象の大きいのは，次のア～ウのうちどのような個体数の集団か。
  - ア　大きい集団　　　イ　中程度の集団　　　ウ　小さい集団
- (4) (3)のような集団で(2)の現象が大きく現れることを何というか。

📖 **ガイド**　ハーディ・ワインベルクの法則に従う集団では，世代を重ねても遺伝子頻度は変化しない。ある原因で個体数が急激に減少すると遺伝子頻度が変化する。

応用問題

234 ◀差がつく　ダーウィンの進化理論を，メンデル遺伝学を用いて生物統計学的に裏づけたものとして，ハーディ・ワインベルクの法則がある。次の各問いに答えよ。

- (1) 次の文ア～キは，この法則に関して説明したものである。間違っているものを2つ選べ。
  - ア　遺伝子頻度と遺伝子型頻度との関係を示したものである。
  - イ　優性の法則が成り立つ場合のみ成立する。
  - ウ　常染色体上にある対立遺伝子を対象としている。
  - エ　集団の大きさが大きく個体数が多い場合に成り立つ。
  - オ　外部との出入りがないことが条件である。
  - カ　突然変異が起こったり，自然選択が起こっても成り立つ法則である。
  - キ　雌雄間の交配が自由に行われる集団で成り立つ法則である。
- (2) ハーディ・ワインベルクの法則が成り立つ動物集団が存在すると仮定する。ある対立遺伝子Aとaの頻度がそれぞれpとq($p + q = 1$)である。この集団の1200個体を調べたところ，遺伝子型aaを示すものが48個体あった。この結果

から，対立遺伝子 A の頻度 p および対立遺伝子 a の頻度 q を小数第 2 位まで求めよ。

📖 **ガイド** (2)遺伝子型 aa の頻度は $q \times q = q^2$。この値が $\dfrac{48}{1200}$ であることから，まず，対立遺伝子 a の頻度 q を求める。

235 ヘモグロビンの α（アルファ）鎖のアミノ酸の生物種ごとの違いを表に示した。

☐ (1) ヒトとウサギ，ヒトとイモリが分岐した年代はどちらが古いか。
☐ (2) 下の右図で，あ・うに該当する動物名をそれぞれ答えよ。
☐ (3) サメが他の 5 種と分岐した年代が 4.2 億年前とすると，いがヒトやあと分岐した年代はおよそ何年前か。

A	B	C	D	E	F	
	75	84	84	85	79	A サメ
		69	49	71	25	B ウサギ
			71	74	62	C イモリ
				75	37	D カモノハシ
					68	E コイ
						F ヒト

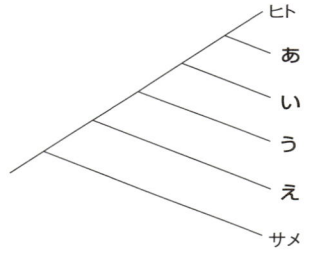

（右図：系統樹　ヒト／あ／い／う／え／サメ）

📖 **ガイド** 違いが多いほど分岐してからの時間が長く，違いの数と分岐からの時間は比例関係にあると考えられている。

236 分子系統樹に関する以下の問いに答えよ。

☐ ヒトと動物Ⅰ～Ⅲのあるタンパク質のアミノ酸配列を調べたところ，下の表のような結果が得られた。表中の○はヒトと同じアミノ酸，×はヒトとは異なることを示している。この表の結果をもとに，ヒトと動物Ⅰ～Ⅲの分子系統樹を描け。

動物Ⅰ	○	○	○	○	○	×	○	○
動物Ⅱ	○	×	×	○	×	×	○	○
動物Ⅲ	○	○	×	○	○	×	○	○

47 生物の分類法と系統

テストに出る重要ポイント

- **種とは**…生物分類の基本単位。共通の形態や特徴をもち，交配して，生殖能力をもつ子孫をつくることができる生物群。地球上で名前のついている生物種は175万種以上。

- **分類の方法**
  - 系統分類（自然分類）…進化の道すじ（系統）に沿った分類。体制，生殖・発生の仕方，生活様式，遺伝子の塩基配列などを比較。系統を樹形図で表したものを系統樹という。
  - 人為分類…わかりやすい形式や人間の都合による単純な分類。

- **分類の段階**…集団のもつ共通性で段階的にピラミッド形に分類。類似した種をまとめたものを属，近縁の属をまとめたものを科というように，生物を種・属・科・目・綱・門・界・ドメインの8段階にまとめる。各分類段階の下位に「亜」または上位に「上」をつけて，細分化することもある。
  例 イヌ…動物界 脊索動物門 脊椎動物亜門 哺乳綱 食肉目 イヌ科イヌ属イエイヌ

- **学名**…リンネが考案した世界共通の種の名前。
  ① 属名と種小名とで表記（二名法）。例 ハツカネズミの学名…*Mus musculus*（*Mus*が属名，*musculus*が種小名）
  ② ラテン語またはラテン語化。イタリック体で表示することが多い。
  ③ 1つの種に有効な学名は1つ。1度命名されたら原則変更できない。

- **生物の分類体系**
  ① 五界説…原核生物と真核生物に大別し，真核生物を原生生物界と菌界・植物界・動物界に大別。ホイタッカーやマーグリスらによって提唱。
  （原生生物界を単細胞生物の界とした。藻類などを原生生物界に含めた。）
  ② 三ドメイン説…ウーズが提唱。rRNAの塩基配列の解析により，細菌（バクテリア），古細菌（アーキア），真核生物（ユーカリア）に大別。五界説の原核生物を細菌と古細菌に分けた。

基本問題

解答 → 別冊 p.58

237 生物の分類　◀テスト必出

次の文の(　)に適する語を語群から選んで入れよ。

生物を系統分類(自然分類)するときの基本単位は①(　　)である。世界共通の①の名を②(　　)名という。

近縁な①をまとめて③(　　)，③をまとめて④(　　)，さらに⑤(　　)，綱，門，界というように分類には段階があり，近年rRNAの塩基配列を解析した結果をもとに提唱された最も大きな単位が⑥(　　)である。

ア ドメイン　イ 種　ウ 科　エ 類　オ 学　カ 属
キ オペロン　ク 目　ケ 肢

238 分類の方法

次の分類に関する記述のうち，最も正しいものはどれか。
① シャムネコとペルシャネコはいずれもイエネコという同じ種の動物どうしであり，自然交配で生殖能力のある子をつくることができる。
② エンドウは草本植物なので，木本植物のネムノキよりも草本植物のノアザミのほうが近縁である。
③ 細胞壁がある生物はすべて植物である。
④ イソギンチャクは海底に固着して生活するので植物界に属する。
⑤ 学名は分類にもとづいて名付けられるので，シマヘビとカナヘビは同じ属に分類されることがわかる。

239 生物の分類段階

次の呼称の分類段階は，五界説のA 界，B 門，C 綱，D 目 のいずれに属するか。
① 哺乳類　　　② シダ類
③ 霊長類　　　④ 両生類

📖ガイド　ヒトが属する脊椎動物門，哺乳①，霊長③，ヒト科は覚えておきたい。また，動物の分類で扱う①や④は門の1つ下の段階にあたる。

240 分類体系

次の文の(　)に適する語を答えよ。

ホイタッカーは，原核生物を含むすべての生物を分類するにあたって，生物は

原核生物界(モネラ界)，①(　　)，菌界，動物界，および植物界からなるという②(　　)説を提唱した。

その後，ウーズらは，遺伝子の塩基配列を比較することで，すべての生物を大きな3つの生物群に分ける分類体系を提唱した。この説では，原核生物は，大腸菌やコレラ菌が属する③(　　)，好酸菌やメタン菌(メタン生成菌)などが属する④(　　)の2つに分類されている。もう1つの生物群は，①，菌界，動物界，植物界をまとめて⑤(　　)とした。

応用問題　　　　　　　　　　　　　　　　解答 ⟹ 別冊 p.58

241　ムラサキツユクサを植物図鑑で調べたところ，「ムラサキツユクサ(ツユクサ科) *Tradescantia ohiensis*」とあった。

(1) 「ムラサキツユクサ」は和名(標準和名)だが，世界共通の種名である *Tradescantia ohiensis* を何というか。また，このような記載法を何というか。

(2) (1)の記載法を考案したスウェーデンの学者の名前を答えよ。

(3) (1)で *Tradescantia* と *ohiensis* はそれぞれ何の名称か。

(4) ツユクサ科の科とは生物の分類段階の1つである。生物の分類段階を次のように表すとき，①・②に適当な語を入れよ。

界─①─綱─②─科─属─種

📖 ガイド　この2つの部分を合わせて「種名」なので，*ohiensis* については違う言い方をする。

242　＜差がつく＞　表を参考にして，各問いに答えよ。

(1) 表中のA〜Eに適する生物界を答えよ。

(2) 空欄 ア の細胞小器官名を答えよ。

(3) 表中の①〜⑤に「無」または「有」を記せ。

生物界	A	B	C	D	E
核膜	無	有	有	有	有
ア	無	無	無	有，または無	有
ミトコンドリア	①(　)	②(　)	③(　)	④(　)	⑤(　)
細胞壁	有	有	無	有，または無	有
栄養のとり方	従属栄養 独立栄養	従属栄養	従属栄養	従属栄養 独立栄養	独立栄養

48 原核生物・原生生物・菌類

テストに出る重要ポイント

● **原核生物**…**原核細胞**からなる単細胞生物または群体。核膜はなく，DNAは細胞質内に存在。ミトコンドリア・葉緑体を欠くがリボソームと細胞壁は存在。真核細胞より小形。**細菌と古細菌の2系統**。

① **細菌**(バクテリア)
- 従属栄養…乳酸菌，大腸菌，根粒菌
- 独立栄養
  - 光合成(紅色硫黄細菌，シアノバクテリア) ←窒素固定も行う。
  - 化学合成(硝酸菌，亜硝酸菌，硫黄細菌)

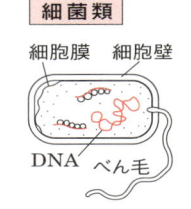

細菌類: 細胞膜，細胞壁，DNA，べん毛

② **古細菌**(アーキア)…極限環境に生息する種が多い(超好熱菌，メタン菌←メタン生成菌ともいう。，高度好塩菌)。細胞膜や細胞壁の成分が細菌と異なる。真核生物と近縁。

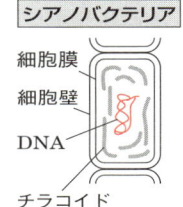

シアノバクテリア: 細胞膜，細胞壁，DNA，チラコイド

● **原生生物**…真核細胞からなる単細胞生物および単純な構造の多細胞生物。系統的に多様。

① **原生動物**…単細胞で従属栄養。例 アメーバ，ゾウリムシ
② **藻類**…葉緑体をもち，光合成を行う。光合成色素で分類。

分類群		特徴および光合成色素	生物例
単細胞	ケイ藻類	ケイ酸を含む殻 クロロフィルa, c	ハネケイソウ
	ミドリムシ類	鞭毛をもつ クロロフィルa, b	ミドリムシ
	渦鞭毛藻類	鞭毛をもつ クロロフィルa, c	ツノモ
多細胞	紅藻類	クロロフィルa フィコシアニン	アサクサノリ テングサ
	褐藻類	クロロフィルa, c フコキサンチン	コンブ ワカメ
*	緑藻類	*単細胞，多細胞，群体 クロロフィルa, b (光合成色素は陸上植物と同じ構成)	アオノリ アオサ
多細胞	シャジクモ類 ←緑藻類に含む分類法もある。	造卵器をつくる クロロフィルa, b 陸上植物の祖先と考えられている	シャジクモ フラスコモ

③ 粘菌類

分類群	特徴	生物例
変形菌	多核の変形体・アメーバ状	ムラサキホコリ
細胞性粘菌	多細胞の偽変形体・アメーバ状	キイロタマホコリカビ

④ 卵菌類…多核の菌糸体をつくる。セルロースの細胞壁をもつ。
　　　　例 ミズカビ

● 菌類…真核細胞で従属栄養生物(**体外消化を行う**)。体が菌糸からでき，胞子のつくりかたと子実体(胞子を形成する器官)で分類。

分類群	特徴	生物例
接合菌類	接合胞子をつくる	クモノスカビ，ケカビ
子のう菌類	子のうの内部に子のう胞子をつくる	アオカビ，アカパンカビ 酵母菌→担子菌類に属するものもある。
担子菌類	担子器上に担子胞子をつくる	マツタケなどのキノコ類

基本問題　　　　　　　　　　　　　　　　　　　解答 → 別冊 p.59

243　原核生物の分類 ◀テスト必出

原核生物の分類について，次の(1)，(2)の各問いに答えよ。

□ (1) 次の記述は，**A** バクテリア(細菌)，**B** アーキア(古細菌)，**C** 両方のいずれに該当するか。
　① 核膜がない。
　② 細胞壁の構成成分としてペプチドグリカンがある。
　③ 極限の環境に生息する種類も多い。
　④ 酸素を発生する光合成を行う種類もいる。
　⑤ 系統的に真核生物に近縁である。
　⑥ リボソームがある。

□ (2) 次の生物は，(1)の **A**，**B** のどちらに分類されるか。
　① 大腸菌　　② メタン菌　　③ 高度好塩菌　　④ シアノバクテリア
　⑤ 乳酸菌

244 原生生物・菌類の分類

次の空欄に適する語を語群より選び，記号で答えよ。

原生生物は真核細胞からなり，多くは単細胞生物であり，多細胞であっても体の構造が簡単である。また，多様な系統の分類群を含んでいる。ゾウリムシのように単細胞で従属栄養の生物を①（　　）という。また，葉緑体をもち，光合成を行うものを②（　　）という。さらに，ムラサキホコリカビやタマホコリカビのような③（　　）やミズカビのような④（　　）が含まれる。

　ア　藻類　　イ　卵菌類　　ウ　原生動物　　エ　粘菌類

245 藻類の分類

次の表は，藻類の分類についてまとめたものである。空欄に適切な生物名または用語を語群より選べ。

分類群	受精する場所	クロロフィル	生物例
①（　）	④（　）	aだけ	フノリ，⑧（　）
②（　）		⑥（　）	ワカメ，⑨（　）
③（　）		⑦（　）	ミル，⑩（　）
シャジクモ類	⑤（　）		シャジクモ，⑪（　）

　ア　緑藻類　　イ　褐藻類　　ウ　紅藻類　　エ　造卵器内
　オ　胚珠　　カ　水中　　キ　aとb　　ク　aとc　　ケ　bとc
　コ　アサクサノリ　　サ　アオサ　　シ　フラスコモ　　ス　モズク

📖 **ガイド**　⑥，⑦クロロフィルaとcの組み合わせは，ケイ藻類（単細胞生物）と褐藻類。

246 菌類の分類

次の文中の空欄に適する語を語群より選び，記号で答えよ。

菌類は，菌糸によって広がり，胞子を形成して生殖を行う。胞子形成の形式によって①（　　）胞子をつくるアカパンカビは①菌類に，シイタケなどのキノコのなかまは②（　　）菌類に，③（　　）胞子をつくるケカビ・クモノスカビなどは，③菌類に分類される。

　ア　担子　　イ　接合　　ウ　子のう　　エ　卵　　オ　粘

📖 **ガイド**　担子菌類のつくる子実体（担子器）は，いわゆるきのこの傘の裏側につくられる。

応用問題

247 〈差がつく〉 次の図①〜③は原生生物界の生物である。以下の問いに答えよ。

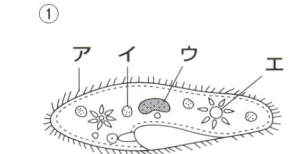

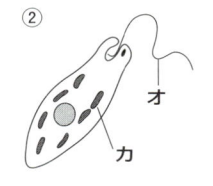

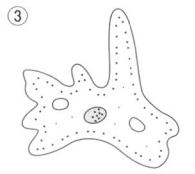

- (1) ①〜③の生物名を答えよ。
- (2) ①〜③のうち独立栄養生物を選び，記号で答えよ。
- (3) 図中のア〜カの名称を答えよ。

ガイド (3)細かく無数に生えている毛が繊毛，鞭毛の「鞭」はむちの意味。

248 藻類の分類に関する次の文を読み，以下の問いに答えよ。

　藻類は，光合成色素の違いにより分類される。水中では，図1のように光強度の違いから，水深によって利用できる光は異なってくる。そのため，藻類の光合成色素は生息する水深によって異なる傾向がある。海藻A，Bを採集し，光合成色素を抽出して分離した。それぞれの色素と海藻片の光の吸収量を調べたところ，図2，3のような結果を得た。

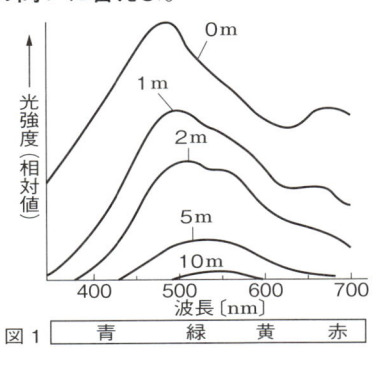

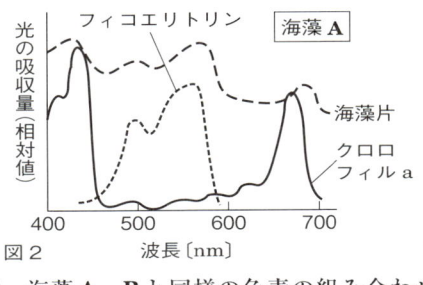

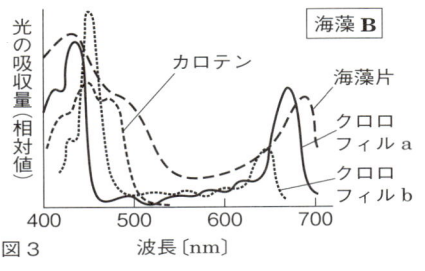

- (1) 海藻A，Bと同様の色素の組み合わせをもつ海藻をそれぞれ次から選べ。
  ア　コンブ　　イ　テングサ　　ウ　カサノリ　　エ　アオサ
- (2) 水深が深くなるほど海藻Aが多く見られた。その理由を説明せよ。

49 植物の分類

> **テストに出る重要ポイント**
>
> ● **陸上植物**…光合成色素は**クロロフィルaとb**，カロテン，キサントフィル類で共通。維管束の有無(根・茎・葉の分化)や種子形成で分類。
> ① **コケ植物**と**シダ植物**は精子を形成し，造卵器内で受精。
> ② **種子植物**は子房の有無により**裸子植物**と**被子植物**に分類され，いずれも**胚珠内**で受精。
> 被子植物は**重複受精**を行い，胚乳の核相は$3n$。
>
> | 門 | 維管束 | 一般的特徴 | 生物例 |
> |---|---|---|---|
> | コケ植物 | なし | 植物体本体は配偶体（配偶子をつくる）
胞子体は配偶体上に存在 | スギゴケ(セン類…茎葉状)
ゼニゴケ(タイ類…葉状) |
> | シダ植物 | あり
(仮道管) | 植物体本体は胞子体（胞子をつくる）
配偶体(前葉体)は独立 | ワラビ，ゼンマイ，ベニシダ，スギナ，マツバラン，ヘゴ |
> | 裸子植物 | あり
(仮道管) | 胚珠が裸出
胚乳n | イチョウ・ソテツ(精子形成)
アカマツ，スギ，シラビソ |
> | 被子植物 | あり
(道管) | 胚珠は子房に包まれる
重複受精
胚乳$3n$ | 単子葉…ユリ，イネ，ラン
双子葉 離弁花…サクラ，バラ／合弁花…キク，ツツジ |

基本問題

解答 → 別冊 p.60

249 陸上植物の分類 ◀テスト必出

次の記述は，**A** コケ植物，**B** シダ植物，**C** 裸子植物，**D** 被子植物のいずれに該当するか。あてはまるものすべてを記号で答えよ。

① 植物体本体が配偶体
② 種子をつくらない
③ 維管束をもたない
④ 根・茎・葉に分化
⑤ 重複受精をする
⑥ 胚乳の核相がnである
⑦ 水は道管を移動する
⑧ 花粉を形成する

📖 **ガイド** 系統樹を描いたとき，シダ植物より上か下で，維管束の有無，根・茎・葉が分化しているかが分かれる。

250 植物の分類

次の表は，陸上植物の分類についてまとめたものである。空欄に適切な生物名または用語を語群より選べ。

分類群	体制	受精する場所	生物例
コケ植物	①(　　)	③(　　)	スギゴケ，⑤(　　)
シダ植物	②(　　)	③(　　)	ベニシダ，⑥(　　)
種子植物	②(　　)	④(　　)	スギ，⑦(　　)

　ア　維管束あり（根・茎・葉に分化）　　イ　維管束なし（葉状体）
　ウ　造卵器内　　エ　胚珠内　　オ　ワラビ　　カ　イネ
　キ　ゼニゴケ

251 植物の分類

　陸生植物には，コケ植物，シダ植物，裸子植物，被子植物がある。このなかで，コケ植物は，植物体の中で水を運ぶ①(　　)をもっていない。また，コケ植物とシダ植物が胞子を形成するのに対して，裸子植物と被子植物は，乾燥に強い②(　　)を形成し繁殖する。

　コケ植物を除く陸生植物は，シダ植物，裸子植物，被子植物の順で出現したと考えられる。シダ植物は，③(　　)での受精に水を必要とするが，裸子植物と被子植物は④(　　)が精細胞を胚珠内の胚のうに送るため水を必要としない。しかし，19世紀の終わりに，日本人学者の平瀬作五郎と池野成一郎により裸子植物の⑤(　　)と⑥(　　)から③を発見したことで，シダ植物と裸子植物の近縁性が改めて証明された。

　裸子植物と被子植物の雌性の配偶体である⑦(　　)は，胚珠の中にできる。裸子植物の胚珠は裸出しているが，被子植物の胚珠は，⑧(　　)に包まれている。被子植物はさらに⑨(　　)と⑩(　　)に分けられ，⑩はすべて草本である。

(1)　文中の空欄に適切な語を下の語群から選べ。
　ア　子房　　イ　維管束　　ウ　花粉管　　エ　種子　　オ　精子
　カ　胚のう　　キ　マツ　　ク　イチョウ　　ケ　ソテツ　　コ　スギ
　サ　単子葉類　　シ　双子葉類　　ス　離弁花類　　セ　合弁花類

(2)　シダ植物で③を形成する配偶体を特に何と呼ぶか。

(3)　被子植物の胚のう細胞は，シダ植物の何に対応するか。理由をつけて答えよ。

(4)　⑨の植物の特徴を，根の形状と維管束の分布についてそれぞれ答えよ。

応用問題

解答 → 別冊 p.61

252 ◀差がつく 文章中の空欄A〜Dに適切な語句を入れ，空欄①〜④に適切な植物名を2つずつ語群から選び，記号で答えよ。

　陸上へ進出した植物のうち，①(　　)などのコケ植物のA(　　)はB(　　)の上で依存した生活をしている。②(　　)などのシダ植物では，大きなAと小さなBがそれぞれ独立に生活する。種子植物の本体はAであって，Bは小さく，本体に依存的である。
　種子植物には，③(　　)などの裸子植物と④(　　)などの被子植物がある。裸子植物の花には花弁やがくがなく，C(　　)は裸出している。一方，被子植物の花には花弁やがくが発達し，Cは子房に包まれ，D(　　)受精を行う。

　ア　ヒノキ　　　イ　ゼンマイ　　　ウ　イチョウ　　　エ　ユリ
　オ　ナズナ　　　カ　スギゴケ　　　キ　ツノゴケ　　　ク　ヒカゲノカズラ
　ケ　ウメノキゴケ　　コ　クロレラ

　📖**ガイド**　ウメノキゴケは地衣類(藻類と菌類の共生体)，ヒカゲノカズラはクラマゴケやスギナと同じ系統に属する植物。クロレラは単細胞藻類で，水中で生活する。

253 右図は光合成を行う生物の系統樹である。各問いに答えよ。

(1) A〜Cには，系統進化を考える上で重要な，光合成に関する物質名が入る。その名称を答えよ。

(2) ③, ④, ⑥, ⑧に入る植物群の名称を答えよ。

(3) ①〜⑨のなかで原核生物に含まれるものをすべて選び，記号で答えよ。

(4) 次のa〜eの植物はどの植物群に属するか。①〜⑨の記号で答えよ。
　a　コンブ　　　b　ユレモ　　　c　スギナ
　d　トサカノリ　　e　ソテツ

(5) 仮道管がよく発達している植物を①〜⑨から2つ選び，記号で答えよ。

　📖**ガイド**　光合成細菌以外の光合成を行う生物に共通の色素はクロロフィルaである。aだけをもつもののほか，aのほかにbをもつものとcをもつものに大別される。維管束の仮道管が発達している植物はシダ植物と裸子植物である。

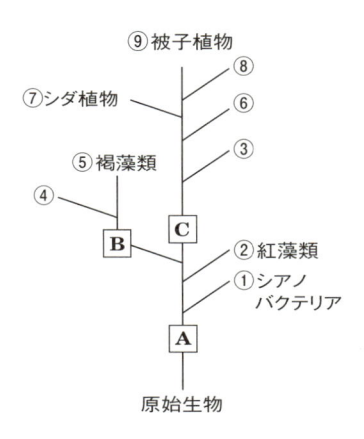

50 動物の分類

★テストに出る重要ポイント

- 動物の分類…**発生**・形態・**遺伝子の塩基配列**を比較して行う。
- 胚葉のあまり発達していないグループ

門	特徴	生物例
海綿動物	胚葉未分化(胞胚段階)。内外2層の細胞層。えり細胞で消化。神経系未発達	ムラサキイソカイメン、カイロウドウケツ
刺胞動物	二胚葉性(原腸胚段階)。放射相称。刺細胞をもつ触手。散在神経系	ヒドラ,クラゲ,イソギンチャク,サンゴ

- **旧口動物**…原口が口になる。左右相称。**冠輪動物**と**脱皮動物**に大別。
 〔冠輪動物〕 成体あるいは幼生時に**繊毛環**をもつものが多い。
 ① **扁形動物**…体は扁平。消化管はあるが，肛門なし。雌雄同体。原腎管。（←口から排出も行う。）例 プラナリア,サナダムシ,コウガイビル
 ② **輪形動物**…短円筒形・細長い糸状の体。体節なし。原腎管。**繊毛環**で運動や食餌（ワムシ綱）例 ツボワムシ
 ③ **環形動物**…**体節構造**をもつ。**閉鎖血管系**。腎管。トロコフォア幼生（←繊毛環をもつ）例 ゴカイ,ミミズ,ヤマビル
 ④ **軟体動物**…体節なし。**外とう膜**に包まれた体。頭足類以外は**開放血管系**で血色素はヘモシアニン。腎管。トロコフォア幼生。例 イカ・タコ(頭足類),アサリ,サザエなどの貝類,ウミウシ（←巻き貝のなかま）
 〔脱皮動物〕 脱皮によって成長する。
 ⑤ **線形動物**…円筒形の細長い体。例 センチュウ,カイチュウ
 ⑥ **節足動物**…**体節構造**が発達し，節をもつ附属肢がある。体表面には**外骨格**が発達。マルピーギ管（←排出器官）。**開放血管系**。最も多くの種が属する生物門。例 昆虫類,甲殻類,クモ,ムカデ,ダニ

- **新口動物**…**原口が肛門**になり，口は原腸の先端に開く。中胚葉は原腸のふくらみ(原腸体腔幹)から形成。**すべて真体腔**。放射形の卵割。
 ① 毛顎(もうがく)動物…細長く筒状の体。左右相称。雌雄同体。**循環系・呼吸器・排出器なし**。例 ヤムシ

② **棘皮動物**…5放射相称(幼生は左右相称)。水管系が発達。管足で移動。囲口環と放射神経。雌雄異体。
   例 ウニ，ヒトデ，ナマコ，ウミユリ

③ **原索動物**…生涯あるいは発生の一時期脊索をもつが，脊椎骨なし。管状神経系。開放血管系。排出系は腎管。
   例 ホヤ(幼生時に脊索をもつ)，ナメクジウオ

④ **脊椎動物**…体の中軸に脊椎。管状神経系。腎臓。閉鎖血管系。

● **脊椎動物**…次のように分けられる。
① **無顎類**…脊椎骨は未発達。上下の顎の骨がなく口は吸盤。鱗なし。NH_3を排出。胸びれ・腹びれなし。 例 ヤツメウナギ

② **魚類**…四肢がない。水生。体表に鱗。体側に側線器。心臓は1心房1心室。えら呼吸。
  { 軟骨魚綱…骨格が軟骨組織。尿素を排出。 例 サメ，エイ
  { 硬骨魚綱…骨格は硬骨組織。NH_3を排出。 例 タイ，ヒラメ

③ **四足動物**…四肢をもつグループ。以下のように分類される。

↳四足動物上綱

綱				特　徴	生物例
両生綱	裸出	NH_3 尿素	2心房 1心室 変	幼生：NH_3排出。幼生は鰓,成体は肺と皮膚呼吸。	カエル，イモリ，サンショウウオ
ハ虫綱	鱗	尿酸	2心房 1心室 温	陸上に産卵し，胚膜が発達。	ワニ，トカゲ，ヘビ，カメ
鳥　綱	羽毛		2心房 恒	前肢は翼。後肢には鱗。胚膜が発達。	スズメ，ダチョウ，ペンギン
哺乳綱	体毛	尿素	2心室 温	胎生。歯が発達。乳腺が発達。	カモノハシ(卵生)，クジラ，ヒト

＊系統的には鳥類はハ虫類の一部に含まれる。ハ虫類の心臓は不完全な2心房2心室。

基本問題　　　　　　　　　　　　　　　　　　解答 ➡ 別冊 *p.62*

254 動物の系統　◁テスト必出

□　次ページの図は，動物の分類群の系統関係を示したものである。a〜iの欄は，それより上の分類群に共通に見られる特徴を示している。次のア〜コから適当なものを選べ。

ア　核膜で仕切られた核をもつ
イ　からだは体節からなる
ウ　からだは多細胞となる
エ　脊椎をもつ
オ　脊索をもつ
カ　外骨格をもつ
キ　原口は肛門となる
ク　原口は口となる
ケ　胚発生の際に3胚葉を形成する
コ　胚発生の際に2胚葉を形成する

📖 **ガイド**　三胚葉性の動物は原口が肛門になる系統と，原口が口になる系統に大別される。

255 動物の分類1

次の①〜⑥の生物例から記述に合致しないものを2つずつ選び，記号で答えよ。

① 軟体動物である。
　a　ナマコ　　b　ナメクジ　　c　サザエ　　d　イカ　　e　イソギンチャク

② 節足動物である。
　a　フジツボ　　b　サナダムシ　　c　トンボ　　d　ミミズ　　e　ミジンコ

③ 原口が肛門になる。
　a　ウニ　　b　ヤドカリ　　c　ヒトデ　　d　メダカ　　e　ハマグリ

④ 水中に産卵する。
　a　アマガエル　　b　アカウミガメ　　c　サンマ　　d　イモリ　　e　ワニ

⑤ 尿中に最も多く排出される窒素化合物はアンモニアである。
　a　イヌ　　b　マグロ　　c　コイ　　d　ホオジロザメ　　e　ヒキガエルの幼生

⑥ 2心房2心室である。
　a　スズメ　　b　カマイルカ　　c　アカカンガルー　　d　カツオ　　e　ヤモリ

256 動物の分類2　◀テスト必出

次の①〜⑩は，それぞれある動物群の特徴を示している。問いに答えよ。

① 体は二胚葉性で中胚葉を欠く。触手には刺胞細胞を含む。
② 体は左右相称で扁平。原腎管をもち，肛門・呼吸系・循環系を欠く。
③ 体は左右相称で外とう膜に包まれる。体節はなく，幼生はトロコフォア。

④ 体は体節に分かれ，外骨格に包まれる。節のある附属肢をもつ。
⑤ 体は体節に分かれ，いぼ足や剛毛をもつものが多い。閉鎖血管系。
⑥ 体は放射相称で原口側に肛門が形成。水管系と石灰質の骨格をもつ。
⑦ 発生の過程で脊索をもつ。脊椎骨はなく，開放血管系。
⑧ 胚葉は未分化で，神経と筋肉を欠き，着生生活をする。えり細胞で消化。
⑨ 脊椎骨を中心とする内骨格をもち，神経管，特に脳が発達する。
⑩ 体は短い円筒形か糸状。繊毛環で運動や採食。循環器系を欠く。

□(1) ①〜⑩の文のそれぞれに相当する動物群を次のア〜コから選べ。
　ア 海綿動物　　イ 刺胞動物　　ウ 扁形動物　　エ 輪形動物
　オ 軟体動物　　カ 環形動物　　キ 節足動物　　ク 棘皮動物
　ケ 原索動物　　コ 脊椎動物

□(2) (1)のア〜コの各動物群に属する動物を次から1つずつ選び記号で答えよ。
　a ナメクジ　　b ヒトデ　　　c ミミズ　　　d コイ
　e カイメン　　f イソギンチャク　g カニ　　　　h ホヤ
　i ワムシ　　　j プラナリア

　📖ガイド　体節構造が発達しているのは，節足動物と環形動物。原体腔の動物は扁形動物と袋形動物だが，扁形動物は肛門を欠く。刺胞動物は二胚葉性である。

応用問題　　　　　　　　　　　　　　　　　　　　　　　　解答 ➡ 別冊 p.63

□ **257** 次のA〜Hは，海辺に見られる8種類の動物について，それぞれ採集時の状況を簡単に示したものである。A〜Hに対応する動物名をⅠ群のa〜hから選び，属する動物群をⅡ群の①〜⑧から，その特徴(複数回答)をⅢ群のア〜クからそれぞれ選び，記号で答えよ。

A　海中を浮遊していた。
B　潮が引いた後の砂の中にすんでいた。
C　砂浜を敏捷に動き回っていたが，近づくと掘った穴の中に隠れた。
D　海面下の岩礁に不定形の団塊状に着生していた。
E　海面下の岩礁に体の後端部で着生していた。
F　海面下の岩礁のくぼみに潜んでいたが，近づいても逃げなかった。
G　海面下の岩礁や海藻の表面をゆっくりはっていた。
H　潮だまりの中を泳いでいたが，近づくとすばやく逃げた。

50 動物の分類

I. a スナガニ　b イソカイメン　c ユウレイボヤ　d ゴカイ
　 e アメフラシ　f ムラサキウニ　g アンドンクラゲ　h アゴハゼ
II. ① 環形動物　② 刺胞動物　③ 棘皮動物　④ 軟体動物
　　⑤ 原索動物　⑥ 節足動物　⑦ 脊椎動物　⑧ 海綿動物
III. ア　脊椎骨をもつ。　　　　　　イ　幼生には脊索がある。
　　 ウ　胚葉の分化が見られない。　エ　二胚葉性である。
　　 オ　三胚葉性で体節がない。　　カ　三胚葉性で体節がある。
　　 キ　外とう膜をもつ。　　　　　ク　からだは硬く外骨格をもつ。
　　 ケ　管足がある。　　　　　　　コ　からだは柔らかく外骨格はもたない。

　📖ガイド　スナガニはカニ，イソカイメンはカイメン，ユウレイボヤはホヤというように属する分類群がイメージできるようにする。ゴカイは多数の体節をもつ動物で，アメフラシは触れると紫色の液体を出すことで知られる，ウミウシや貝に近い動物である。

258 ◀差がつく▶　下図は動物のおもな門の分類と系統関係を示している。また，どの特徴に着目するかによって異なったまとめ方ができることも示している。

(1) 図中A～Eのそれぞれに対して，最も適切な用語を選び，記号で答えよ。
　　ア　二胚葉性　　イ　三胚葉性
　　ウ　無胚葉　　　エ　旧口動物
　　オ　新口動物
(2) ①～⑩に属する動物例を次のなかから1つずつ選び，記号で答えよ。
　　a　アサリ　　b　ナマコ　　c　ダニ
　　d　ヤマビル　e　カイチュウ
　　f　ナメクジウオ　g　ワニ　h　ヒドラ
　　i　サナダムシ　j　カイロウドウケツ
(3) 水中生活する種だけで構成されている門を2つ答えよ。
(4) ①と④が系統的に近いと考えられる理由を次から選べ。
　　ア　体節構造　イ　幼生の形　ウ　体外受精　エ　脱皮して成長する
(5) ②と③では類似した形態の幼生が見られる。その幼生を下から記号で選べ。
　　a　プルテウス　b　エフィラ　c　メガロパ　d　トロコフォア　e　ゾエア
(6) AとBの基本的な相違点を簡潔に答えよ。

　📖ガイド　プルテウスはウニ，メガロパ・ゾエアはカニ，エフィラはクラゲの幼生である。

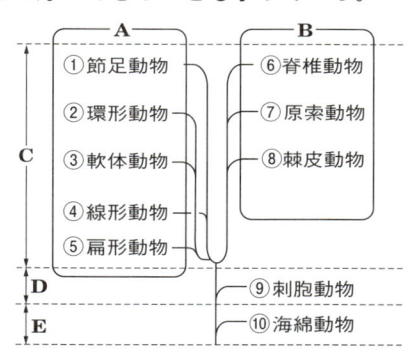

図　版：藤立育弘

シグマベスト
シグマ基本問題集
生　物

本書の内容を無断で複写(コピー)・複製・転載することは，著作者および出版社の権利の侵害となり，著作権法違反となりますので，転載等を希望される場合は前もって小社あて許諾を求めてください。

Ⓒ BUN-EIDO 2013　　Printed in Japan

編　者	文英堂編集部
発行者	益井英郎
印刷所	中村印刷株式会社
発行所	株式会社　文英堂

〒601-8121　京都市南区上鳥羽大物町28
〒162-0832　東京都新宿区岩戸町17
（代表）03-3269-4231

● 落丁・乱丁はおとりかえします。

シグマ基本問題集 生物

正解答集

→ 検討 で問題の解き方が完璧にわかる
→ テスト対策 で定期テスト対策も万全

文英堂

1 細胞の構造とはたらき

基本問題 ……………………… 本冊 p.4

1
答 (1) A 小胞体　B ゴルジ体　C 細胞膜
　　D ミトコンドリア　E 葉緑体　F 細胞壁
　　G 液胞
(2) ① B　② C　③ A　④ D
(3) ア

検討 (1)(2) 真核細胞は，内部にさまざまな細胞小器官をもつ。このうち，核，小胞体，ゴルジ体，細胞膜，リソソーム，ミトコンドリア，葉緑体，液胞は生体膜で形成されている。ミトコンドリアは好気性細菌，葉緑体はシアノバクテリア(いずれも原核生物)が細胞内共生して細胞の一部となったものと考えられている。
(3) **リボソーム**は，タンパク質とrRNAからなる粒子(膜構造でできていない)で，遺伝情報の翻訳(本冊 p.46)を担い，原核細胞にも存在する。

2
答 (1) ① C　② B　③ D　④ A
(2) ア

検討 (1) 生体分子には構成単位となる低分子の物質が多数結合してできている物質が多数存在する。**タンパク質は20種類のアミノ酸**が結合してできている。**核酸**はDNAやRNAのことで，**ヌクレオチド**が結合してできている。**糖**のうち，炭水化物とも呼ばれる多糖類は単糖が多数結合してできている。例えば，グリコーゲンやデンプンはグルコースが多数結合している多糖である。**脂質**はさまざまな種類のものがあるが，脂肪(トリグリセリド)はグリセリン1分子に脂肪酸が3つ結合してできている。
(2) 水は，分子にわずかな電気的な偏りをもつ極性分子であり，これが水のもつさまざまな性質に深く関わっている。例えば，水は比熱が大きく，生体内での急激な温度変化をやわらげている。細胞内では，構成成分として最も多量に含まれる。水は細胞膜を構成するリン脂質二重層をわずかに透過することができるが，実際の細胞膜を通しての水の移動は大部分が**アクアポリン**というタンパク質を通路として起こっている。

3
答 (1) ① H・C・O (順不同。以下同)
② H・C・O　③ H・C・N・O・S
④ H・C・N・O・P
(2) イ

検討 (3) 生体を構成する有機物の基本的な構成元素は，C(炭素)，H(水素)，O(酸素)であり，単糖や脂肪はこの3つの元素のみで構成される。これに加えてDNAやタンパク質にはN(窒素)が含まれる。また，DNAは主要な構成要素の1つとしてリン酸をもつため，P(リン)も含む。タンパク質は，システインなどのアミノ酸にS(硫黄)を含む。
(4) 生体内では，無機物も重要な役割を担っている。ア…骨の主要な構成成分リン酸カルシウムにPやCa(カルシウム)が含まれる。ウ…Cl(塩素)などがある。エ…神経の興奮はおもにNa(ナトリウム)の出入りによる細胞膜の電位変化によって起こる。

4
答 (1) A 水　B タンパク質
(2) 脂質　(3) イ

検討 (1)(2) 細胞内に最も多量に含まれる成分は水 H_2O であり，重量の約70%を占める。水以外の物質では，生命現象で中心的な役割を担うタンパク質や，生体膜の構成成分である脂質(リン脂質)が多いが，細菌は原核生物であり，細胞内に生体膜があまりないためリン脂質の割合は少なくなっている。その他，核酸(DNAやRNA)なども多い。

(3) 動物細胞と植物細胞の比較では，植物細胞には細胞壁があり，この主要な構成成分はセルロースという多糖（炭水化物）であるため，動物細胞に比べて糖の割合が多い。

応用問題 •••••••••••••• 本冊p.7

5

答 (1) ① 核　② DNA　③ RNA
　　④ 小胞体　⑤ リボソーム　⑥ ゴルジ体
(2) 右図

図1
④内部　→　細胞質基質

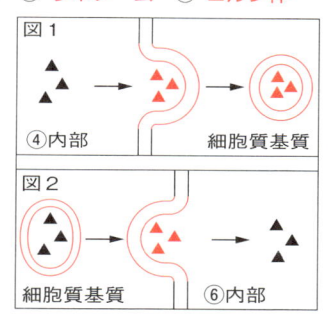

図2
細胞質基質　→　⑥内部

検討 (1) タンパク質は，**リボソーム**で合成される。リボソームには小胞体に付着しているものと，細胞質基質に遊離しているものがあり，細胞外に分泌されるタンパク質は小胞体に付着しているリボソームによって合成される。リボソームが付着している小胞体を**粗面小胞体**，リボソームが付着していない小胞体を**滑面小胞体**という。
(2) 粗面小胞体のリボソームで合成されたタンパク質は，小胞体内から，輸送タンパク質による運搬ではなく小胞体膜がふくらんでできた小胞に包み込まれた状態でゴルジ体まで運ばれるようすを描く。ゴルジ体に到達すると，小胞体から小胞ができたときと逆に，小胞の膜とゴルジ体の膜が融合して小胞内のタンパク質がゴルジ体内部に移動する。

6

答 (1) ① 遺伝物質として**DNA**をもつ。
② タンパク質合成は，まず**DNA**の遺伝情報をもとに**mRNA**が合成され（転写），この**mRNA**の情報をもとにリボソームでタンパク質が合成される（翻訳）。
③ 細胞内での生命活動は**ATP**を**ADP**とリン酸に分解する際に放出されるエネルギーを利用している。
(2) エ

検討 (2) ア…原核細胞には，生体膜でできた細胞小器官はない。真核細胞では生体膜をもつ細胞小器官によって空間を仕切り，効率よく酵素反応を進めることができる。イ…原核細胞である大腸菌は細胞壁をもつ。ウ…細胞の大きさはいずれもさまざまだが，原核細胞（数μm）は，真核細胞（数十μm）の細胞小器官（ミトコンドリアや葉緑体など）くらいの大小関係にある。

2　細胞膜のはたらき①

基本問題 •••••••••••••• 本冊p.9

7

答 (1) A リン脂質　B タンパク質
(2) a 親水性　b 疎水性　c 親水性
(3) B
(4) 流動モザイクモデル

検討 (2) 細胞膜などの生体膜は，リン脂質の疎水性の部分どうしを合わせ，親水性の部分を細胞の内部と外部に向けた二重層となっている。
(4) 細胞膜ではリン脂質の二重層をタンパク質は水平方向に容易に移動することができる。一方で，膜の反対側に回転するような運動は起こりにくい。膜に埋め込まれた部分は疎水性のアミノ酸が多く，露出している部分には親水性のアミノ酸を多くもつためである。

8

答 ① 浸透 ② 低い ③ 高い ④ 浸透圧 ⑤ 大きい ⑥ 半透性 ⑦ 選択的透過性 ⑧ 能動輸送 ⑨ 受動輸送 ⑩ K^+

検討 細胞膜は**半透性を示す膜**であるが，セロハン膜のような単純な半透性ではない。セロハン膜はある大きさ以上の分子を通さず，それ以下の分子を通すが，細胞膜は水と細胞に必要な物質のみを選んで通す**選択的透過性**を示す。さらに，必要な物質であれば，拡散の方向にさからってエネルギーを使って取り入れる。これを**能動輸送**という。

9

答 (1) チャネル (2) アクアポリン
(3) ポンプ
(4) ナトリウムポンプ(ナトリウム-カリウムATPアーゼ)

検討 (1)(2)**チャネル**は，イオンの受動輸送などを行うタンパク質で，神経細胞の軸索では，興奮が伝わると細胞膜のナトリウムチャネルが開き，細胞外から細胞内にナトリウムイオンが流入する。また，水は細胞膜を透過しにくいため，水の移動が必要な場合は**アクアポリン**という水を通すチャネルを使っている。
(3)(4)イオンの**能動輸送**は**ポンプ**によって行われ，ATPによるエネルギーの供給を必要とする。ナトリウムポンプはATP分解酵素でもあるためナトリウム-カリウムATPアーゼとも呼ばれ，1回のはたらきでナトリウムイオンNa^+ 3つを細胞外に移動させ，カリウムイオンK^+ 2つを細胞内に取り入れることで，ナトリウムイオンとカリウムイオンの細胞内外での濃度差を維持している。

10

答 (1) ① イ ② ウ ③ ア
(2) 原形質分離
(3) 溶血
(4) 植物細胞の外側はじょうぶな細胞壁で包まれているため，吸水しても細胞は破裂しないから。
(5) 半透性のため，溶媒である水分子は通すが，溶質は通さないから。
(6) 高張液

検討 (1)図のアは細胞が水を吸ってふくれた状態，イは細胞が水を出して，容積が小さくなり，**原形質分離**を起こした状態を示している。ウはアとイの中間である。溶液の濃度の高いほうから順に並べると，イ，ウ，アの順になる。

> **テスト対策**
> 細胞膜の性質と浸透圧との関係について，しっかりとまとめておくこと。
> ▶細胞膜…選択的透過性をもつ半透性の膜。
> ▶浸透圧…半透膜を介して，濃度の低い溶液から高い溶液に水が移動する力。
> また，低張液や高張液に植物細胞，動物細胞(赤血球)を浸したときの現象をまとめておくこと。

応用問題 ……… 本冊 p.11

11

答 (1) ウ
(2) 細胞膜に存在するチャネルやポンプなどのタンパク質がはたらいているため。
(3) ア (4) ア
(5) **10%エチレングリコール溶液**は，細胞内に比べて高張なので，最初に細胞外へ水が流出したが，その後再び細胞内に水が流入したことから，エチレングリコールは細胞膜をゆっくりと透過する物質であると考えられる。

検討 (1)細胞膜はリン脂質の二重層であり，小さい分子が透過しやすいが，細胞膜の透過性はそれだけではなく，水への溶けやすさに

⓬〜⓯ の答え

よって大きく異なる。酸素などの小さい無極性分子やステロイドホルモンなどの脂溶性（疎水性）の物質は容易に細胞膜を透過できるが，水や水に溶けやすい物質(極性分子や電荷をもつイオンなど)は透過しにくい。水のような小さくて電荷をもたない極性分子はわずかに脂質二重膜を透過し，Na^+などのイオンはほとんど透過することができない。このため，これらの物質はおもに輸送タンパク質（アクアポリンやイオンチャネル）を通じて細胞膜を透過している。
(4) 外液が蒸留水で細胞内のほうが浸透圧が高いため，アクアポリンを通って水が細胞内に流入してくる。
(5) エチレングリコールが細胞膜を透過して細胞内に入ってきたため内外の浸透圧差がなくなり，細胞質基質の物質による浸透圧から再び水が細胞内に入ってきたと考えられる。

📝 テスト対策
▶小胞を介した物質の取り込み・放出
{ エキソサイトーシス…細胞外へ分泌
{ エンドサイトーシス…細胞内へ取り込み
「エキソ」➡「EXIT」(出口)と同じく「外」

⓭
[答] ① 密着　② カドヘリン
③ デスモソーム　④ 細胞骨格
⑤ ギャップ　⑥ 原形質連絡

[検討] カドヘリンは細胞膜外に突き出た結合タンパク質で，細胞の種類によって構造が異なり，カドヘリンは同じ構造のものどうしで結合するため，同じ種類の細胞どうしが結合して組織を形成する。

3　細胞膜のはたらき②

基本問題 ……………………… 本冊 p.13

⓬
[答] (1) エンドサイトーシス
(2) 白血球　(3) エキソサイトーシス
(4) エ

[検討] (2) 白血球の好中球のほか単球から分化したマクロファージや樹状細胞は食作用により体外から侵入した異物を取り込み，消化して排除する。
(4) グルコースのように比較的小さい分子は小胞によって細胞外へ分泌されるのではなく，生体膜上の担体(運搬体)などのはたらきにより細胞内外へ移動する。ア～ウはいずれもおもにタンパク質。

応用問題 ……………………… 本冊 p.13

⓮
[答] (1) 同じ種類のカドヘリンどうしが結合することで，細胞どうしが選別されて同じ種類の細胞どうしが結合し正しく組織を形成することができる。
(2) 隣接する細胞どうしの細胞質がつながっているため，情報伝達物質を直接隣の細胞へ伝えることができる。

4　タンパク質の構造とはたらき

基本問題 ……………………… 本冊 p.15

⓯
[答] (1) ① 20　② ペプチド　③ アミノ
④ カルボキシ　⑤ アミノ酸　⑥ 四次
(2) ア

16〜19 の答え

|検討| タンパク質の構成単位となる**アミノ酸**は，中心の炭素原子がもつ4つの結合のうち**アミノ基・カルボキシ基・水素**の3つが共通で，残りの1か所(側鎖)の違いでさまざまなアミノ酸になる。タンパク質を構成するアミノ酸は20種類で，**ペプチド結合**によって鎖状につながり(一次構造)，**ポリペプチド鎖**がつくられ，これが立体的な構造(二次構造〜)をつくってタンパク質分子が完成する。タンパク質分子の立体構造は**熱や酸・アルカリ**によって変化し，それによって性質が変わる。

|テスト対策|
ここでのキーポイントは「タンパク質の構成単位はアミノ酸」，「タンパク質分子は特定の立体構造をもつ」。

応用問題　　　本冊p.15

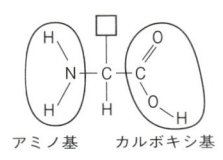

16
|答| (1) 右図

(2) 下図

(3) 3200000種類(20^5種類)

|検討| アミノ基は($-NH_2$)，カルボキシ基(カルボキシル基)は($-COOH$)。**ペプチド結合**はアミノ基のHとカルボキシ基の-OHがはずれて水H_2Oが生じる脱水結合である。
(3)**タンパク質を構成するアミノ酸は20種類**。また，アミノ基側とカルボキシ基側とで方向が決まっているから，同じ組み合わせで逆の順番の場合どうしは別個のものであり1つにまとめて考えない。したがって，n個がつながったポリペプチド鎖なら20^n通りが答えとなる。

17
|答| C

|検討| **A・B**…タンパク質の変性はタンパク質分子の立体構造の変化によるもので，アミノ酸そのものや配列の変化ではない。**D**…アクチンとミオシンは筋収縮で互いに滑り込み，筋肉の機械的運動を起こす。受容体は情報伝達などではたらくタンパク質である。**E**…抗体は，タンパク質であるが酵素ではない。

5　生命活動にはたらくタンパク質

基本問題　　　本冊p.17

18
|答| (1) ① 受容体　② タンパク質
③ ホルモン　④ 神経伝達物質
(2) **ノルアドレナリン，アセチルコリン**など

|検討| (2)神経細胞の軸索末端から放出される**神経伝達物質**には，ノルアドレナリン(交感神経)，アセチルコリン(運動神経，副交感神経)が代表的なもので，このほかにドーパミンやセロトニンなどがある。

19
|答| (1) ア・エ　(2) ア　(3) オ

|検討| (2)**受容体**には，イオンチャネルとしてのはたらきをもつもののほか，酵素としてはたらくものなどもある。タンパク質でできているホルモンにはインスリンなどがある。神経細胞のシナプスでは，細胞どうしは接しておらず，軸索側が放出した神経伝達物質を他方の細胞が受け取る情報伝達を行っている。
(3)受容体がイオンチャネルの場合には特定

のイオンの細胞への流入が起こる。受容体が酵素のはたらきをもつ場合には，立体構造の変化で酵素活性をもったり，その後の反応で細胞内で情報伝達を担う**セカンドメッセンジャー**が産生されたりする。また，情報伝達の結果，特定の遺伝子の発現を起こすこともある。

20
[答] (1) ① アクチン ② チューブリン
③ 微小管 ④ 中間径フィラメント
(2) 細胞分裂
(3) ダイニン，キネシン
(4) ウ (5) 下図

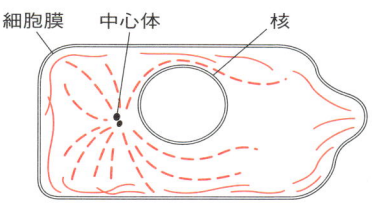

（細胞膜　中心体　核）

(6) ア

[検討] (2)細胞分裂の核分裂の過程で形成される紡錘糸は**微小管**でできており，染色体の分配に重要な役割を果たしている。核分裂後（核が分かれた後）の細胞質分裂時には，**アクチンフィラメント**でできた収縮環と呼ばれる構造によって細胞質がくびれ，細胞が2分される。
(4)**べん毛**は微小管の束が基本構造となっており，**モータータンパク質**（ダイニン）によって微小管どうしがずれこむことで屈曲してべん毛運動が起こる。
(5)微小管は中心体を起点に細胞全体に分布しているが，アクチンフィラメントはおもに細胞膜直下に存在する。
(6)アクチンフィラメントは，構成単位となるタンパク質が重合と脱重合をくり返している。筋肉の収縮はアクチンフィラメントとミオシンフィラメントの滑り運動によって起こ

るが，ミオシンもモータータンパク質の一種である。また，筋肉以外の細胞でもアクチンフィラメントが存在し，細胞内輸送などに関わっている。

応用問題　　　　　　　　　　本冊p.19

21
[答] (1) ア・エ
(2) 肥満マウスAは食欲が低下し餓死したが，肥満マウスBは肥満のまま変化が見られない。

[検討] (1)実験1より，肥満マウスAは正常にレプチンを分泌するマウスとつなぐと食欲が低下したので，レプチンの受容体には問題がなく，分泌に異常があると考えられる。実験2より，肥満マウスBは正常マウスとつないでも変化が見られなかったので，受容体に問題があり，レプチンが過剰に分泌されていると考えられる。
(2)肥満マウスBがつくっている過剰なレプチンが正常な受容体をもつ肥満マウスAに作用する。

22
[答] (1) イ
(2) 紡錘糸が形成されないため，染色体の分配がうまくいかず，細胞分裂が中期で停止する。

[検討] **アクチンフィラメント**は，細胞分裂の細胞質分裂時に収縮環と呼ばれる構造をつくり，これが収縮することによって細胞質がくびれ，細胞が2分される。これに対して**微小管**は細胞分裂の核分裂の過程で紡錘糸を形成し，これが染色体につながって，細胞の両極に向かって収縮する（染色体の動原体と結合している部分から脱重合が進み短くなっていく）ことで娘染色体を娘細胞に分配している。

6 免疫とタンパク質

基本問題 ……………… 本冊 p.20

23
[答] (1) ① 免疫グロブリン ② B細胞
③ H ④ L ⑤ 定常 ⑥ 可変
(2) 右図
(3) ⑥
(4) 抗原抗体反応
(5) イ

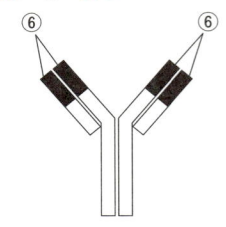

[検討] (3)(5)抗体は，2か所の可変部で抗原と結合する。

応用問題 ……………… 本冊 p.21

24
[答] 10530通り

[検討] 3つの領域から1つずつ断片が選ばれるので，次のような組み合わせの計算になる。
65×27×6＝10530
実際には，つなぎ方にもバリエーションがあり，さらに抗体全体ではL鎖との組み合わせになるので，つくり得る抗体の種類は膨大な数になる。遺伝子再構成のしくみは，**利根川進**が発見し，1987年にノーベル医学・生理学賞を受賞した。

25
[答] ア・オ

[検討] ア…マクロファージなども，TLR（トル様受容体）などで細菌やウイルスを体内の正常な細胞と判別することができる。
イ…ABO式血液型は，赤血球表面の糖鎖の種類によって決定する。
ウエ…**MHC**（主要組織適合抗原）は，自己の細胞の目印となるタンパク質なので，組織によって異なることはない。また，細胞の内部ではなく，細胞表面に露出している。
カ…T細胞受容体も，免疫グロブリンと同様に遺伝子再構成が起こってつくられ，非常に多様である。

7 酵素とその反応

基本問題 ……………… 本冊 p.23

26
[答] ① タンパク質 ② 下げる
③ 基質特異 ④ 最適温度 ⑤ 変性
⑥ 失活 ⑦ 最適pH ⑧ ペプシン

[検討] 化学反応を促進する「触媒」のうち，酵素は**タンパク質**が主成分で，酵素の性質にはタンパク質の分子構造が大きく関係する。基質特異性も，最適温度があることも，最適pHがあることも共通して，酵素のタンパク質分子の構造とその変化によって説明できる。最適温度をこえるとタンパク質分子の立体構造が熱によって変化する（**熱変性**）。変性によって酵素としての本来の性質が失われることを**失活**という。

27
[答] (1) 活性あり (2) 活性あり
(3) 活性なし (4) 活性なし

[検討] 酵素の主体となるタンパク質は熱などによって変性する。**補酵素**は一般的に熱に強い比較的低分子の有機物である。

タンパク質＼補酵素	加熱	非加熱
	○	○
加熱 ×	×	×
非加熱 ○	○	○

失活していないタンパク質成分と補酵素をいっしょにすれば，再び酵素としての活性を示す。

テスト対策

補酵素の実験は，**チマーゼ**が代表例。チマーゼは酵母菌がもつ，アルコール発酵ではたらく酵素群の総称で，酵母菌をすりつぶして得た酵素液を**透析**すると補酵素が流出する。

28

答 (1) ④　(2) 右図
(3) ペプシン…ア
　　アミラーゼ…イ

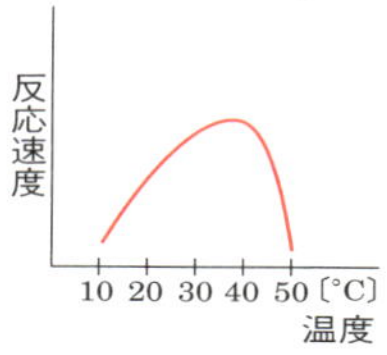

検討 (1)酵素濃度を一定にしておいて，基質濃度をしだいに上げていくと，最初のうちは反応速度がしだいに増加するが，やがて一定になる。
(2)酵素の**最適温度は35～40℃**くらいで，それ以下の温度範囲では，温度が上がるにつれて反応速度が増す。最適温度を越すと，酵素のタンパク質が変性を起こすので，酵素の作用は急速におとろえる。

29

答 ①ア　②イ　③ア　④イ

検討 基質と酵素のうち一方の濃度が十分に高い場合には，他方の濃度が反応速度を決めることになる。①，④基質濃度が酵素濃度に対して十分高いなら，基質の増加は反応速度には影響しないが，酵素の濃度は時間あたりに生じる酵素－基質複合体の量および反応速度に影響する。
②，③逆に，酵素濃度に対して基質濃度が低い場合には，反応速度は基質濃度によって決まる。

テスト対策

「酵素－基質複合体の濃度が高いほど反応速度も高くなる」と考える。
酵素濃度・基質濃度と反応速度の関係は，グラフと合わせて理解しておくことが重要。

30

答 エ

検討 ア…酵素の本体となるタンパク質はアポ酵素ともいう。
イ…結合するのは活性部位以外の部分。
ウ…結合するのは基質以外の物質。
エ…このような現象を**フィードバック**といい，このようなしくみで反応全体を調節するフィードバック調節にアロステリック酵素が関わる場合が多い。

31

答 (1) ア，a・b・d・e　(2) ウ，c・h
(3) イ，g　(4) エ，f

検討 (1)消化は有機物の加水分解反応なので，**消化酵素はいずれも加水分解酵素である**。
(2)酸化還元反応は酸素や水素の化合または脱酸素・脱水素反応のことなので，酸化還元酵素には，**脱水素酵素(デヒドロゲナーゼ)**や**カタラーゼ**などがある。
(3)二酸化炭素の生成は呼吸のクエン酸回路で起こり，**脱炭酸酵素**が関わる(→本冊 p.26)。
(4)アミノ酸の合成は，有機酸にアミノ基が結合することで行われる(→本冊 p.38)。このときアミノ基の**転移**が行われる。

応用問題　　　　　　　　　本冊 p.25

32

答 (1)「酵素を追加する」→「基質を追加する」　(2)「活性化エネルギーが高まる」→「活性化エネルギーが低くなる」
(3)「最適pHはほぼ7で」→「最適pHは酵素により決まっていて，それよりも」
(4)「基質分子の立体構造の変化」→「酵素分子の立体構造の変化」

検討 (1)反応が終わったのは，反応できる基質を反応させつくしたため。**酵素は反応の前後で変化せず，くり返しはたらくので，新たに基質を加えれば再び反応が起こる**。

(2) 反応が起こるために必要なエネルギーを**活性化エネルギー**という。酵素は活性化エネルギーを小さくするはたらきをもち、小さいエネルギー（たとえば低い温度）で反応が起こる。
(3) 多くの酵素の最適温度は35〜40℃程度であるが，**最適pHは酵素によってさまざま**である。デンプン分解酵素のアミラーゼも植物のもの（麦芽などに含まれる）と動物のもの（ヒトのだ液に含まれる）では最適pHが異なる（植物のアミラーゼのほうがやや酸性）。

> **テスト対策**
> 誤りを訂正する問題では、キーワードをつかむことが大切。「基質」、「活性化エネルギー」、「最適温度」、「最適pH」、「酵素タンパク質分子」など。

33

答 酵素タンパク質分子の活性部位の立体構造と基質分子の立体構造が合致すると酵素－基質複合体が形成されて、反応が起こる。酵素と結合できない物質は基質にはなりえない（下図）。

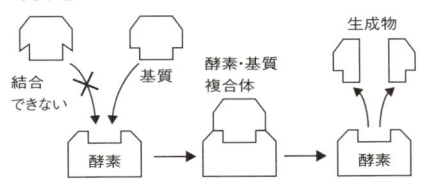

検討 「活性部位」、「立体構造」、「酵素－基質複合体」がキーワード。基質特異性を説明するときにはこれらの語を欠かさないこと。

34

答 (1) **d** (2) **f** (3) **f**

検討 (1) 基質濃度が2倍になれば、反応速度も最終的な生成物量も高くなる。
(2) 最終的な生成物量は同じだが、酵素濃度が高いとそれに達するまでの時間が短くなる。
(3) 低濃度のときには反応速度は基質濃度に比例し、ある濃度以上は一定になる。阻害物質があると、ない場合より反応速度は低くなるが、基質濃度が高くなると差は小さくなり、ある濃度以上はほぼ同じになる。

8 呼　吸

基本問題　本冊 p.27

35

答 (1) A **ピルビン酸**　B **二酸化炭素**　C **クエン酸**　D **酸素**
(2) ア **解糖系**，**細胞質基質**
イ **クエン酸回路**，**ミトコンドリアのマトリックス**
ウ **電子伝達系**，**ミトコンドリアの内膜**
(3) **ウ**　(4) ① **ア，イ**　② **イ**　③ **ウ**
(5) $C_6H_{12}O_6 + 6\,O_2 + 6\,H_2O \longrightarrow 6\,CO_2 + 12\,H_2O + エネルギー（最大38\,ATP）$

検討 呼吸の反応は、**ピルビン酸**までの反応と以降の反応とで**解糖系**と**クエン酸回路**に分かれ、さらにこの両者で生じた水素を用いた**電子伝達系**で大量のATPを生産する。

> **テスト対策**
> 呼吸の各過程で何が起こっているかをしっかり把握しておこう。
> ①解糖系（グルコース→ピルビン酸），
> ②クエン酸回路（ピルビン酸→二酸化炭素放出），
> ③電子伝達系（水の生成）…酸素を消費
> 化学反応式も重要。
> $C_6H_{12}O_6 + 6\,O_2 + 6\,H_2O \longrightarrow 6\,CO_2 + 12\,H_2O + エネルギー（最大38\,ATP）$
> 「6分子の酸素が入って6分子の二酸化炭素が出る」・「6分子の水が入って12分子の水が出る」の2点に注目して押さえておく。

36

答 ① グルコース ② ピルビン酸
③ 4 ④ 2 ⑤ 6 ⑥ 2 ⑦ 補酵素
⑧ ATP ⑨ 酸素 ⑩ 水

検討 グルコース1分子から生じるATPは，**解糖系で2分子，クエン酸回路で2分子，電子伝達系で最大34分子**。解糖系とクエン酸回路の脱水素反応で生じた水素は脱水素酵素の補酵素と結合して電子伝達系に運ばれる。

37

答 (1) ① **1.0** ② **0.7** ③ **0.8**
(2) **トウゴマ** (3) **脂肪とタンパク質**
(4) **0.70**

検討 呼吸商＝排出する二酸化炭素量／吸収する酸素量。逆にして間違えないよう，呼吸なら1.0をこえないことで確認する。化学反応式から呼吸商を求める場合には，CO_2の係数をO_2の係数で割ればよい。

(4) パルミチン酸の分子式$C_{16}H_{32}O_2$をもとに反応式をつくり，必要な酸素と生じる二酸化炭素の量を求める。①Cが16原子含まれているので，これをすべてCO_2にするには$16 O_2$必要。②Hが32原子含まれているので，これをすべてH_2Oにするには$8 O_2$必要。③Oが2原子含まれているので，①と②の合計$24 O_2$から差し引いて$23 O_2$必要。
④ ①より，発生するのは$16 CO_2$。したがって，反応式は次の式のようになる。
$$C_{16}H_{32}O_2 + 23 O_2 \longrightarrow 16 CO_2 + 16 H_2O$$
⑤ 反応式より，呼吸商＝$\frac{16}{23} \fallingdotseq 0.695$。パルミチン酸は脂肪の1つ。

テスト対策
各呼吸基質の呼吸商の値は覚えておこう。
- 炭水化物…1.0
- アミノ酸・タンパク質…0.8
- 脂肪…0.7

呼吸商は化学反応式をつくり理論値を求める場合もある。その際には，①呼吸基質中のCをすべてCO_2にするのに必要なO_2の数を考える。②Cを除いた残りのHをすべてH_2OにするにはO_2がいくつ必要かを考える(呼吸基質に含まれるOを差し引く)。こうして①・②から化学反応式をつくり，消費されるO_2と発生するCO_2から，呼吸商を計算する。

複雑な問題になると，③Hの数が奇数の場合，反応式は呼吸基質を2分子，消費するO_2が奇数の式になる。④アミノ酸の場合，Nが含まれるが，これをNH_3にする分のHをアミノ酸から差し引く。

例 ロイシンの場合
$$2 C_6H_{13}O_2N + 15 O_2 \longrightarrow 12 CO_2 + 10 H_2O + 2 NH_3 + エネルギー$$

応用問題 ……………… 本冊 p.28

38

答 (1) **9 g** (2) **9.6 g** (3) **1.9 mol**

検討 1 molの物質の重さはその分子量に等しいから，$O_2 = 16 \times 2 = 32$，
$CO_2 = 12 + 16 \times 2 = 44$，
$C_6H_{12}O_6 = 12 \times 6 + 1 \times 12 + 16 \times 6 = 180$
量的関係は，呼吸の化学反応式の係数から必要な部分を抜き出して考える。

$$C_6H_{12}O_6 + 6 O_2 \longrightarrow 6 CO_2 + 38 \text{ ATP}$$
$$1 \text{ mol} : 6 \text{ mol} : 6 \text{ mol} : 38 \text{ mol}$$
$$180 \text{ g} \quad 32 \text{ g} \times 6 \quad 44 \text{ g} \times 6$$

(1) 排出された二酸化炭素は，6.72 L＝0.3 molである。反応式の係数より，分解されたグルコースはモル数でその$\frac{1}{6}$であるから0.05 mol。
$180 \text{ g/mol} \times 0.05 \text{ mol} = 9 \text{ g}$

(2) 吸収された酸素のモル数は排出された二酸化炭素と同じで0.3 mol。
$32 \text{ g/mol} \times 0.3 \text{ mol} = 9.6 \text{ g}$

(3) 1 molのグルコースから38 molのATPが生じるとしているので，ここでは，
$38 \text{ mol/mol} \times 0.05 \text{ mol} = 1.9 \text{ mol}$

39〜41 の答え

> **テスト対策**
> 呼吸での量的関係を求める問題は，重要。化学反応式から必要な部分を抜き出して比例計算で求めよう。

39
答 (1) クエン酸回路ではたらくコハク酸脱水素酵素の基質
(2) 脱水素酵素(デヒドロゲナーゼ)
(3) ミトコンドリアのマトリックス
(4) 反応で生じた水素によって還元された。
(5) 空気中の酸素で酸化されたため。
(6) 基質が残っていれば再び脱水素反応が起こり，生じた水素によってメチレンブルーが還元されて色が消える。
(7) 空気と触れないように表面に油を浮かせる，撹拌をせずに静かに置く　など

検討 呼吸の過程(クエン酸回路)のなかで**脱水素反応**が起こることの確認実験である。メチレンブルーは**還元(酸化の逆反応)**されると色が消える物質なので，脱水素反応によって生じた水素がメチレンブルーを還元したことがわかる。メチレンブルーは空気中の酸素によって酸化されると青色を呈するので，内部の空気を除いた後で正室と副室に入れた物質を混ぜ合わせることができる**ツンベルク管**を用いる。

> **テスト対策**
> 〔メチレンブルーの呈色〕
> 酸化型(O_2 があるとき)…青色
> 還元型(H_2 と結合した状態)…無色

40
答 (1) 光合成の影響を除くため。
(2) 温度変化による気体の体積変化の影響を除くため。

(3) 器内の二酸化炭素を吸収する。
(4) 吸収された酸素の量
(5) 吸収された酸素の量と放出された二酸化炭素の量の差
(6) $\dfrac{\text{二酸化炭素放出量}}{\text{酸素吸収量}} = \dfrac{a-b}{a}$

検討 この実験装置を**マノメーター**という。
(1) 光合成は呼吸と逆のガス交換が行われるので，光合成が起こらない条件で行う。
(2) 器内の気体の体積変化で気体の発生量を測定するので，温度変化によって気体の膨張や収縮があると正しい結果が得られない。
(3),(4) 水酸化カリウムや水酸化ナトリウムおよびその水溶液は二酸化炭素を吸収するので，このときの体積変化は**酸素の吸収量に等しい**。
(5) 強アルカリによる二酸化炭素の吸収を行わない場合には，体積の変化は，**吸収される酸素と排出される二酸化炭素の差**を示している。グルコースが呼吸基質の場合には呼吸商が 1 なので **b** の値はほぼ 0 になる。
(6) **a** が酸素の吸収量で，**b** は(酸素の吸収量−二酸化炭素の放出量)なので，二酸化炭素の放出量は **a−b** となる。

9　発酵・解糖

基本問題　　　　　　　　　　　　本冊 p.30

41
答 (1) ア **ADP**　イ **ピルビン酸**　ウ **水素**　エ **二酸化炭素**
(2) **2 分子**
(3) ②，**解糖**

検討 (1) 発酵のグルコースからピルビン酸までの過程は，呼吸の**解糖系**と共通。
(3) 乳酸発酵は，筋肉で酸素の供給が不足する場合に起こる**解糖**と同じ反応系である。

テスト対策

発酵でも呼吸でもグルコースから**ピルビン酸**ができる過程は必ず通ることを押さえておく。解糖系と解糖を混同しないこと。

42

[答] (1) ① 発酵 ② 酵母 ③ 乳酸
  ④ ピルビン酸 ⑤ 二酸化炭素
(2) ア (3) ア

[検討] 発酵ではまず，グルコースから**ピルビン酸**が生じる過程で**脱水素**と**ATP合成**が行われる。ピルビン酸はこの後いずれの発酵でもアセトアルデヒドを経た後，**水素を受けとって**，アルコール発酵では**エタノールと二酸化炭素**が，乳酸発酵では，**乳酸**ができる。呼吸では，水素は酸素と結合して水になる。

(1)②，③アルコール発酵を行う**酵母菌**は，単細胞生物であるが，**菌類**(カビやキノコの仲間)に属する真核生物である。乳酸発酵を行う**乳酸菌**は発酵によって乳酸を生じる多種類の**細菌**の総称。

応用問題 ・・・・・・・・・・・・・ 本冊p.31

43

[答] (1) **18 mg** (2) **9 mg** (3) **9.5 倍**

[検討] 化学反応式の係数から必要な部分を使う。

【呼吸】
$$C_6H_{12}O_6 + 6O_2 \longrightarrow 6CO_2 + 38\,\text{ATP}$$
モル比 1 : 6 : 6 : 38
    180 mg 32 mg×6 44 mg×6

【アルコール発酵】
$$C_6H_{12}O_6 \longrightarrow 2C_2H_5OH + 2CO_2 + 2\,\text{ATP}$$
モル比 1 : 2 : 2 : 2
    180 mg 46 mg×2 44 mg×2

呼吸ではO_2の吸収量とCO_2の排出量は体積(モル数に比例する)では同じであるので，O_2の吸収量が6.72 mLのとき，呼吸でのCO_2排出量は6.72 mL，アルコール発酵でのCO_2排出量は11.2 − 6.72 = 4.48 mLである。

(1) 1 molの気体は22.4 Lより，22.4 mLの気体は1 mmol(ミリモル)。問いのアルコール発酵でのCO_2排出量は$\frac{4.48\,\text{mL}}{22.4\,\text{mL}} = 0.2\,\text{mmol}$

反応式より，アルコール発酵でのグルコースと生じるCO_2のモル比は1：2。よって，グルコース消費量は0.1 mmol。mgに換算すると

180 mg/mmol × 0.1 mmol = 18 mg

(2) 問いの呼吸でのCO_2排出量は

$\frac{6.72\,\text{mL}}{22.4\,\text{mL}} = 0.3\,\text{mmol}$

呼吸におけるグルコースとCO_2のモル比は1：6。よって，グルコース消費量は0.05 mmol(180 mg/mmol × 0.05 mmol = 9 mg)である。

(3) アルコール発酵では，グルコース1 molあたり2 molのATPが生成するから

0.1 × 2 = 0.2 mmolのATPが生じる。

呼吸では，グルコース1 molあたり38 molのATPが生成するから，

0.05 × 38 = 1.9 mmol のATPが生じる。

よって，$\frac{1.9}{0.2} = 9.5$ 倍

テスト対策

酵母菌は，O_2がある条件では呼吸を行い，O_2のない条件ではアルコール発酵を行う。**吸収されたO_2と同体積のCO_2は呼吸で排出されたもので，残りのCO_2が発酵による排出量である**と，きちんと分けて考えるのがこの問題を解くポイント。

10 光合成のしくみ

基本問題 ●●●●●●●●●●●●●● 本冊p.33

44
[答] ① ウ・エ ② イ・オ ③ ア・カ

[検討] ①ヒルは，葉緑体を含む液にシュウ酸鉄(Ⅲ)を加えて光を照射すると，空気を抜いてCO_2がない状態でもO_2が放出される結果を得た。
②ベンソンは，「光なし・CO_2あり」の状態の後で「光あり・CO_2なし」の状態に置かれた植物には光合成が見られないが，逆の順番だとCO_2の吸収が起こり，光合成が起こることを確認した。
③カルビンは，単細胞藻類などに炭素の放射性同位体^{14}Cを与えて光合成を行わせ，一定時間ごとにその一部を取り出して，^{14}Cが取り込まれた有機物を調べることで，光合成の課程でどのような物質がどのような順番で合成されていくのかを明らかにした。

45
[答] ① 炭酸同化 ② チラコイド
③ 光化学系Ⅱ ④ 水 ⑤ 電子伝達系
⑥ 光化学系Ⅰ ⑦ ストロマ
⑧ 二酸化炭素

[検討] 二酸化炭素から有機物合成が行われる過程を**炭酸同化**と呼ぶ。光エネルギーを利用した炭酸同化が光合成である。炭酸同化には，光合成以外に化学合成(→本冊p.38)がある。光エネルギーを吸収する**光化学系**にはⅡとⅠがあり，水の分解で生じたHのもつ電子が光化学系Ⅱから光化学系Ⅰに伝えられる**電子伝達**H$^+$がチラコイド内に能動輸送され，これがストロマ側に流出する際のエネルギーでATP合成が行われる(**光リン酸化**)。光化学系Ⅰで水素は脱水素酵素の補酵素であるNADPと結合してNADPHとなり，ストロマのカルビン・ベンソン回路に入る。

> **テスト対策**
> 光合成の過程は，4つに分けて整理できる。
> ① 光化学反応
> ② 水の分解・還元物質(NADPH)の合成
> ③ ATPの合成
> ④ CO_2の固定(カルビン・ベンソン回路)
> 重要項目なので，4つの内容とそれぞれのつながりをしっかり押さえよう。

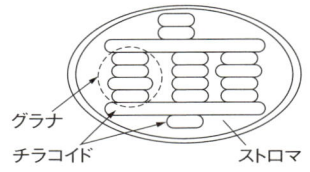

46
[答] (1) 右図

グラナ／チラコイド／ストロマ

(2) $6CO_2 + 12H_2O +$ 光エネルギー ⟶
$C_6H_{12}O_6 + 6O_2 + 6H_2O$

(3) ア・イ・ウ

[検討] 水の分解(酸素の発生)，ATPの生成，還元物質NADP(+H$^+$)の生成は**チラコイド**膜で行われる。二酸化炭素からグルコースがつくられるカルビン・ベンソン回路の反応は**ストロマ**で行われる。

> **テスト対策**
> 光合成の反応は呼吸と逆の反応。セットで覚えておこう。
> 【光合成】
> $6CO_2 + 12H_2O +$ 光エネルギー ⟶
> $C_6H_{12}O_6 + 6O_2 + 6H_2O$
> 【呼吸】
> $C_6H_{12}O_6 + 6O_2 + 6H_2O$ ⟶
> $6CO_2 + 12H_2O +$ 化学エネルギー

47
[答] (1) ① 青(青紫) ② 赤 ③ 大きく
(2) グラナ
(3) A クロロフィルa B カロテン (4) D

検討 (1)光合成での光エネルギーの吸収で重要な色素はクロロフィルaである。クロロフィルaがよく吸収する光の波長は青紫と赤色の領域に2つある。光は**紫色が短波長，赤が長波長**である。

(3)クロロフィルa以外の色素には，**クロロフィルb**，**カロテノイド**(カロテンなどを含む黄・橙・赤などの補助色素)や**キサントフィル類**(ルテイン，ビオラキサンチンなど)がある。**B**のグラフは赤や黄色の光をほとんど吸収せず反射する，橙色のカロテンの光吸収曲線である。

(4)光合成色素が光をよく吸収する波長付近で光合成速度も大きくなる。

48

答 ア O_2　イ $NADP^+$
ウ **NADPH**
エ **PGA(ホスホグリセリン酸)**
オ **GAP(グリセルアルデヒドリン酸)**
カ **RuBP(リブロース二リン酸)**
キ **カルビン・ベンソン回路**

検討 光リン酸化で生成したATPとNADPH(が運ぶ水素原子)を用いて，**カルビン・ベンソン回路**でCO_2を固定する。

テスト対策

カルビン・ベンソン回路での炭素化合物の炭素数の変化や，CO_2・水素・ATPの利用される場所を押さえる。

```
RuBP(リブロース二リン酸 C₅)
  ↓ ← CO₂
PGA(ホスホグリセリン酸 C₃)
  ↓ ← ATP        ATP →
  ↓ ← NADPH
GAP(グリセルアルデヒドリン酸 C₃)
  ↓
有機物
```

49

答 (1)ア **光化学系**　イ **プロトンポンプ(タンパク質)**　ウ **ATP合成酵素**
エ **ストロマ**
(2)① **電子(e^-)の移動**　② **H^+の移動**
③ **H^+の移動**　(3) **光リン酸化**

検討 光化学系Ⅱで生成された電子がタンパク質複合体を順に受け渡される(**電子伝達**)際に，その電子のエネルギーを用いてタンパク質複合体のなかの1つ**プロトンポンプ**でH^+がチラコイドの中にくみ入れられる。これによりチラコイド内のH^+濃度が高くなり(pHが低くなり)，濃度勾配に従ってH^+は**ATP合成酵素**を通ってストロマ側へ流出し，その際にATPが生成される。このようにしてATPが合成される(ADPがリン酸化される)しくみを**光リン酸化**という。

50

答 (1) **11.2 L**　(2) **15 g**

検討 光合成で吸収されるCO_2と，放出されるO_2のモル数(分子の数)は同じであるため，体積は等しくなる。6 molのCO_2(6×44 g)が吸収されたときに1 molの$C_6H_{12}O_6$(180 g)が合成される。よって22 gのCO_2が吸収される場合は，$6 \times 44 : 180 = 22 : x$から求められる。

テスト対策

光合成での，量的関係を求める問題は重要。化学反応式から必要な部分を抜き出して計算で求めよう。

応用問題 ……… 本冊p.36

51

答 (1) **ペーパークロマトグラフィー**
(2) **アントシアニンなどは水溶性の色素で有機溶媒の抽出液には溶け出さないため。**

(3) Rf値＝$\dfrac{\text{原点から色素までの距離}}{\text{原点から溶媒前線までの距離}}$
(4) カロテン

|検討| (1)溶媒への溶けやすさとろ紙への吸着性が物質ごとに異なることを利用した，ろ紙や，表面にシリカゲルの薄層をもつプラスチックシート(TLCシート)を使った物質の分離・分析方法を**クロマトグラフィー**という。ろ紙を使う場合ペーパークロマトグラフィー，TLCシートを使う場合には**薄層クロマトグラフィー**という。
(2)クロロフィルaなどの光合成色素は有機溶媒には溶けやすいのでこの方法で分析を行う。有機溶媒に溶けにくいアントシアニンなどの水溶性色素はこの方法では抽出・分析できない。
(3)Rf値が最も高い**カロテン**が答え。ろ紙でもTLCシートでもカロテンのRf値が最も高いが，薄層クロマトグラフィーではキサントフィル類のRf値がクロロフィル類より小さくなるなど一部順番が異なる。また，各物質のRf値は溶媒の組成や温度などの条件が異なると変動する。

52
|答| (1) 光を必要とする反応
(2) 直前の光照射の際に化学エネルギーに変換されて蓄えられた光エネルギーが使い尽くされたため。

|検討| (1)最初の「暗・CO_2あり」で二酸化炭素の吸収が起こらないのだから，先に光を当ててからでないとCO_2の取り込みは起こらない。
(2)光合成反応では，光エネルギーをATPの化学エネルギーに変換して，これを用いてカルビン・ベンソン回路を進める。「明・CO_2あり」の状態が続けば，ATPの合成と消費が同時に進み二酸化炭素の吸収も持続的になる。

53
|答| (1) ヒル反応 (2) 水素受容体

(3) 水   (4) カルビン
(5) クロマトグラフィー
(6) 二酸化炭素の固定反応の経路(回路反応)

|検討| A．ヒルは，酸素の発生では光エネルギーによる水の分解が起こることを明らかにした。ここで生じた水素を受け取る物質(水素受容体)がないと反応は進まない。
B．ルーベンの実験は，再現性の問題から，現在は重視されていない。
C．カルビンは，$^{14}CO_2$を与えて光照射をしてから，時間ごとにクロレラの溶液を一部取り出してクロマトグラフィーにかけた。クロマトグラフィーで展開したものに感光フィルムをあてると放射性の^{14}Cを取り込んだ物質に感光するので，CO_2が取り込まれてできる物質が何かわかる。

　この結果，最初に現れた物質は**PGA**で，その後，グリセルアルデヒドリン酸(**GAP**)，リブロースリン酸などが順番に合成され，最終的にリブロース二リン酸となり，再びCO_2と結合する回路反応が起こっていることが明らかになった。グルコースはこの回路の**GAP**の一部から，フルクトース二リン酸を経て合成される。

11 細菌の炭酸同化・窒素同化

基本問題 ················· 本冊p.39

54
|答| ① 光エネルギー   ② なし
③ バクテリオクロロフィル
④ 化学エネルギー   ⑤ なし   ⑥ なし

|検討| 光合成は光エネルギーを用いた炭酸同化，化学合成は酸化反応で生じる化学エネルギーを用いた炭酸同化。陸上植物の光合成はCO_2の還元に必要な水素を水の分解で得るため酸

素が発生するが，細菌の光合成では酸素を生じない。

> **✎ テスト対策**
> 炭酸同化には光合成と化学合成があること，**細菌の光合成と陸上植物の光合成の違いは色素と水素源である**ことを押さえておこう。

55
答 ① 硝酸イオン ② アミノ酸
③ タンパク質 ④ 還元 ⑤ アンモニウム
⑥ グルタミン ⑦ アミノ基 ⑧ 捕食

検討 植物の窒素同化の大まかな流れは，**硝酸イオン**の吸収→アンモニウムイオンに還元→**グルタミン**の合成→アミノ基の転移によって各種の**アミノ酸**合成→高分子の有機窒素化合物（**タンパク質**，核酸，ATPなど）合成。
 動物は食物中の有機窒素化合物から必要な高分子有機窒素化合物の合成を行う（二次同化）。

> **✎ テスト対策**
> 土壌中で安定して存在するのは**硝酸イオン**，植物が直接窒素同化に使うのはアンモニウムイオン。
> 〔硝化（土壌）〕$NH_4^+ \longrightarrow NO_2^- \longrightarrow NO_3^-$
> 〔植物体内〕$NO_3^- \longrightarrow NH_4^+ \longrightarrow$ アミノ酸

56
答 (1) 窒素固定 (2) アンモニウムイオン
(3) 根粒菌
(4) アゾトバクター，クロストリジウム
(5) シアノバクテリア (6) 硝化（硝化作用）
(7) 亜硝酸菌，硝酸菌

検討 空気中の窒素N_2からアンモニウムイオンを合成するはたらきを**窒素固定**という。**根粒菌**はマメ科植物の根に共生し，有機酸や炭水化物の供給を受ける一方で，窒素固定でつくられたアンモニアを宿主に供給する。このため，マメ科植物は窒素源が少ない土壌中でも生育できる。
(4) **アゾトバクター**は好気的環境で，**クロストリジウム**は嫌気的環境で生きる細菌である。
(5) **シアノバクテリア**は細菌類と同じ原核生物だが光合成を行う独立栄養生物である。
(6)，(7) **硝化作用**および**硝化菌（亜硝酸菌，硝酸菌）**は非常に重要。

57
答 (1) ① バクテリオクロロフィル
② 硫化水素（H_2S） ③ 緑色硫黄細菌
④ 紅色硫黄細菌 ※③・④ 順不同
⑤ 硫黄（S） ⑥ クロロフィルa
⑦ シアノバクテリア
(2) ア $12H_2S$ イ $12S$

検討 ③，④の細菌が行う光合成は，光合成色素が**バクテリオクロロフィル**であることと，水素源が**硫化水素**である点で緑色植物の光合成と異なる。

> **✎ テスト対策**
> 光合成を行う細菌の種類は覚えておく。
> 緑色硫黄細菌 ｝ 光合成細菌
> 紅色硫黄細菌
> シアノバクテリア←緑色植物と同じしくみの光合成を行う
> 硫黄細菌←光合成細菌ではない（化学合成細菌）

58
答 (1) ① 光エネルギー ② 酸化
③ 化学エネルギー
(2) ア 亜硝酸菌 イ NH_3 ウ 土中
エ HNO_3 オ H_2S カ 鉄細菌

検討 **化学合成細菌**は，無機物を酸化することで得られた化学エネルギーを用いて炭酸同化を行っている。

> **テスト対策**
>
> 化学合成を行う細菌の名称は，その細菌が生成するものに由来するものが多い。
> $\begin{cases} NH_3 \rightarrow HNO_2 & \cdots 亜硝酸菌 \\ HNO_2 \rightarrow HNO_3 & \cdots 硝酸菌 \\ H_2S \rightarrow S & \cdots 硫黄細菌 \end{cases}$

応用問題 ……………… 本冊 p.41

❺❾

答 (1) ① 二酸化炭素　② 水　③ 硫化水素　④ 水素　⑤ 酸素　⑥ 硫黄　⑦ 化学合成　⑧ 硫黄　⑨ 酸化　⑩ アミノ　⑪ グルタミン　⑫ NO_3^-　⑬ 硝化　⑭ 脱窒(脱窒素作用)　⑮ 呼吸
(2) 紅色硫黄細菌，緑色硫黄細菌
(3) 核酸，ATP，クロロフィルなどから2つ
(4) 根粒菌，クロストリジウム，アゾトバクター
(5) 亜硝酸菌，硝酸菌　(総称)硝化菌

検討 (4)シアノバクテリアのうちネンジュモも窒素固定を行うので答えに含めてもよい(光合成も行うが(2)の光合成細菌には光合成のしくみが異なるためあてはまらない)。

> **テスト対策**
>
> 〔化学合成の化学式〕
> $6CO_2 + 24[H] + エネルギー \longrightarrow$
> $\hspace{4em} C_6H_{12}O_6 + 6H_2O$
>
> 化学合成と光合成は，炭酸固定の反応は基本的には同じ。光合成の場合は水素源がH_2Oで，有機物と水のほかに酸素を生じる。化学合成の場合には，この式の反応とは別に物質の酸化を行って，得られた化学エネルギーを同化に用いる。

12 DNAの構造と複製

基本問題 ……………… 本冊 p.43

❻⓪

答 (1) 26%　(2) 23%

検討 AとT，CとGはそれぞれ同数含まれる。
(1)あるDNAの2本鎖に含まれるAとTが合計48%のとき，CとGは合計 $100-48=52$%。
(2)①鎖のAの数と①鎖の対となるDNA鎖のTの数および①鎖から合成されるRNA鎖のUの数が等しくなる。

> **テスト対策**
>
> DNAに含まれる塩基は，
> $A = T,\ C = G$
> $(A + T) + (C + G) = 100$〔%〕
> たとえばAの割合がx〔%〕のとき，
> $T = x$〔%〕，$C = G = \dfrac{100 - 2x}{2}$〔%〕

❻❶

答 エ

検討 DNAは**リン酸・デオキシリボース(糖)・塩基**からなる**ヌクレオチド**が多数つながって構成される。ヌクレオチドの3つの成分のうち，糖はもう1か所別のリン酸と結合できる部位(炭素原子と結合した-OH基)があり，ここで次のヌクレオチドとつながるため，ヌクレオチド鎖はリン酸と糖が交互につながり，糖から塩基が枝のように出ている構造となる。

❻❷

答 (1) ① ア　② オ　③ カ
(2) ア　(3) ア

検討 DNAの複製は，細胞分裂の前の間期に核の中で行われる。DNAの複製では，DNAの2本鎖が1本ずつに分かれ，それぞれをもとにして，新しい2つの2本鎖

DNAがつくられる。この複製方法を**半保存的複製**という。**メセルソンとスタールの実験**（64番の問題で扱う）によって証明された。

> 📝 **テスト対策**
> DNAの複製は半保存的複製。

63

[答] ① **DNAポリメラーゼ** ② **5′末端**
③ **3′末端** ④ **リーディング鎖**
⑤ **岡崎フラグメント** ⑥ **DNAリガーゼ**
⑦ **ラギング鎖**

[検討] DNAが複製されるときに，2本のヌクレオチド鎖で複製のされ方が異なる。**DNAポリメラーゼ**は，すでに存在する鎖の**3′末端**側に新しいヌクレオチドをつなぐことはできる（$5′→3′$方向の合成）が，5′末端側へはヌクレオチドをつなぐことができない。そのため，もとのDNAがほどけた2本のDNA鎖のうち，一方のDNA鎖については新しいヌクレオチド鎖が連続的に合成される（**リーディング鎖**）が，もう一方のDNA鎖ではほどける箇所に向かって新しいDNA鎖を合成することができない。そこで，新しくほどけた部分から前にほどけていた部分へ向かって短いDNA断片（**岡崎フラグメント**）が不連続に合成され，**DNAリガーゼ**のはたらきでつながれていく。こうして合成される新しい鎖は**ラギング鎖**と呼ばれる。

> 📝 **テスト対策**
> DNAを複製するときに方向性があることに注意する。

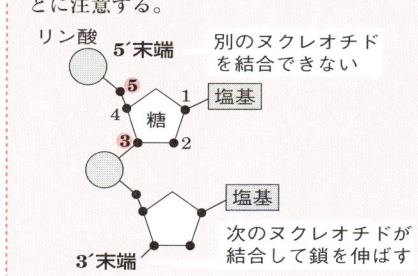

応用問題　　　　　　　　本冊p.45

64

[答] (1) 右図　1代目　2代目　3代目

(2) 1代目…すべて＿＿，
　　2代目…＿＿と＿＿

(3) ④　(4) $1 : 2^{n-1}-1$　(5) ア

[検討] 0代目は^{15}Nを含む1本鎖が2重になった「重い」DNAをもつのに対し，1代目は^{15}Nを含む2本の鎖がそれぞれ^{14}Nを含む鎖との2重鎖をつくった「中間の重さ」のDNAをもつ。
　2代目以降は，「中間の重さ」のDNAをもつもののほかに，^{14}Nを含む鎖が2重になった「軽い」DNA鎖をもつものが現れ，代を重ねるごとに，「軽い」DNAの割合が増える。

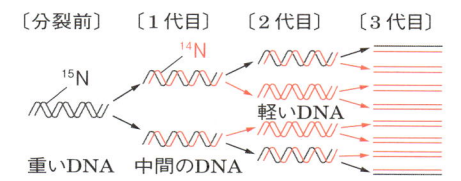

〔分裂前〕〔1代目〕〔2代目〕〔3代目〕
^{15}N　　^{14}N
重いDNA　中間のDNA　軽いDNA

> 📝 **テスト対策**
> 〔メセルソンとスタールの実験〕
> n回複製を行った大腸菌のDNAにおける「中間の重さ」DNA：「軽い」DNA
> $= 1 : 2^{n-1}-1$

13　タンパク質の合成

基本問題　　　　　　　　本冊p.47

65

[答] ① **リボソーム** ② **mRNA**
③ **アミノ酸** ④ **tRNA** ⑤ **タンパク質**

66～69 の答え

[検討] mRNA は messenger RNA の略, tRNA は **転移**(transfer)RNA の略, rRNA は**リボソーム**(ribosome)RNA の略。それぞれ異なる機能をもったこれらの RNA のはたらきによってタンパク質合成が行われる。

66
[答] (1) ウ→イ→エ→ア
(2) ウ
(3) ペプチド結合
(4) **RNA ポリメラーゼ**
(5) **mRNA がもつコドンと tRNA がもつアンチコドンの相補的な結合**

[検討] タンパク質合成の過程は次の順で進む。
① 転写…核内で DNA から mRNA がつくられる。
② mRNA が核から細胞質へ移動。
③ 翻訳…リボソームにて, mRNA の塩基配列(コドン)に対して相補的な塩基配列(アンチコドン)をもった tRNA が遺伝暗号に応じたアミノ酸を運んでくる。tRNA が運んできたアミノ酸どうしがペプチド結合によって結合し, ポリペプチド鎖が合成される。

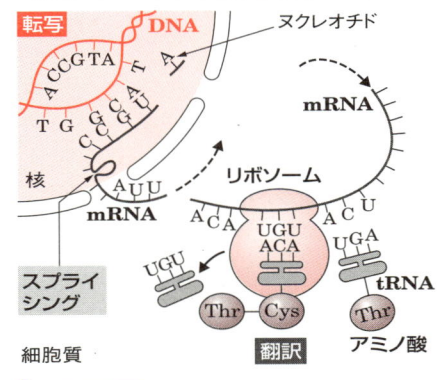

[テスト対策]
転写と翻訳において塩基配列のもつ遺伝情報がどのように伝えられてタンパク質が合成されていくのか, きちんと理解する。

67
[答] (1) ① 転写 ② コドン ③ リボソーム
④ アンチコドン ⑤ UCA
(2) TCA (3) 翻訳

[検討] mRNA の塩基配列が, アミノ酸の配列に置き換わる過程を**翻訳**という。**3 つの塩基**の並びが 1 つのアミノ酸を指定する遺伝暗号となり, mRNA の暗号をコドン, それと相補的な tRNA の暗号をアンチコドンという。

68
[答] (1) ① 20 ② 3 ③ エキソン
④ イントロン ⑤ RNA ポリメラーゼ
⑥ スプライシング
(2) アデニン, チミン, グアニン, シトシン
(3) **64 通り, 1 種類のアミノ酸を指定するコドンが複数存在する。**

[検討] (1) ③～⑥ スプライシングは真核細胞でのみ起こる現象である。
(3) 3 つの塩基の並びの組み合わせは, 4×4×4＝64 通り。

69
[答] (1) 原核細胞 (2) リボソーム 1
(3) **2 個**

[検討] 原核細胞では, 翻訳と転写が同時に起こる。合成中の mRNA にリボソームが付き, リボソームは mRNA 上を移動しながらタンパク質を合成する。タンパク質合成が終了すると, リボソームは mRNA から離れる。
これに対して**真核細胞**では, 転写は核内, 翻訳は細胞質で行われ, 転写と翻訳の間には核内でスプライシングが行われる。
(2) リボソーム 1 はリボソーム 2 の位置から現在の位置までの mRNA を翻訳している分ポリペプチド鎖の分子量が大きい。
(3) A 点から C 点までの DNA を転写した mRNA からは途中の 1 か所と C 点でリボソームが解離している。

応用問題　　本冊 p.49

70

[答] (1) CAAUGUCGUGCGAA　(2) ウ
(3) メチオニン・セリン・システイン・グルタミン酸
(4) UAC　(5) 23通り

[検討] (2) 開始コドンAUGに対するもとのDNAの相補的な塩基配列はTACである。この配列を3塩基の区切りとして考える。
(5) メチオニンを指定するコドンは1種類，セリン6，システイン2，グルタミン酸は2種類。よって，$1×6×2×2−1=23$通り。

> **テスト対策**
> コドン表はmRNAの遺伝暗号。これを使ってDNAやアミノ酸配列に読み替えたり，DNAの遺伝暗号を読めるようにしよう。

71

[答] (1) ア・ウ・エ　(2) スプライシング

[検討] ヒトの免疫細胞などでは，多数の塩基配列の領域から，一部を抜き出したものを数個組み合わせることで膨大な組み合わせのアミノ酸配列の抗体タンパク質をつくることができ，さまざまな分子構造をもつ抗原に対応している。

14　遺伝情報の変化

基本問題　　本冊 p.52

72

[答] ① フェニルアラニン
② フェニルケトン尿症
③ メラニン　④ 白子(アルビノ)

[検討] 問題文中のフェニルアラニンの代謝経路は次のようになる。フェニルアラニン→(酵素a)→チロシン→(酵素b)→メラニン
　フェニルケトン尿症は酵素aの欠損によって体内にフェニルアラニンが蓄積する病気で，フェニルケトンが尿中に排出される(かび臭い尿)。
　白子症(アルビノ)は，色素を欠くため皮膚や体毛は白くなり，目の虹彩は血管が透けて赤く見える。

73

[答] (1) ① アフリカ　② ヘモグロビン
③ アミノ酸　(2) GAG　(3) GUG

[検討] (2) DNAの塩基配列CTCに相補的なmRNAの塩基配列はGAG。
(3) 1塩基の違いでGAGから変わるバリンのコドンはGUGのみに絞られる。
　かま状赤血球貧血症は生存に不利な形質であるが，遺伝子をヘテロにもつ場合には貧血は軽度で，マラリア原虫の感染を受けにくい性質ももつため，マラリアの流行地では，この遺伝子をもつ人が高い割合で存在する。

74

[答] ① 遺伝子突然変異　② 染色体突然変異
③ 一塩基多型(SNP)

[検討] 遺伝情報を司るDNAの塩基配列は，DNAの複製時や減数分裂の際に変化することがあり，**遺伝子突然変異**という。染色体数の変化や染色体の部分的な変化を**染色体突然変異**といい，多くの場合，命にとって重篤な変化が生じ，多くの場合生存することができない。しかし，遺伝子突然変異のうちヌクレオチドが入れ替わる**置換**では，形質の変化が小さかったり，トリプレットの3番目の塩基が変わった場合など変化が生じないこともあり，この塩基配列の違いはそのまま子孫に残される。このような違いが**一塩基多型(SNP)**と呼ばれ，遺伝子解析や個人の特定などに利用されている。

応用問題 ……………………… 本冊 p.53

75

[答] (1) メチオニン・チロシン・セリン・システイン

(2) ア 変化なし　イ ポリペプチドの合成終止　ウ アミノ酸置換（システイン→トリプトファン）

(3) ☆₁の G が T または C になる。

[検討] DNA の塩基配列は相補的な mRNA の塩基配列に置き換えてから遺伝暗号表を参照する。

　1 塩基の置換が合成されるタンパク質に及ぼす影響は，次のように整理される。①アミノ酸の置換が起こらない。②アミノ酸の置換が起こるが，タンパク質の性質には大きな変化が起こらない。③アミノ酸の置換が起こり，タンパク質の性質にも影響する。④終止コドンにより，ポリペプチド鎖の合成が止まる（(3)の場合）。

[テスト対策]
1 塩基の変化がタンパク質に重大な影響を及ぼす場合もあれば全く影響しない場合もある。

76

[答] (1) ① リボソーム　② ATP
③ （各種の）アミノ酸

(2) トレオニン…ACA　ヒスチジン…CAC

(3) 読み始めの塩基によって，AAC, ACA, CAA のいずれかのくり返しになるので。

[検討] (1)試験管内で，mRNA からポリペプチドを合成させるためには，このほかに，tRNA なども必要になる。
(2)トレオニンは A・B 両方で合成される唯一のアミノ酸。ACACAC と AACAAC の中に共通の 3 塩基配列は ACA。トレオニンが特定されれば実験 A からヒスチジンも特定できる。

15　形質発現の調節

基本問題 ……………………… 本冊 p.54

77

[答] (1) オ→ア→イ→ウ→カ→エ
(2) カ
(3) 転写調節領域

[検討] ホルモンの一種である**エストロゲン**は，**受容体**をもつ**標的細胞**に対して，特定の遺伝子を発現するようにはたらく。核内で，エストロゲンとその受容体の複合体が遺伝子の**転写調節領域**部分に結合すると，遺伝子の転写が始まって，卵白アルブミンが合成される。

応用問題 ……………………… 本冊 p.55

78

[答] (1) ① リプレッサー
② **RNA ポリメラーゼ**　③ 転写
④ ラクトース分解酵素
⑤ オペロン

(2) 下図

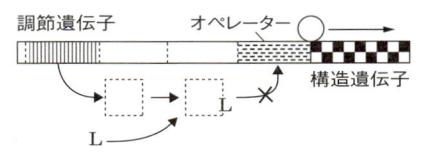

調節遺伝子　　　オペレーター
構造遺伝子
L

[検討] ラクトース分解酵素の合成では，基質であるラクトース(L)がリプレッサー(□)と結合することで抑制が解除されて RNA ポリメラーゼ(○)が構造遺伝子を転写できるようになり，遺伝子発現が起こる。

16　バイオテクノロジー

基本問題 ……………………… 本冊 p.57

79

[答] (1) ① 遺伝子組換え　② **DNA リガーゼ**

(2) **制限酵素** （理由）特定の塩基配列部分で DNA を切断するので，同じ制限酵素で切断した DNA 切片どうしを結合させることができる。
(3) **プラスミド**　(4) **ベクター**

検討 (1), (2)目的の遺伝子を切り出すはさみの役割を果たすのが**制限酵素**，DNA 断片をつなぐのりの役割をするのが **DNA リガーゼ**。
(3) **プラスミド**は細菌の染色体DNAとは別に独自に複製や遺伝子発現をする環状DNA。

> **テスト対策**
> 遺伝子組換えにおける，目的の遺伝子を含むDNAを切り取ってベクターにつなげ，細菌（あるいは細胞）に導入するまでの個々の手順についてきちんと理解しておこう。

80

答 (1) ① 塩基　② 遺伝子組換え　③ 水素
④ **DNAポリメラーゼ**　⑤ 複製
(2) 高温で失活せずはたらく。

検討 **PCR 法**は，最初に複製するDNAと材料（ヌクレオチド，プライマー），そしてDNAポリメラーゼを入れておけば温度の上昇と下降を行うだけでDNA複製をくり返すことができる方法である。

81

答 (1) カ　(2) カ　(3) オ　(4) エ
(5) ア　(6) イ　(7) ウ

検討 カ…**トランスジェニック生物（遺伝子組換え生物）**は，人為的操作によってもともともっていなかった遺伝子を導入されて1個体まで成長した生物。
(2)オワンクラゲの発光器から見つかり特定された GFP（緑色蛍光タンパク質）の遺伝子は，**遺伝子組換え**の際に目的の遺伝子と一緒に導入することで，目的遺伝子が導入された細胞や個体を判別するのに役立てられている。
(5)近年，DNAの塩基配列を読む機器（DNAシーケンサー）の性能が向上し，個人のDNA配列を決定することが容易になってきた。あらかじめ，DNAの塩基配列を調べることで，その人に合った薬の使用など，医療の効率化が期待されている（**テーラーメード治療**）。

82

答 (1) 電気泳動　(2) ア
(3) 短い DNA
(4) **TCATGTAC**

検討 このようにDNA合成を止める特殊なヌクレオチドを用いてDNAの塩基配列を決定する方法を**サンガー法**という。この際に使用される特殊なヌクレオチドは，デオキシリボースの3番目の炭素に -OH 基のかわりに -H 基がついている。通常はこの -OH 基にリン酸が結合するが，-H 基ではリン酸が結合できず，このヌクレオチドが取り込まれたところでそのDNA鎖の合成が停止する。こうしてさまざまな長さで合成が停止したDNA断片ができるが，これらを電気泳動にかけると，短いDNA断片ほど移動距離が大きいため，塩基配列の最初のほう（5′末端側）で合成が止まったDNA断片から順に並ぶことになる。移動距離の長いバンドから順番に4種類のどの塩基かを読んでいけば，最後まで完全に合成されたDNA鎖の塩基配列となる。これはDNA合成の鋳型に使われた1本鎖の塩基配列に対しては相補的な配列であり，もとのDNAのもう一方の鎖とは同じ配列ということになる。

> **テスト対策**
> 〔DNAの電気泳動法〕
> うすい板状に固めた寒天ゲルの端近くに小さな溝を空け，制限酵素で切断したDNA断片を流し込んで緩衝液に浸した状態で直流電流を流すと，DNAが陽極（＋）側へ移動する。この際，**短いDNAほど移動速度が速い**。

応用問題　　　　　　　　本冊 p.59

83
[答] ① 遺伝子組換え　(内容)制限酵素を用いて目的の遺伝子を含むDNA断片を切り出し、DNAリガーゼを用いてこの断片をプラスミドに組み込み、細胞に導入する。
② PCR法　(内容)高温によるDNA2本鎖の解離とDNAポリメラーゼによるDNAの複製をくり返すDNAの増幅法。DNA複製の起点として、短い1本鎖DNAであるプライマーも反応系に入れる必要がある。

84
[答] (1) **0.6 ユニット**　(2) **1.2 ユニット**
(3) 右図　15.6　イ　ア　ウ　18.0
　　　　　　　0.4　0.6　0.6　0.8

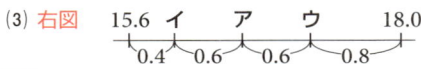

[検討] 領域Tの長さは 18.0 − 15.6 = 2.4 ユニット。図2より、制限酵素アはこの領域を1.0と1.4ユニット、イは2.0と0.4ユニット、ウは1.6と0.8ユニットの長さの断片にそれぞれ切断したことがわかる。
アイウすべての制限酵素で切断したときに得られた断片はいずれも**ア**の断片より短い(**ア**の2つの断片がそれぞれ**イ**と**ウ**に切断されている)ことや、**イ**の2断片と**ウ**の2断片のそれぞれ短いほうがほかの制限酵素で切断されていないことから、**ア**の切断点は**イ**と**ウ**の切断点の間に位置することがわかる。ここから、(2)の**イウ**の切断点が領域Tの一方の端から0.4ユニットと他方の端から0.8ユニットであることがわかるため、両者の距離は1.2ユニットとなる。
(1) **イ**の切断点は、**ア**によって1.0と1.4ユニットに分割される領域のどちら側にあるか。1.0のほうであれば0.4, 0.6に分割され、1.4のほうは**ウ**によって0.6と0.8に分割されることになり、0.6の断片2つと0.4, 0.8の断片になるので与えられた結果に合う。**イ**の切断点が1.4のほうだとすると0.2, 0.4,

0.8, 1.0の4断片になるので題意に合わない。
(3) **イ**が領域内の左寄りに与えられていることから、左から**イ・ア・ウ**の順で並べる。

17　有性生殖と減数分裂

基本問題　　　　　　　　本冊 p.61

85
[答] **ア・ウ・オ**
[検討] 無性生殖によって生じる個体は、親と同じ遺伝子をもっている。

86
[答] ① **DNA**　② **タンパク質**
③ **相同染色体**　④ **遺伝子座**
⑤ **ホモ接合体**　⑥ **ヘテロ接合体**

[検討] ②ヒトの場合は、同じ大きさ同じ形の染色体を2本ずつもつ。これが**相同染色体**で、1本は卵(母親)由来、もう1本は精子(父親)由来。⑤AAやaaのように同じ遺伝子をもつ個体のこと。⑥Aaのように異なる遺伝子をもつ個体のこと。

87
[答] (1) ① **減数分裂**　② **体細胞分裂**
③ **2回**　④ **4**　⑤ **2**
(2) ① **娘細胞は母細胞の半分**
② **母細胞と娘細胞は同数**
(3) **イ**　(4) **B**

[検討] (1), (2)減数分裂は、第一と第二の2回の分裂からなり、第一分裂で、対合した相同染色体が別々の細胞に入るため**染色体数が半減する**。第二分裂では、体細胞分裂と同様に、染色体が縦裂面から分離して娘細胞に入るため、染色体数は半減したまま**変わらない**。

(4)相同染色体どうしが対合して二価染色体をつくっている**B**が，減数分裂の第一分裂前期のものである。

88
答 (1) ア 星状体　イ 紡錘糸
(2) $A \rightarrow E \rightarrow B \rightarrow D \rightarrow C$　(3) E
(4) D　(5) E
(6) 2本　(7) イ

検討 (5)二価染色体は，第一分裂前期に，相同染色体が対合してつくられる。
(6)この動物の染色体数は，図**A**より$2n=4$なので，$n=2$である。

> **テスト対策**
> 体細胞分裂の過程を確実に理解し，減数分裂の特徴をそれと比較しながら理解しておくとよい。特に，**第一分裂における染色体の動きと数の変化に注意する。**

89
答 ① 常染色体　② 性染色体　③ X
④ Y　⑤ 雄ヘテロ　⑥ XY　⑦ 雌ヘテロ
⑧ ZW　⑨ ZO（⑧と⑨は逆でもよい）

応用問題 ●●●●●●●●●●●●●●● 本冊p.63

90
答 (1) 配偶子
(2) 異なる遺伝子の組み合わせをもつ配偶子の合体により，新しい遺伝子の組み合わせをつくり，種の保存を図る。(50字)

検討 (2)無性生殖によってうまれる個体はすべて同じ遺伝子の組み合わせになっているので，環境の変化などによって絶滅しやすいが，有性生殖によってうまれる個体は**遺伝子の組み合わせが異なっている**ので，環境が変化しても，どれかが生き残る可能性がある。

91
答 (1) ウ　(2) イ　(3) 精巣
(4) ア　(5) 右図

検討 (1)アの胞子やイの花粉は，すでに減数分裂が終わっている。
(4)バッタの性染色体はXO型で（⇨本冊p.61），雄の体細胞の染色体数は$2A+X$である。X染色体には相同染色体がなく，減数分裂の第一分裂で，X染色体をもつ細胞ともたない細胞に分かれる。そのため，X染色体をもつ精子（$n=10$）とX染色体をもたない精子（$n=9$）が2個ずつつくられる。

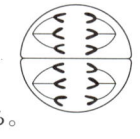

92
答 (1) C　(2) A
(3) B, D, F

検討 分裂の順序は，$F \rightarrow C \rightarrow E \rightarrow A \rightarrow B \rightarrow D$。Fは間期で，C・E・Aは第一分裂，B・Dは第二分裂である。
(3)体細胞分裂にも見られるのは，間期と，第二分裂と同じ染色体のようす。

18 遺伝の法則

基本問題 ●●●●●●●●●●●●●●● 本冊p.66

93
答 ① 遺伝子型　② 表現型　③ ホモ
④ ヘテロ　⑤ ヘテロ　⑥ 優性　⑦ 劣性

検討 遺伝用語については正しく理解しておくこと。これらのほかに，**P**（交配する両親），F_1（Pの交配で得られる雑種第一代），F_2（F_1どうしの交配で得られる雑種第二代）などは，問題文にもよく出てくる。

94

答 (1) 黄色。(理由)異なる形質の純系の親から生じたF_1に現れた形質が優性形質だから。

(2) 黄色…YY, 緑色…yy

(3) $Y：y＝1：1$

(4) $YY：Yy：yy＝1：2：1$

(5) 黄色：緑色＝1：1

検討 (2)純系なので, Pはホモ接合体である。

(3)F_1は両親から遺伝子を1つずつ受け継いでいるので, F_1の遺伝子型はYy。YyのYとyは離れて別々の配偶子に入るので, 配偶子は$Y：y＝1：1$。

(4)$Yy×Yy→YY$, Yy, Yy, yy。

(5)$Yy×yy→Yy$, Yy, yy, yy。このうち, Yyは黄色で, yyは緑色となる。

テスト対策
親のもつ遺伝子対のうち, どちらか一方が子に伝わる。また, 遺伝子をヘテロにもった場合, 優性遺伝子の形質だけが現れる。

95

答 (1) $AABB×aabb$

(2) $AaBb$

(3) $AB：Ab：aB：ab＝1：1：1：1$

(4) $AAbb$, $Aabb$

(5) 丸：しわ＝3：1, 黄色：緑色＝3：1

(6) 6.25％

検討 (1)F_1の形質が1種類であるから, Pの遺伝子型はすべてホモ接合体である(Pの遺伝子型がヘテロ接合体であれば, F_1の形質が1種類でない)。

(2)F_1は, 両親からABとabを受け継ぐので, $AaBb$。

(3)$AaBb$が2つに分離するとき, AとBが1つの配偶子に入ると, もう1つの配偶子にはaとbが入る。また, Aとbが1つの配偶子に入ると, もう1つの配偶子にはaとBが入る。これらの起こる確率がすべて等しいので, 配偶子の遺伝子型は, $AB：Ab：aB：ab＝1：1：1：1$となる。

(4)F_1どうしの交配をゴバン目法で考えると,

	AB	Ab	aB	ab
AB	$AABB$	$AABb$	$AaBB$	$AaBb$
Ab	$AABb$	$AAbb$	$AaBb$	$Aabb$
aB	$AaBB$	$AaBb$	$aaBB$	$aaBb$
ab	$AaBb$	$Aabb$	$aaBb$	$aabb$

このうち$AAbb$と$Aabb$が丸形・緑色になる。

(5)上の表より, 丸形：しわ形＝$(AA＋Aa)：aa＝12：4＝3：1$。黄色：緑色も同様に考える。

(6)$aabb$の出現比を求めればよい。

$\frac{1}{16}×100＝6.25〔％〕$

テスト対策
交配結果は, ゴバン目法を使って考えられるように練習しておくこと。

96

答 (1) $AaBb$ (2) 4種類

(3) 56.25％

検討 (1)F_1は, 両親からAbとaBを受け継ぐので, $AaBb$。

(2)F_2の表現型は, 〔AB〕, 〔Ab〕, 〔aB〕, 〔ab〕の4種類。

(3)F_2は〔AB〕：〔Ab〕：〔aB〕：〔ab〕＝9：3：3：1に分離するから,

$\frac{9}{9＋3＋3＋1}×100＝56.25〔％〕$

応用問題 ……………………… 本冊p.67

97

答 (1) $aabb$ (2) 検定交雑

(3) ①ア ②イ ③ウ ④エ

検討 (3)検定交雑では, 劣性のホモ接合体の配偶子の遺伝子型はabなので, **子の形質は検定個体の配偶子の遺伝子型で決まる**。検定交雑の結果現れた形質からそれぞれ考えると,

98～101 の答え

①〔AB〕→検定個体がつくる配偶子はABだけなので，検定個体の遺伝子型はAABB。
②〔AB〕と〔Ab〕→検定個体がつくる配偶子はABとAbなので，検定個体はAABb。
③〔AB〕と〔aB〕→検定個体がつくる配偶子はABとaBなので，検定個体はAaBB。
④〔AB〕と〔Ab〕と〔aB〕と〔ab〕→検定個体がつくる配偶子はAB, Ab, aB, abなので，検定個体はAaBb。

19 遺伝子と染色体

基本問題　　　　　　　　本冊p.69

98

答 ① 連鎖　② 連鎖群　③ 4　④ 独立　⑤ 染色体

検討 (1)同じ染色体にあって行動をともにする遺伝子のグループを連鎖群という。連鎖群の数は相同染色体の数と同じである。体細胞に8本の染色体があるので相同染色体は4対となる。よって，連鎖群も4である。

99

答 ① ア　② ウ　③ イ　④ エ　⑤ オ

検討 検定交雑の結果得られた子の表現型の分離比は，検定個体がつくる配偶子の遺伝子型の分離比を示すことから考える。
①この場合，メンデルの独立の法則が成り立つので，2つの対立遺伝子のすべての組み合わせが同じ割合で生じる。
②完全連鎖なので，BlとbLしか生じない。
③完全連鎖なので，BLとblしか生じない。
④この場合，BLとblが多く生じ，組換えによってBlとbLが少し生じる。
⑤この場合，BlとbLが多く生じ，組換えによってBLとblが少し生じる。

100

答 (1)〔AB〕:〔Ab〕:〔aB〕:〔ab〕= 54:21:21:4
(2)〔AB〕:〔Ab〕:〔aB〕:〔ab〕= 14:1:1:4

検討 (1)配偶子の40%に組換えが起こり，残りの60%には起こらないのだから，配偶子の分離比は，AB:Ab:aB:ab = 40:60:60:40 = 2:3:3:2となる。交雑の結果をゴバン目法で考えると次のようになり，

♂\♀	2 AB	3 Ab	3 aB	2 ab
2 AB	4〔AB〕	6〔AB〕	6〔AB〕	4〔AB〕
3 Ab	6〔AB〕	9〔Ab〕	9〔AB〕	6〔Ab〕
3 aB	6〔AB〕	9〔AB〕	9〔aB〕	6〔aB〕
2 ab	4〔AB〕	6〔Ab〕	6〔aB〕	4〔ab〕

〔AB〕:〔Ab〕:〔aB〕:〔ab〕= 54:21:21:4。
(2)雌の配偶子ができるときだけ20%に組換えが起こるから，雌の配偶子の分離比は，AB:Ab:aB:ab = 80:20:20:80 = 4:1:1:4となる。雄は完全連鎖なので，配偶子の分離比は，AB:ab = 1:1。交雑の結果をゴバン目法で考えると次のようになり，

♂\♀	4 AB	Ab	aB	4 ab
AB	4〔AB〕	〔AB〕	〔AB〕	4〔AB〕
ab	4〔AB〕	〔Ab〕	〔aB〕	4〔ab〕

〔AB〕:〔Ab〕:〔aB〕:〔ab〕= 14:1:1:4。

101

答 (1) **BbLl**
(2) **BL:Bl:bL:bl = 7:1:1:7**
(3) **12.5%**
(4) **紫・長:紫・丸:赤・長:赤・丸 = 177:15:15:49**

検討 (2)検定交雑の結果から，F_1がつくった配偶子の遺伝子型と割合を求める。
(3)検定交雑の結果から組換え価を求める。組換えで生じた個体は出現数の少ないもので，
$$\frac{98+102}{702+98+102+698} \times 100 = 12.5 〔\%〕$$

(4) ゴバン目法で考えると次のようになり，

	7 BL	Bl	bL	7 bl
7 BL	49〔BL〕	7〔BL〕	7〔BL〕	49〔Bl〕
Bl	7〔BL〕	〔Bl〕	〔BL〕	7〔Bl〕
bL	7〔BL〕	〔BL〕	〔bL〕	7〔bL〕
7 bl	49〔BL〕	7〔Bl〕	7〔bL〕	49〔bl〕

〔BL〕：〔Bl〕：〔bL〕：〔bl〕 = 177：15：15：49。

> **テスト対策**
> 組換え価は検定交雑の結果を利用して求める。その際，組換えで生じた個体は，数が少ないものであることに注意せよ。

102

答 (1) ① 三点　② 大き　③ 染色体地図
　　④ モーガン　⑤ ショウジョウバエ
　　⑥ だ腺（だ液腺）　⑦ だ腺染色体
　　⑧ 酢酸カーミン溶液（酢酸オルセイン溶液）
(2) 半分になっている
(3) 右図　├─┼─┼─┼─┼─┼─┼─┼─┤
　　　　　　B　　A C　D

検討 (3) $A-B$ 間の組換え価は，
$$\frac{1+1}{19+1+1+19} \times 100 = 5 〔\%〕$$
$C-D$ 間の組換え価は，
$$\frac{1+1}{49+1+1+49} \times 100 = 2 〔\%〕$$
である。また，$A-C$ 間の組換え価は1%で，$B-D$ 間の組換え価は8%である。これらをすべて満たす遺伝子の位置関係を考えればよい。

> **テスト対策**
> 染色体地図のつくり方は必ずマスターせよ。

応用問題 ●●●●●●●●●●●● 本冊p.71

103

答 (1) エ　(2) ウ　(3) **11.1%**

検討 (1)問題文から遺伝子Aと遺伝子Bが連鎖しており，遺伝子aと遺伝子bが連鎖している，つまり同一染色体上にあることがわかる。遺伝子Aと遺伝子Bが同一染色体上にあるのは，エのみであり，これが正解となる。
(2)組換えが起こらないことがポイント。F_1の遺伝子型は$AaBb$だが，(1)より遺伝子Aと遺伝子Bが同一染色体上にあるので，生じる配偶子は，ABかabのみ。そうすると，右表より，表現型の分離比は

	AB	ab
AB	AABB	AaBb
ab	AaBb	aabb

〔AB〕：〔Ab〕：〔aB〕：〔ab〕 = 3：0：0：1
となる。
(3)組換え価は，(組換えが起こった配偶子数／全配偶子数)×100で求めるが，配偶子数のかわりに，検定交雑をして得られた子の比を使っても求められる。この場合，(組換えが起こった子の比の数の和／子全体の比の数の和)×100となる。この式を使うと，
$$\frac{1+1}{8+1+1+8} \times 100 = 11.1$$
となる。

104

答 (1) 右図
(2) **16.5%**
(3) 連鎖している遺伝子間の距離が大きいほど組換え価も大きくなる。

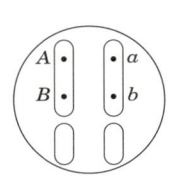

検討 (1)連鎖している遺伝子は同じ染色体上に存在する。検定交雑の結果より，遺伝子Aと遺伝子Bが連鎖していることがわかる。
(2)組換え価は次の式で求めることができる。
$$\frac{35+33}{180+35+33+165} \times 100 = 16.5$$

20 動物の生殖細胞の形成と受精

基本問題 ●●●●●●●●●●●●●●●●● 本冊p.73

105
答 (1) A 始原生殖細胞　B 卵原細胞
C 一次卵母細胞　D 二次卵母細胞
E 第一極体　F 卵　G 第二極体
(2) イ
(3) 精子形成では1個の一次精母細胞から4個の精子がつくられるが，卵形成では1個の一次卵母細胞から1個の卵と3個の極体がつくられる。

検討 卵形成における減数分裂は，第一分裂も第二分裂も**不等分裂**で，細胞質のほとんどが卵に入ってしまう。これは，卵に受精後の胚の成長に必要な養分を蓄えるためである。一方，精子形成における減数分裂は**均等な分裂**で，1個の一次精母細胞から**4個の精細胞**ができ，精細胞が変形して**精子**になる。

> **テスト対策**
> 精子・卵のでき方をしっかりと理解しておくこと。特に，1個の一次精母細胞からできる二次精母細胞・精子の数，および1個の一次卵母細胞からできる二次卵母細胞・卵・第一極体・第二極体の数をよく覚えておくこと。

106
答 (1) A エ　B ウ　C ア　D イ
(2) 体外受精
(3) 他の精子の侵入を防ぐ。

検討 (2)これに対して体内で行われる受精を**体内受精**という。精子は泳いで卵の所まで行くため，受精には水が必要であり，陸上で生活する動物は，ふつう体内受精を行う。
(3)Bの受精膜は，卵黄膜が細胞膜から離れて変化したもので他の精子の侵入を防ぐ（多精拒否）。

107
答 ① 精巣　② 体細胞　③ 減数
④ 50万　⑤ 卵巣　⑥ 減数　⑦ 卵
⑧ 極体　⑨ 100　⑩ 300
A $2n$　B $2n$　C $2n$　D $2n$　E n
F n

検討 染色体数は，減数分裂の前まで，すなわち一次精母細胞や一次卵母細胞までが$2n$，減数分裂で生じた細胞はすべてnになる。

応用問題 ●●●●●●●●●●●●●●●●● 本冊p.74

108
答 (1) エ　(2) ア　(3) イ

検討 (1)尾部を動かすモーターの役割をする中心体は，尾部ではなく中片部にある。尾部は，鞭毛部分のみを指している。
(2)選択肢のうちアの一次精母細胞のみが，減数分裂前の細胞。他の細胞はすべて減数分裂第一分裂後の細胞で，DNA量が半減している。
(3)二次卵母細胞は染色体の複製を行わないのでアは×。DNAが崩壊してしまうと，遺伝子も崩壊するのでウ，オは×。減数分裂の速度は関係ないのでエも×。

109
答 (1) ① タ　② ス　③ シ　④ セ　⑤ イ
⑥ エ　⑦ キ　⑧ ク　⑨ カ　⑩ ケ　⑪ サ
(2) A ウ　B イ　C エ　D ア
(3) B・D

検討 ヒトの女子の場合，始原生殖細胞は受精後1か月でできるといわれている。出生時には，大部分の一次卵母細胞が減数分裂第一分裂前期で停止しており，思春期になると次の分裂が生じる。
(3)ミトコンドリアも独自のDNAをもつ。

21 卵割と動物の発生

基本問題 ●●●●●●●●●●● 本冊 p.77

110

答 (1) ① イ ② キ ③ ウ ④ ク ⑤ カ
(2) ① A 端黄卵　B 等割　C 表割
D 部分割　② X ウニ　Y 昆虫類
③ 不等割…イ　盤割…ウ

検討　卵黄は卵割を妨げるため，卵割の様式は卵黄の量と分布で決まる。卵黄量が少なく均等に分布している**等黄卵**は**等割**，卵黄量が多く植物極側にかたよって分布している**端黄卵**は**不等割**，卵黄量が極端に多く動物極の一部を除く部分に分布している**端黄卵**は**盤割**，卵黄量が多く卵の中心に集中している**心黄卵**は**表割**をする。

111

答 (1) E→B→D→C→A
(2) A プルテウス幼生　B 胞胚　C 原腸胚
(3) ① 胞胚腔　② 原腸　③ 原口
④ 内胚葉　⑤ 外胚葉
(4) イ
(5) 動物極側と植物極側で割球の大きさが異なる。

検討　(1)ウニの胞胚(B)は，一層の細胞層でできている。原腸胚になると，植物極の細胞層が内部へと陥入して**原腸**を形成する(D→C)。
(5)カエルの卵は，植物極側に卵黄が多く分布しているので，植物極側は卵割しにくく，不等割になる。

テスト対策
　ウニの発生については，初期の卵割から原腸胚期くらいまで，図が描けて，各部の名称が記入できるようにしておこう。

112

答 (1) B→D→A→C
(2) A 原腸胚　B 胞胚　C 神経胚
(3) ア 神経板　イ 胞胚腔　ウ 外胚葉
エ 原腸　オ 中胚葉　カ 原口　キ 卵黄栓
ク 内胚葉
(4) ① C　② B

検討　カエルの胚は，胞胚期までは動物極側の半分が黒っぽく，植物極側の半分は白っぽい。図Dのように原口ができて陥入が始まると，動物極側の黒っぽい細胞群が下へひろがり，原口から内側にまくれ込んで行く。原口は円弧を描くようにひろがって行き，最後には円になる。この頃，植物極側の白っぽい細胞群は原口の円の中に見られるだけになり，**卵黄栓**になる。卵黄栓はしだいに小さくなって見えなくなる。

テスト対策
　カエルの発生についても初期の卵割から**原腸胚期**くらいまで，外観図，断面図が描けて各部の名称が示せるようにしておこう。

113

答 (1) A 神経管　B 脊索　D 腸管(消化管)
(2) ① A　② D　③ E　④ C
(3) X
(4) A 外胚葉　B 中胚葉　C 中胚葉
D 内胚葉　E 中胚葉　F 外胚葉
(5) ア，イ

検討　(3)Aの神経管やDの腸管は頭部から尾部まで管状になっており，これらが輪になって見えることから横断面(X)であることがわかる。
(4)Aの神経管とFの表皮は外胚葉由来で，Dの腸管は内胚葉由来，他は中胚葉由来である。
(5)Cの体節からは骨格や骨格筋などができるのでウはまちがい。また，血管はEの側板からできるので，エもまちがい。

> 📝 **テスト対策**
> カエルの**神経胚・尾芽胚**については，横断面図や縦断面図が描けるようにするとともに，**各部がどの胚葉から分化するか**，各部が将来どんな器官になるか，まとめておくこと。

応用問題 •••••••••••••• 本冊p.79

114
[答] (1) ウ　(2) ① 卵割腔　② 胞胚腔
③ 原腸胚　④ 肛門
(3) **4回目の分裂からは不等割になるから。**
(4) A **外胚葉**　B **内胚葉**　C **中胚葉**

[検討] (2)ウニでは，原口は肛門になり，原腸の先に新しく口ができる。
(3)8細胞期の後，動物極側は縦に分裂し，植物極側は水平方向に分裂する。動物極側は等分されるが，**植物極側は不等分裂をする。**

115
[答] (1) 塩化カリウム水溶液　(2) イ
(3) **胚が透明なので，内部のようすが観察しやすい。体外(海水中)で発生が進むので，発生の過程が観察しやすい。**
(4) ムラサキウニ(または**バフンウニ**)
(5) **精子は白い液状で，卵は黄色い粒状をしている。**
(6) ウ
(7) **受精卵には，卵の外側に受精膜が見られる。**
(8) **多精受精を防ぐため。**

[検討] (1)塩化カリウム水溶液(4%)が刺激となって，放精や放卵が起こる。
(3)ウニは種類によって産卵期が異なるので，1年を通して材料が比較的入手しやすいという利点もある。
(8)精液は，そのままでは精子の濃度が濃く，1つの卵に複数の精子が受精する**多精受精**が起こり，正常に発生しなくなる。

116
[答] (1) ウ　(2) **胚内部へと陥入する。**
(3) **X**

[検討] (2)図Bは原腸胚の断面で，Zは**卵黄栓**である。卵黄栓は発生が進むにつれて小さくなり，最終的にはすべて内部に陥入する。
(3)図Aの内部の腔所は**卵割腔**で，胞胚になると**胞胚腔**となり，原腸胚になるとせばめられ，なくなっていく。図BのYは原腸。

22　発生と遺伝子のはたらき

基本問題 •••••••••••••• 本冊p.82

117
[答] (1) 灰色三日月環　(2) **BMP(骨形成因子)**　(3) ノギン，コーディン　(4) 神経
(または**脊索**)　(5) ビコイド，ナノス
(6) ビコイド
(7) ホメオティック遺伝子
(8) アポトーシス

[検討] (1)カエルなどでは受精後に卵の表層が約30°回転することで**灰色三日月環**を生じる。この灰色三日月環は精子の進入点の反対側に生じる。
(2)表皮を誘導するタンパク質は**BMP**である。BMPは胚のほぼ全域に発現している。
(3)(4)**ノギン**と**コーディン**の両タンパク質がBMPを阻害する。このBMP阻害タンパク質は，おもに原口背唇部で発現し，その周囲が背側となる。このBMP阻害タンパク質の濃度によって脊索や体節などが形成される。阻害タンパク質の濃度が高い部分では脊索が形成され，その後，中胚葉域に裏打ちされた背側の外胚葉域で神経が誘導される。
(5)キイロショウジョウバエで前後軸を決定するのは，**ビコイド遺伝子**と**ナノス遺伝子**である。両遺伝子のmRNAは，卵形成時にすでに転写され，卵の中に蓄えられている。こ

のように受精前から卵内に存在して受精後の個体形成に関わる物質を**母性因子**という。
(6)ビコイド遺伝子から翻訳されたビコイド**タンパク質の多い部域が頭部**となる。逆に，ナノス遺伝子から翻訳された**ナノスタンパク質の多い部域は尾部**となる。
(7)体節それぞれに特有の形態を形成させる遺伝子を**ホメオティック遺伝子**という。ホメオティック遺伝子によって，頭部には触角が，胸部には翅や脚が形成される。
(8)発生の過程で，特定の時期に特定の部位であらかじめプログラムされている細胞死が起こることがあり，これを**アポトーシス**という。物理的，化学的に細胞が壊れてしまうことは壊死（ネクローシス）といわれる。

118
答　(1) 灰色三日月環…C　原口…C
(2) ウ
検討　(1)灰色三日月環と原口は，ともに精子の進入点の反対側に形成される。
(2)灰色三日月環を移植した場所に二次胚が形成されたことから，灰色三日月環の細胞質には，二次胚を誘導するはたらきがあることが推測される。

応用問題　　　　　　　　　　　本冊p.83

119
答　(1) ウ　(2) ア
検討　(1)灰色三日月環の少し植物極側（下側）に原口を生じ，ここから陥入が始まる。したがって，灰色三日月環自体は原口背唇部となる。
(2)(1)より，灰色三日月環自体が原口背唇部になる。原口背唇部は後に胚を誘導する形成体としての役割をもつことから，原口背唇部を含む割球のみが胚となる。

120
答　イ・エ
検討　アのヒトの手足の指の形成は，1本1本の指が伸長してできるのではなく，5本の指がくっついたような形で形成し，指と指の間の細胞がアポトーシスによって死んでいくことで5本の指が形成される。
イは血流障害により酸素や栄養が不足することによる細胞死で壊死（ネクローシス）という。壊死では細胞内の物質が放出され，周囲に炎症などを起こすことがある。
ウ　オタマジャクシの尾はカエルになるときには無くなってしまうが，これは，オタマジャクシの尾を形成していた細胞がアポトーシスによって消失していくためである。
エは火傷（高温）によるタンパク質や細胞膜の破壊による細胞死で，壊死である。
オの老化によって細胞が死んでいくのもアポトーシスである。小腸上皮だけでなく，皮膚なども同じである。

23　形成体と誘導

基本問題　　　　　　　　　　　本冊p.85

121
答　(1) 胞胚または初期原腸胚
(2) 局所生体染色法
(3) A　予定神経　D　予定体節　F　予定内胚葉
(4) C，D，E
(5) ア　C　イ　F　ウ　D　エ　A　(6) 肛門
検討　(2)これはフォークトの行った実験で，その方法は**局所生体染色法**と呼ばれる。各部分の細胞を殺さないように染め分けて，それぞれの部分からどの器官が形成されるかを調べた。その結果できた分布図を**原基分布図**（予定運命図）という。
(4)上から外胚葉（A，B），中胚葉（C，D，E），内胚葉（F）の順になっている。

122～127 の答え *33*

> **テスト対策**
> フォークトのイモリの胞胚の原基分布図は，よく覚えておかなければいけない。また，どの部分からどの器官が形成されるのかもあわせて確認しておくこと。

122
答 ① 原口背唇部 ② 脊索 ③ 誘導
④ 形成体(オーガナイザー)

123
答 (1) A 表皮 B 眼胞 C 眼杯 D 水晶体
(2) 表皮にはたらきかけて角膜を誘導する。
(3) 形成体(オーガナイザー)
検討 目は網膜・水晶体・角膜などからできているが，これらは同時に形成されるのではなく，①脳の一部がふくらんで**眼胞**をつくる→②眼胞(眼杯)が**表皮**にはたらきかけて**水晶体**を陥入させる→③水晶体が**表皮**にはたらきかけて透明な**角膜**にする，というように，一連の**誘導**によって形成される。

> **テスト対策**
> 形成体と誘導に関しては，何が何を何に誘導するかについて，知られている実験結果をまとめておくこと。特に，目の形成は誘導の連鎖の例としてよく出題される。

応用問題 ●●●●●●●●●●●●●● 本冊 p.86

124
答 (1) 桑実胚では，脊索や体節への分化は未決定だが，胞胚では決定している。
(2) ① エ ② ア ③ イ ④ オ
検討 (1)実験 1 から，脊索や体節への分化の決定は，桑実胚から胞胚にかけて行われることがわかる。
(2) A と C を合わせると，将来外胚葉になるはずの A が**中胚葉性器官**に分化することから，内胚葉になる部分(C)が外胚葉から中胚葉を誘導したことがわかる。この現象を**中胚葉誘導**といい，ニューコープが明らかにした。

125
答 (1) ① 眼胞 ② 眼杯 ③ 角膜
④ 水晶体
(2) 左右に 1 つずつある①のうちの片方を表皮に接する前に切除する。その結果，切除した側に④の構造が生じないことを確かめる。(58字)
検討 (2)必要不可欠であることを示すので，①が無いことで④が生じないことを確認すればよい。

126
答 (1) 13 日目～15 日目
(2) 5 日目の胚ではあしの真皮による誘導を受けるが，8 日目の胚では羽毛が分化する予定運命が決定している。
検討 (1)あしの真皮の影響を受けて背中の表皮の分化が変更されたのは，13 日目胚以降。したがって，13 日目以降に誘導能力が高まっていると考えられる。
(2) 5 日目胚は一部分化の方向が変更されているが，8 日目胚は，どの時期でも羽毛を生じている。したがって，分化が決定されており変更できないことを示している。

24 細胞の分化能

基本問題 ●●●●●●●●●●●●●● 本冊 p.88

127
答 ① 受精卵 ② 分化 ③ 全能性
④ 遺伝子
検討 ①動物のなかには分裂などの無性生殖で増えるイソギンチャクの一種などもある。しかし，そのイソギンチャクも，卵と精子を

つくり，受精して生じた受精卵からもとの個体が生まれている。その個体が分裂して増えている。したがって，動物の細胞はもとをたどれば受精卵に行きつく。
②受精卵は1個の細胞であり，細胞分裂を繰り返し発生が進むと，例えば，表皮細胞や神経細胞を生じる。このように特定の機能と形態をもつ細胞になることを**分化**という。
③動物では基本的にいったん分化した細胞は，他の細胞に分化することはできない。例えば，表皮細胞は神経細胞に分化することはできない。それに対して，受精卵は分化する前の状態であり，後に表皮細胞や神経細胞，そのほかすべての細胞に分化することが可能である。このようにどのような細胞にでも分化できる能力を**全能性**という。
④すべての細胞は，受精卵が細胞分裂によって分かれたものであり，同じ遺伝子をもっている（リンパ球では遺伝子再構成が行われる。→24番，71番の問題）。しかし，分化によって異なる機能と形態をもつようになる。これは，それぞれの細胞がもっている遺伝子は同じだが，発現している遺伝子が異なるためである。

128

答　イ・オ

検討　アは，クローン動物を作製するときの手順であり，ES細胞とは異なる。
イ 哺乳類の受精卵を発生させると初期段階で**胚盤胞**という時期がある。このときの**内部細胞塊**を取り出し培養したものが**ES細胞**で，胎盤以外のあらゆる組織に分化することができる。
ウ これは，iPS細胞を作製するときの手順であり，ES細胞を作製する手順とは異なる。
エ ES細胞は，受精卵由来の細胞であり全能性をもっているが，遺伝子が異なる他人に移植すると拒絶反応が起こってしまうため，×。
オ ES細胞とは，embryonic stem cellの略で，日本語では**胚性幹細胞**と呼ぶ。iPS細胞は induced pluripotent stem cellの略で，日本語では人工多能性幹細胞と呼ばれる。

129

答　ウ・オ

検討　アとイは，ES細胞のことである。
ウ 皮膚などのすでに分化した細胞に対して4種類の遺伝子を導入することで全能性をもたせた細胞をiPS細胞といい，○。現在では，導入する遺伝子の数を減らしたり，遺伝子を導入しないでiPS細胞をつくる研究が進められている。
エ iPS細胞は基本的にどのような細胞にも分化できると考えられている。
オ iPS細胞はES細胞とは異なり，誰の細胞からもつくりだすことができる。したがって，患者の細胞を使ってiPS細胞をつくれば，患者と同じ遺伝子の細胞ができるので拒絶反応は起きないと考えられており，○。

130

答　(1) ① **全能性**　② **ES**　③ **iPS**
(2) イ　(3) ア

検討　(2)**分化**とは特定の形態や機能をもつ状態に変化することだが，それは周囲の細胞との関係によって少しずつ変化していく。アは，分化していたものが受精卵に似た状態に戻っているので，分化ではなく**脱分化**と呼ばれる。ウは，人為的に外部から遺伝子を導入して形質転換させた例で，分化が起きたわけではない。
(3)スプライシングで必要ない遺伝子を除去してしまうとすると，その細胞がもつ遺伝情報が受精卵とは異なるものになってしまう。受精卵も分化した細胞も基本的にまったく同じ遺伝子をもっている。

131

答　① 核　② クローン　③ 遺伝子
④ **ES細胞**　⑤ **胚盤胞**　⑥ **再生医療**

132〜134 の答え　35

検討　③iPS細胞とは，分化した細胞に4種類の遺伝子を導入してつくりだした細胞。ES細胞にとてもよく似た多能性をもつ。2006年に**山中伸弥**教授が成功した。この業績によって，2012年にノーベル医学・生理学賞を受賞している。

④，⑤哺乳類の発生初期の胚盤胞(カエルでは胞胚期に相当する)と呼ばれる段階の胚から得たものが**ES細胞**。胚盤胞は，栄養外胚葉(後に胎盤を形成する)と内部細胞塊(後に胚になる)に分けられるが，ES細胞は内部細胞塊からつくられる。

⑥ES細胞は，理論的には1個体を発生させることができる。そのことは，生命倫理とも絡んでくるが，臓器だけ，例えば心臓だけを作製することができれば重度の心臓病患者を救うことができるかもしれない。このような医療を**再生医療**と呼ぶ。iPS細胞は1個体(1人の人間)を発生させることができる受精卵を使わないため，ES細胞に比べて倫理的な問題が少ないといわれている。

応用問題　●●●●●●●●●●●●　本冊p.91

132

答　(1) ① 除核　② 白　③ 分化
(2) ウ　(3) イ・ウ・オ
(4) クローン　(5) ウ

検討　(1)②正常に発生した個体は，白いアフリカツメガエルの小腸上皮細胞の核の遺伝情報をもとにして発生している。したがって，生まれる子も白いアフリカツメガエルとなる。
(2)この実験では，同じ遺伝子をもつ個体をつくりだしているが，その遺伝子提供個体(ドナー)には性別は関係ない。
(3)発生が進んだ小腸上皮細胞の核の情報から正常な個体が発生しているので，アが×でイが○。発生が進むと正常な個体が発生する割合が下がっているので，ウが○でエが×。

分化した細胞の核から正常な個体が発生しているので，オが○でカが×。
(4)全く同じ遺伝子構成をもつ個体や細胞どうしを，**クローン**という。
(5)有性生殖(受精)で生まれているので異なる遺伝子をもつためアは×。ヒトの男女一組の双生児は，未受精卵が2個排卵され，それぞれが異なる精子と受精したものである。したがって，イもクローンではない。

25　植物の生殖

基本問題　●●●●●●●●●●●●●●●　本冊p.92

133

答　(1) ア
(2) A **花粉母細胞**　B **花粉四分子**　C **花粉**
(3) (a) **雄原細胞**　(b) **花粉管核**　(c) **精細胞**
(d) **花粉管核**

検討　被子植物の花粉形成に関する問題である。
(1)減数分裂が起こるのは，Aの**花粉母細胞**からBの**花粉四分子**がつくられるとき。花粉四分子は未熟花粉で，核分裂を1回行って，その内部に**雄原細胞**と**花粉管核**をもつ成熟花粉になる。
(3)(c)は雄原細胞が分裂してできた**精細胞**。

134

答　(1) ア **精細胞**　イ **花粉管**　ウ **極核**
エ **助細胞**　オ **柱頭**　カ **胚珠**　キ **卵細胞**
(2) **A**
(3) 胚…**アとキ**　胚乳…**アとウ**　**重複受精**
(4) 胚…**2n**　胚乳…**3n**　(5) **n＝6**
(6) (a) **5個**
(b) 胚のう母細胞…**5個**　胚のう細胞…**5個**

検討　胚とは発生途中の植物体のことで，精細胞と卵細胞の受精で生じる。胚乳は胚が成長するための養分を蓄える部分で，精細胞と2

つの極核をもつ中央細胞の受精で生じる。
$$\begin{cases} 精細胞(n)＋卵細胞(n) \longrightarrow 胚(2n) \\ 精細胞(n)＋中央細胞(n+n) \longrightarrow 胚乳(3n) \end{cases}$$

✎テスト対策

　花粉母細胞や胚のう母細胞から何回の分裂で，花粉や胚のうがつくられるか，そのできかたや両者のちがいをよく確認しておくこと。花粉は1個の花粉母細胞から4個生じるが，胚のうは1個の胚のう母細胞から1個しか生じない。また，**重複受精**のしくみについてもよく理解しておくこと。

135

[答] (1) ア **種皮**　イ **胚乳**　ウ **子葉**
エ **子葉**　(2) **有胚乳種子**
(3) **無胚乳種子**　(4) **イ，エ**

[検討] 種子の発芽に必要な養分を，有胚乳種子では**胚乳**に蓄え，無胚乳種子では**子葉**に蓄える。

応用問題　　　　　　　　　　本冊p.94

136

[答] (1) ① **胚珠**　② **胚のう母細胞**　③ **減数**
④ **4**　⑤ **1**　⑥ **胚のう細胞**　⑦ **助細胞**
⑧ **反足細胞**　⑨ **卵細胞**　⑩ **2**　⑪ **中央細胞**　⑫ **花粉母細胞**　⑬ **花粉四分子**　⑭ **花粉管核**　⑮ **雄原細胞**　⑯ **花粉管**　⑰ **精細胞**
(2) **イ・ウ**

[検討] (2)ア花粉が柱頭に付くのは「**受粉**」，配偶子が合体するのが「**受精**」。イ自家受精が頻繁に起こると生存に不利な遺伝子のホモ接合体が生じやすくなるため，これを防止するしくみをもつ植物も多い。「**自家不和合性**」とは，自分のつくった配偶子どうしが合体できない性質のことである。ウ被子植物の胚乳は受精が起こったときだけ形成される。裸子植物では受精が起こらなくても胚乳が発達する。エイネやトウモロコシは有胚乳種子で，

栄養分は胚乳に貯蔵される。子葉が発達するのは，マメ科などの無胚乳種子。オ受精卵は（⑨卵細胞）の受精によって，胚乳核は（⑪中央細胞）の受精によって形成される。

137

[答] (1) ① **8％**　② **0％**　③ **16％**
(2) **16％スクロースは高張なため浸透圧が高く，脱水され，伸張が妨げられるため。**

[検討] グラフ①は，スクロースを栄養源として順調に育った例である。8％スクロースは等張液に近いため，細胞からの脱水も生じず伸張が妨げられない。②はスクロースを含まないため最初は花粉内の養分で育つが，やがて栄養源がなくなり，伸張が止まる。

138

[答] (1) ア **精細胞**　イ **胚のう**　ウ **卵細胞**
エ **中央細胞**　オ **胚柄**　カ **子葉**　キ **胚軸**
ク **幼根**（キとクは順序がちがってもよい）
ケ **胚乳**
(2) **双子葉類**　(3) **イ・エ**

[検討] (1)③は胚発生の内容である。胚球から**子葉，幼芽，胚軸，幼根**などができ，胚柄は退化する。
(3)重複受精が見られるのは**被子植物**だけである。裸子植物では，胚のうが多数の単相の細胞からなり，受精が行われず単相のまま胚乳(n)になる。

26 植物の発生と器官分化

基本問題　　　　　　　　　　本冊p.96

139

[答] ① **頂端分裂組織**　② **肥大**　③ **形成層**
④ ⑤ **道管・師管**（順不同）

[検討] 植物の成長は，基部から先端部までの長

さを伸ばす伸長成長と，茎の径を増す肥大成長とに分けられる。伸長成長は頂端分裂組織（茎頂分裂組織と根端分裂組織）が生み出す細胞によって，肥大成長は形成層が生み出す細胞によってもたらされる。形成層は被子植物の双子葉類と一部の大形シダ植物のみに存在する。

140
答 (1) ① 頂芽　② 頂端分裂　③ 側芽
(2) **B**

検討 植物体のくり返し構造に関する問題。くり返し構造は，茎の節から出る葉と側芽，そして茎の次の節までの「節間」を1つの単位とする。栄養成長とは，このくり返し構造を増やしていくことで，理論上は無限に続けることができる。しかし，くり返し構造をつくるかわりに「花芽」を形成すると，その先に再びくり返し構造をつくることはできなくなる。栄養成長から生殖成長への転換の決定は植物にとって大きな意味をもつ。

応用問題　本冊p.97

141
答 (1) がく片…遺伝子A　花弁…遺伝子AとB　おしべ…遺伝子BとC　めしべ…遺伝子C
(2) B遺伝子が機能しない個体…がく片・がく片・めしべ・めしべ
C遺伝子が機能しない個体…がく片・花弁・花弁・がく片

検討 (1)図をしっかり読み取ること。
(2)問題文のただし書きに留意すること。B遺伝子が機能しない個体では外側からA，A，C，Cの順で遺伝子が発現する。C遺伝子が機能しない個体ではA，$A+B$，$A+B$，Aとなる。最内側を含むすべての領域でAが発現することを見落とさないようにする。

27 刺激の受容と受容器

基本問題　本冊p.98

142
答 ① イ　② ウ　③ オ　④ エ　⑤ カ
⑥ ア

検討 刺激を受けて反応するまでの大まかな流れは覚えておくこと。〔刺激〕→受容器(感覚器)→感覚神経→中枢(大脳)〔情報処理〕→運動神経→効果器→〔反応〕

143
答 ① c，ア　② b，ウ　③ d，イ
④ a，エ

検討 ④の傾き感覚は，耳の**前庭**の中にある**平衡石(耳石)**が重力によって動くことが刺激となって生じる感覚である。

144
答 (1) a 虹彩　b 毛様体　c 水晶体
d 盲斑　e 視神経　f 角膜　g 網膜
(2) ① d　② a　③ g　④ e
(3) 右目　(4) 錐体細胞
(5) ① 収縮　② 厚　③ 網膜

検討 (2)①盲斑は，網膜全体の視神経が集まって束になり網膜をつらぬいている部分で，視細胞がないので，ここに結ばれた像は見えない。
②虹彩のはたらきによってひとみの大きさを変化させて，目に入る光の量を調節する。
(3)盲斑は鼻よりのほうにあることから右目とわかる。
(4)視細胞には，錐体細胞と桿体細胞の2種類があるが，色を識別できるのは錐体細胞である。

> **テスト対策**
> 目の各部の名称とはたらき，遠近調節のしくみについてまとめておくこと。
>
> | | 毛様筋 | チン小帯 | 水晶体 |
> |---|---|---|---|
> | 近くを見る | 収縮 | ゆるむ | 厚くなる |
> | 遠くを見る | 弛緩 | 緊張 | 薄くなる |

145
答 (1) a 鼓膜　b 耳小骨　c 半規管
　　d 前庭　e 聴神経　f うずまき管　g 耳管
(2) a, b, g　(3) ① g　② b　③ d　④ c
(4) ① オ　② ウ　③ キ　④ イ

検討 (2)耳は，**外耳・中耳・内耳**に分かれる。外耳に含まれるのは耳殻・外耳道，中耳に含まれるのは耳小骨・耳管，内耳に含まれるのはうずまき管・半規管・前庭・聴神経である。
(3)①鼓膜の両側の圧力を同じにしておかないと，鼓膜が正しく振動しない。この調節をするのが**耳管**である。

応用問題　　　　　　　　　　　　本冊 p.100

146
答 (1) A 桿体細胞　B 錐体細胞
(2) ① ロドプシン(視紅)　② 明順応
(3) ア　(4) 左

検討 (3)光は，色素上皮層(図の下にある細胞層)とは反対側から入ってくる。
(4)視神経の伸びている方向に盲斑がある。

147
答 0.125 cm

検討 右の図のように，紙からの距離を80 cm，眼球の直径を2 cm，見えない部分の直径を5 cm，盲斑の直径

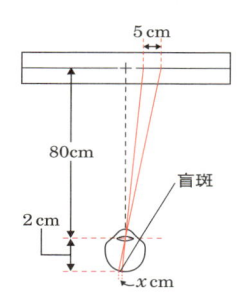

を x cm とすると，
　$80 : 5 = 2 : x$
という式が成り立ち，$x = 0.125$ cm となる。

28　神経系による興奮の伝達

基本問題　　　　　　　　　　　　本冊 p.102

148
答 (1) A 細胞体　B 神経繊維
C 樹状突起　D 軸索　E 神経鞘　F 核
G 髄鞘　H ランビエ絞輪
(2) ウ　(3) ア　(4) イ
(5) シナプス

検討 (2)筋肉につながっているから，筋肉に命令を伝える**運動ニューロン**である。
(3)軸索が**髄鞘**で包まれているから**有髄神経**。
(4)無脊椎動物の神経繊維は髄鞘のない**無髄神経繊維**である。脊椎動物の神経繊維は，交感神経を除いて**有髄神経繊維**である。

149
答 (1) ① 負(−)　② 静止電位　③ 正(＋)
④ 活動電位　⑤ 髄鞘　⑥ ランビエ絞輪
⑦ 速い　⑧ 跳躍伝導
(2) ② −70 mV　④ 100 mV
(3) B

検討 (2)静止電位はグラフをそのまま読んで−70 mV。活動電位は，静止電位を基準とした大きさなので，70 + 30 = 100 mV。
(3)ニューロンは，刺激がある一定の強さ(**閾値**(いきち))に達しないと興奮しない。しかし，閾値以上であれば，どんな強さの刺激を与えても興奮の大きさは大きくなることなく一定である。これを**全か無かの法則**という。

150 〜 154 の答え

> 📝 **テスト対策**
> 　有髄神経繊維と無髄神経繊維のちがいをまとめておこう。
> **有髄神経繊維**…伝導速度が**速い**(跳躍伝導)。
> 　脊椎動物
> **無髄神経繊維**…伝導速度が遅い。無脊椎動物，脊椎動物の交感神経

150
[答] (1) ア　(2) ウ　(3) シナプス
(4) 伝達物質が軸索の末端からだけ分泌されて，次のニューロンを興奮させるから。
(5) ノルアドレナリン
(6) アセチルコリン
(7) アセチルコリン

[検討] (4)軸索の末端は少しふくらんで，次のニューロンの細胞体または樹状突起に接している。この部分を**シナプス**という。軸索の末端には，**アセチルコリン**や**ノルアドレナリン**などの伝達物質を含んだ**シナプス小胞**があり，興奮が伝わってくると，伝達物質を放出して次のニューロンに興奮を起こさせる。シナプス小胞は樹状突起や細胞体内にはないので，興奮は，**軸索→隣のニューロンの樹状突起または細胞体の向き**にしか伝わらない。ただし，1つのニューロンの中では，興奮は刺激を受けた点の両側に伝わっていく。このことを混同しないようにしよう。

応用問題　　　　　　　　本冊 p.103

151
[答] A→C→E→B→D

[検討] ナトリウムイオンが細胞内に流入することにより，細胞内の陽イオンの割合が多くなって細胞内が正(＋)になる。そして，カリウムイオンが細胞外に流出することにより，細胞内の陽イオンの割合が少なくなって細胞内が負(－)にもどる。

152
[答] (1) イ　(2) ①　(3) ①　(4) ウ　(5) ④

[検討] (3)刺激を加える場所を変えても，興奮は両方向に伝わるので，通常の活動電位のグラフになる。
(4)基準電極と同じ所を測ることになるので，電位差は見られない。
(5)最初は電位差はない(0)が，Cで発生した興奮がAに伝わると，Aでは電位が逆転して負(－)になり，このときBは正(＋)のままなので両者の間に電位差が生じて，オシロスコープに－の波形が現れる。そして，興奮がBに伝わると，Bが負(－)になり，このときAは正(＋)にもどっているので，＋の波形が現れる。その後またBが正(＋)にもどり電位差がなくなる。

153
[答] 30 m/s

[検討] AB間の距離は $50-5=45$ mm $=45\times 10^{-3}$ m。この距離を伝わるのにかかった時間は $5-3.5=1.5$ ミリ秒 $=1.5\times 10^{-3}$ s。したがって，興奮の伝導速度は，
$$\frac{45\times 10^{-3}}{1.5\times 10^{-3}}=30 \text{[m/s]}$$

29 中枢神経系と末梢神経系

基本問題　　　　　　　　本冊 p.105

154
[答] ① 脊髄　② 延髄　③ 体性神経
④ 自律神経

[検討] 脊椎動物の中枢神経系は**脳**と**脊髄**からなり，脳は大脳・中脳・小脳・間脳のほか延髄も含まれることに注意。

155
[答] a 大脳　b 間脳　c 中脳　d 小脳
　e 延髄　① b　② e　③ a　④ c　⑤ d

[テスト対策]
中枢神経系には脳と脊髄があり，それぞれ機能が異なる。脳については，各部の名称と位置，はたらきについてまとめておくこと。
大脳…記憶や思考などの精神活動
中脳…眼球運動，虹彩の調節
小脳…からだの平衡，筋肉運動の調節
間脳…体温・血糖値などの恒常性の維持
延髄…呼吸，心臓の拍動などの調節

156
[答] (1) 反応…反射　反応経路…反射弓
(2) A 灰白質　B 白質　C 運動神経
　D 感覚神経
(3) ① 感覚　② 背　③ 腹　④ 運動

[検討] (2) CとDについては，興奮の方向を示す矢印の向きから，Dが運動神経でCが感覚神経だとわかる。また，矢印がなくても，脊髄内でのシナプスのようすから興奮の伝達の方向（Dの神経終末→Cの細胞体）が読み取れる。

[テスト対策]
脊髄のつくりと反射についてはテストによく出る。白質，灰白質，背根，腹根の位置，通っている神経の種類，反射弓の経路をしっかりと覚えておくこと。

応用問題　本冊p.106

157
[答] (1) a, e　(2) 延髄　(3) d
(4) d 感覚神経　g 介在神経　h 運動神経
(5) d→g→h　(6) d→k→j

[検討] (1) 灰白質はニューロンの細胞体が集ま

っている部分である。大脳は外層(皮質)が灰白質，内部(髄質)が白質(軸索が集まっている部分)であるが，脊髄では反対に，皮質が白質で，髄質が灰白質である。
(3) 背根は感覚神経，腹根は運動神経が通る。
(5) これは反射であるから，反射弓を伝わる。
(6) 熱いと感じるのは大脳のはたらきである。

30 刺激への反応と効果器

基本問題　本冊p.108

158
[答] ① オ　② エ　③ ク　④ ウ　⑤ イ
　⑥ カ　⑦ ア

[検討] 平滑筋は内臓を構成する筋肉で内臓筋ともいう。骨格筋は随意筋で，心筋と平滑筋は不随意筋である。

159
[答] ① オ　② ウ　③ ア　④ エ

[検討] 鞭毛と繊毛は基本的なつくりは同じものだが，長さと数がちがう。鞭毛は1本～数本で長く，ミドリムシや精子などがもっている。繊毛は短く無数にあり，ゾウリムシの体表面や気管上皮などにある。

160
[答] ① カルシウムイオン(Ca^{2+})
② ミオシン　③ トロポニン
(順番) ウイカオアエ

[検討] 筋収縮の過程は，神経の興奮が伝わると，①筋細胞膜の興奮，②筋小胞体からのCa^{2+}放出と進む。③Ca^{2+}がトロポニンと結合することでアクチンフィラメントとミオシンフィラメントが結合可能になる。そして，④ミオシンがATPを分解，⑤ATPのエネルギーでアクチンとミオシンの滑り込み(筋収縮)が起こ

161～163 の答え

る。収縮後は，能動輸送により Ca^{2+} が筋小胞体に回収され，筋原繊維はもとの状態にもどる（筋肉の弛緩）。

> **テスト対策**
> 筋小胞体から出る Ca^{2+} が筋収縮の引き金。ATPを分解するタンパク質はミオシン。

161
答 (1) a 単収縮　b 強縮（完全強縮）
(2) b　(3) 弛緩
(4) ウ

検討 (4)筋肉は，閾値の異なる筋細胞の集まりなので，刺激の強さを強くしていくと収縮する細胞の数が増し，筋肉全体の収縮の大きさは徐々に大きくなる。

> **テスト対策**
> 単収縮と強縮は与えられた刺激の間隔のちがい（単収縮は間隔が長く，強縮は短い）と，グラフの形を確認せよ。

応用問題　本冊 p.110

162
答 (1) ① アクチン　② ミオシン　③ Z膜
(2) 明帯…ア　暗帯…イ　サルコメア…オ
(3) 明帯とサルコメア
(4) クレアチンリン酸
(5) 右図
(6) ① $1.0\,\mu m$
　② $1.6\,\mu m$

検討 (1), (2)電子顕微鏡で暗く見える**暗帯**はミオシンがある部分で，**明帯**はアクチンのみの部分である。明帯の中央にあるのが**Z膜**で，Z膜とZ膜の間を**サルコメア（筋節）**と呼び，これが筋肉の収縮単位である。

(3)筋収縮時には**暗帯の長さは変わらず**，明帯部分のみが短縮する。アクチンとミオシンの各フィラメント自体は収縮せず，滑り込みによって収縮が起こると考えられている。
(4)筋収縮の直接のエネルギーはATPから供給されるが，**クレアチンリン酸**は高エネルギーリン酸結合をもち，リン酸を転移させることでATPを再生させてエネルギーを供給する物質である。
(5)(6)図2で，サルコメアの長さが $2.0\,\mu m$ より短くなると張力が低下している。これは，両側から引き込まれてきたアクチンフィラメントどうしが衝突しているためである。**A**で，サルコメアの長さが $2.0\,\mu m$ というのは，両側からのアクチンフィラメントの長さの合計が $2.0\,\mu m$ ということであるから，一方のアクチンフィラメントの長さは $1.0\,\mu m$ である。
　Bのサルコメアの長さが，$3.6\,\mu m$ のところでは張力が0である。**B**では，アクチンフィラメントとミオシンフィラメントとが重なっていないので，2本のアクチンフィラメントの長さとミオシンフィラメントの合計が $3.6\,\mu m$ であることを示している。①よりアクチンフィラメントが $1.0\,\mu m$ であることからミオシンフィラメントの長さは，

$$3.6 - 1.0 \times 2 = 1.6 \ [\mu m]$$

> **テスト対策**
> ▶「暗帯＝ミオシン」から覚えると，筋節の構造や収縮のしくみを理解しやすい。
> ▶グラフを見るときは，傾きが変化するところに注目する。

163
答 ① ルシフェリン　② ルシフェラーゼ
③ 色素胞　④ 発電　⑤ 繊毛　⑥ 鞭毛
⑦ 排出管　⑧ 外分泌腺　⑨ 内分泌腺

164〜168 の答え

検討 ホタルの発光は酵素による酸化反応で，発生するエネルギーの約98%が光に転換され，ほとんど熱を発生しないので冷光と呼ばれる。

164
答 (1) ① 滑り説　② ミトコンドリア
　③ 乳酸発酵　④ 解糖
(2) Ca^{2+}（カルシウムイオン）
(3) トロポニン　　(4) 単収縮
(5) A 変化なし　B 変化なし　C 減少
(6) クレアチンリン酸からエネルギーが供給されATPが合成されるため。
(7) Ca^{2+}は，能動輸送により筋小胞体に回収される。

検討 (1)② 細胞（筋繊維）内のミトコンドリアで，呼吸によりATPがつくられる。③ 激しい活動をしているときは，酸素の供給が不足する。このようなときには**解糖**によりグルコースを乳酸に分解してATPを生成する。
(5) 酸素のない状態で，解糖を阻害して行っているので，ATPは，
　クレアチンリン酸＋ADP→クレアチン＋ATP
の反応過程で生成されていると考える。呼吸の材料はグルコースである。グルコースを供給するため，グリコーゲンが分解される。しかし，解糖も呼吸も行われていないので，グリコーゲンも乳酸も変化しない。**クレアチンリン酸**はリン酸をADPに供給するのでクレアチンになる。したがって，クレアチンリン酸は減る。
(6) ATPがADPとリン酸に分解されると，クレアチンリン酸のリン酸がADPに供給されATPが合成される。
(7) 筋繊維の興奮がおさまるとCa^{2+}は能動輸送により筋小胞体に取り込まれ筋肉は弛緩する。

テスト対策
クレアチンリン酸は筋細胞中にエネルギーを蓄えている。

31 動物の行動

基本問題　　　　　　　　　本冊 p.113

165
答 (1) 光走性，光，＋
(2) 流れ走性，水流，＋
(3) 重力走性，重力，－
(4) 化学走性，二酸化炭素，＋
(5) 電気走性，電流，－
(6) 光走性，光，－
(7) 温度走性，温度，＋

166
答 (1) A　(2) B　(3) C　(4) D　(5) A
(6) B

検討 (1) 正の光走性。
(3) このような学習を**試行錯誤学習**という。
(5) 正の流れ走性。
(6) 種族維持のための求愛行動で，種固有の固定的動作パターンによる行動。

167
答 (1) ウ　(2) ア　(3) かぎ刺激（信号刺激）

検討 イトヨなどの種固有の配偶行動は型にはまっていて，順序が逆になったり，順番をとばしたりすることはない（**固定的動作パターン**）。これは，1つのかぎ刺激によって決まった反応が起こると，それが刺激となって，次の反応が起こるというように，一連の反応がプログラム化されているからである。

168
答 ① c　② g　③ a　④ h　⑤ e
⑥ j　⑦ i　⑧ d　⑨ f　⑩ k

検討 学習と生得的行動は経験の有無によって区別する。**学習**は，うまれつき決まっていて変化することのない生得的行動とちがって，経験の内容によって変わるものである。

169
答 ウ

検討 イ…うまれたばかりで何の経験もしていない段階での行動であるから生得的な反応。
エ…イトヨの雄は，繁殖期には腹が赤くなっているが，下面が赤い物であれば何でも攻撃する。これは下面の赤い色が**かぎ刺激**となって起こる**生得的な反応**である。
オ…これも誰に教わるわけでもなく，うまれつき備わっている複雑な行動で**生得的行動**。

> **テスト対策**
> 走性，反射などの**生得的行動**と，**学習，知能行動**のちがいを，例とともにしっかりと整理しておくこと。

170
答 ① 目(または視覚)
② 触角(または嗅覚)
③ フェロモン ④ かぎ刺激 ⑤ 化学走性

検討 ①，②実験1では，視界がふさがれていても触角があれば雌に接近できるが，触角がなければ近くに雌がいても接近できない。実験2では，雌を密閉容器の中に入れると中が見えても雌に接近できない。したがって，カイコの雄は**雌の出す化学物質(フェロモン)を触角で受容し感知している**と考えられる。
③生得的な特定の行動を引き起こす刺激を**かぎ刺激**という。④この場合は，**正の化学走性**である。

171
答 (1) ① 慣れ ② 鋭敏化
(2) A イ B ア C ウ
(3) a 下がり b しにくく c 上がり d しやすく

検討 **慣れ**や**鋭敏化**は，神経系における情報の流れに変化が起こることによって生じる。慣れでは，水管の感覚神経とえらの運動神経とのシナプスで，感覚神経から放出される神経伝達物質の量が減るために，伝達効率が下がり興奮しにくくなる。また，鋭敏化では，神経伝達物質の量が増えるため，伝達効率が上がり興奮しやすくなる。

172
答 (1) ① フェロモン ② 道しるべフェロモン ③ 性フェロモン ④ 円形 ⑤ 8の字 ⑥ 固定的
(2) 遅くなる (3) フリッシュ

検討 (2)8の字ダンスの直進区間にかける時間の長さが花までの距離と関係があり，花が遠くにあると8の字ダンスの直進区間に要する時間が長くなる。すると，単位時間あたりの8の字ダンスの回数が減る(つまり，ダンスの速度が遅くなる)。

応用問題 ……… 本冊 p.117

173
答 (1) ゾウリムシの比重が水よりも大きいこと (2) ゾウリムシが液面近くに密集するのは，空気に対する正の化学走性があるからであるということ
(3) 負の光走性 (4) 負の重力走性

検討 (1)ゾウリムシが液面近くに密集するのは，ゾウリムシの比重が水より小さいために自然に浮かんでしまうのか，それともゾウリムシ自身の運動によって集まるのかを確かめるために実験Aを行った。遠心分離機にかけると，比重の大きいものほど下に沈むので，この実験から，ゾウリムシは水より比重が大きいので，自然に浮いたのではないことがわかる。
(2)ゾウリムシが液面近くに密集する原因として，ゾウリムシが空気(酸素)を求めて浮上することが考えられる。このことを確かめたのが実験Bである。実験Bの結果，ゾウリム

シは空気がなくても上に集まるので，空気は関係ないことがわかる。

174
[答] (1) 8の字ダンス
(2) 太陽コンパス
(3) A ⑥　B ③
(4) 右図

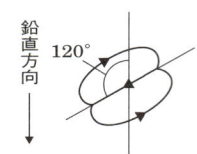

[検討] (1)ミツバチのしり振りダンスには8の字ダンスとえさ場が近くにあるとき行う円形ダンスがある。
(3)8の字ダンスでは，ま上が太陽の方向で，鉛直線の上向きの方向とダンスの直線部分の方向のつくる角度が，太陽の方向と巣箱とえさ場の方向のつくる角度に等しい。したがって，図Aの場合，太陽を右に見ながら，太陽とは60°の方向に飛んでいけばえさ場に着くことがわかる。図Bも同様に考える。

32 環境要因の受容と植物の応答

基本問題　本冊 p.119

175
[答] (1) ① イ　② カ　③ ア　④ オ　⑤ キ　⑥ ウ
(2) ① 負　③ 正　⑥ 正
(3) ② ・ ⑤

[検討] (1)刺激の方向に対して決まった方向に屈曲して成長する運動を**屈性**といい，刺激の方向とは無関係に刺激の強さだけに反応して屈曲する運動を**傾性**という。①〜⑥について，まず屈性か傾性かを見分け，刺激の種類によって**ア〜オ**のどれにあたるのかを決める。なお，⑤は光傾性による**就眠運動**である。
(2)①は刺激(重力)の方向とは逆に曲がるの

で負の重力屈性。③は刺激(光)の方向に曲がるので正の光屈性。⑥も刺激(接触)の方向に曲がって巻きつくので正の接触屈性。
(3)接触傾性や就眠運動で葉が閉じる運動は，葉のつけねの葉枕の細胞内の膨圧が変化して起こる**膨圧運動**である。

> **テスト対策**
> 刺激の種類による屈性の名称のちがいと，正負の区別がつくようにしておくこと。

176
[答] ① サ　② イ　③ コ　④ オ　⑤ シ　⑥ ク　⑦ ソ

[検討] (2)気孔の開閉は，孔辺細胞が吸水することによって生じる**膨圧の変化**で調節される。つまり，孔辺細胞が吸水して膨圧が高くなると孔辺細胞が変形して気孔が開き，孔辺細胞内の膨圧が下がると形がもとにもどり，気孔が閉じる。

応用問題　本冊 p.120

177
[答] ① フィトクロム　② 青色　③ 徒長　④ 展開　⑤ 赤色　⑥ 伸長成長　⑦ もやし

[検討] ①②赤色光と遠赤色光の両方に吸収極大をもつ光受容物質は**フィトクロム**である。光発芽種子の研究から発見された。花芽形成の光周性にも関与する。**クリプトクロム**や**フォトトロピン**は青色光の受容物質である。
③土壌中などの暗所で発芽した芽生えは，光を受容できるようにと胚軸(茎)を伸ばし，その間，葉は展開させない。光を受けられる地上に出るまで葉を広げることはない。光を受容すると，茎をただ長く伸長させるのではなく，葉を支えられる強度をもつ太い茎を形成するようになる。また，葉を素早く広げてクロロフィルを合成し光合成が行えるように

なる。フィトクロムが機能喪失すると光を受容できなくなり、明所であっても光を感じないのだから、暗所中と同じ反応を示し、「もやし」となってしまう。

ⓘ78
答 (1) アブシシン酸
(2) A Ⅰ　B Ⅲ　C Ⅱ

検討 (2) Ⅰ, Ⅱ, Ⅲが正常な気孔の開閉に必要なしくみであるから、それぞれの変異が起きると気孔の開閉がどのようになるかを考え、変異体A～Cの結果にあてはめていく。

まず、Ⅰに変異が起こると植物ホルモンアが合成できなくなるが、その受容体や浸透圧変化は正常なので、アを与えれば野生型と同様にふるまう。ここから変異体Aとわかる。暗条件に対して閉鎖するのが正常な反応であることも推定される。

次に、気孔を直接開閉させているのは孔辺細胞の浸透圧変化であるから、Ⅲの変異が起こると気孔は開いたままになり、環境変化が感知されても反応しないと考えられる。よってⅢに変異が起きているのは変異体B。

最後に、アを正常に合成しているが、それを受容できないのがⅡに変異が起きた場合である。このときはアを与えても孔辺細胞は反応を示さない。しかし、植物ホルモンの受容以外は正常なので暗条件に対する反応は変異体Aと同じになると考えられる。よって変異体C。

33 植物ホルモンによる成長の調節

基本問題　　　　　　　　　　本冊 *p.122*

ⓘ79
答 (1) インドール酢酸　(2) イ, ウ
(3) 根では高濃度になった下側の成長が抑制され、茎では高濃度になった下側の成長が促進されるため。

検討 (1) **インドール酢酸はIAA**の略称でも呼ばれる。**オーキシン**として作用する物質にはほかに人工的に合成される**ナフタレン酢酸**や**2,4-D**がある。
(2) エは、低濃度のオーキシンで成長が促進される根の感受性が最も高いのでまちがい。

ⓘ80
答 (1) ① イ　② エ　③ イ　④ イ　⑤ エ
⑥ ア　⑦ ウ
(2) ①と②　(3) ④と⑤
(4) ⑥と⑦　(5) オーキシン

検討 (1) **オーキシンは幼葉鞘の先端部でつく**られ、下方に移動してその部分の成長を促進する。また、光が当たると、光とは反対側に移動する。②は先端部を除去したのでオーキシンがつくられず、成長しない。④は、オーキシンが左側に移動するため左側が成長して右に曲がる。⑤は、オーキシンが左側に移動するが、雲母片があるため下降できず、ほとんど成長しない。オーキシンは水溶性の物質なので寒天片は通過でき、⑥はまっすぐ伸びる。⑦は、寒天片にしみ込んだオーキシンが下降していくので右側が伸び、左に曲がる。
(2) 先端部のあるものとないものをくらべる。

> **テスト対策**
> オーキシンが光の当たらない側に移動するため光屈性が起こることをよく確認しておく。

181

[答] ① アブシシン酸 ② ジベレリン ③ エチレン ④ ジベレリン ⑤ オーキシン ⑥ サイトカイニン

[検討] ②④ジベレリンは種子発芽にも重要な役割を果たす。発芽条件が整うと胚の細胞で合成され，胚乳を取り巻く**糊粉層**の細胞に作用して**アミラーゼ**合成を促す。アミラーゼは胚乳のデンプンを糖に分解し，胚の細胞が糖を発芽のエネルギー源として消費する。

応用問題 ••••••••••••• 本冊p.123

182

[答] ① ウ ② イ ③ イ ④ ウ

[検討] ①光の当たらない**B**側へオーキシンが移動。
②オーキシンは移動しない。
③光が当たっても，雲母片があるのでオーキシンは移動できない。
④雲母片があっても，オーキシンが光の反対側に移動できる。

183

[答] (1) **b** ジベレリン **c** アブシシン酸 **d** サイトカイニン **e** エチレン
(2) イ

[検討] (1)**a オーキシン**は細胞壁の構成分子どうしの結合を弱め，細胞壁を柔らかくする作用がある。**a**がオーキシンであることから，**b**と**d**が大まかに成長促進方向に作用するホルモンであるジベレリンか**サイトカイニン**であることがわかる。反対に，**c**と**e**は老化・休眠方向に作用するエチレンとアブシシン酸のいずれかである。果実の成熟に関わることから**e**が**エチレン**。**c**が種子の休眠，**b**が休眠打破にはたらく点から**c**が**アブシシン酸**，**b**が**ジベレリン**であると判断できる。

(2)果肉がすでに熟しているのでジベレリンではなく，エチレンを用いるのが適切と考えられる。

34 植物の花芽形成の調節

基本問題 ••••••••••••• 本冊p.126

184

[答] (1) ① 短日植物 ② 長日植物 ③ 中性植物 ④ 光周性 ⑤ 春化処理
(2) 夜間照明をつけて暗期の長さを短くする。

185

[答] (1) B (2) 限界暗期 (3) 光中断
(4) BとC (5) イ

[検討] (1)連続暗期が9時間以上の**B**で花芽が形成され，開花が見られる。**C**は，暗期の合計は9時間をこえるが，途中で光が当たっており(**光中断**)，連続暗期は9時間ないので花芽は形成されず，開花は見られない。
(5)ダイコン，アブラナは長日植物，トマトは中性植物である。

> 📝 **テスト対策**
> 花芽形成(開花)に関する問題では，連続暗期が限界暗期に達しているかどうかがかぎになる。光中断には注意が必要。

応用問題 ••••••••••••• 本冊p.126

186

[答] (1) AとB (2) 葉，BとC
(3) 花成ホルモン(フロリゲン)，師管

[検討] (1)**A**と**B**は明処理と暗処理だけのちがいで，暗処理したときだけ花芽を形成することから**短日植物**だとわかる。
(2)同じ暗処理でも，葉がある**B**では花芽を形成し，葉がない**C**では花芽を形成しないこ

187〜189 の答え

とから，葉で日長を感じとっていることがわかる。
(3) Dで花芽が形成されたのは，Eでつくられた**花成ホルモンが師管**を通ってDに移動したためである。

187
[答] (1) 花成ホルモンが葉で合成され茎に移動し側芽に作用するのに14時間より長い暗期が必要。(40字)
(2) **2**
(3) 暗期終了時点で花成ホルモンが側芽に到達しているかどうかを調べるために，暗期終了後に花成ホルモンが側芽に移動してくることを防いでいる。

[検討] (1) 花成ホルモンが花芽形成を起こすまでには，葉での明暗の受容→葉での花成ホルモンの合成→花成ホルモンの葉から茎への移動→(茎の中を移動)→茎から(側)芽への移動→(側)芽での花成ホルモンの受容→花芽形成，という流れがある(Aグループでは茎の中の移動を考える必要はない)。16時間の暗期があればこの過程が完了するため花芽が形成された。

14時間の暗期では，この過程が完了せず花芽形成が起こらなかったが，どの段階にあるかは特定できない。したがって，「花成ホルモンが合成されなかった」では誤答。
(2) AグループとBグループの違いは，光を受容する葉と花芽を形成する側芽との距離Lである。したがって，花成ホルモンが102 cmの茎を移動する時間だけ，Bグループの花芽形成が遅れると考えられる。しかし，実験結果は両グループとも，14時間の暗期では花芽が形成されないが，16時間ならば花芽形成が起こっている。(1)から，茎の中を移動する時間を除いても花成ホルモンの合成から側芽に作用するまでに14時間より長くかかる。102 cmの移動に2時間以上かかる場合(14，16時間はこの条件にあてはまる)，Bグループでは上部が切除される前に花成ホルモンが側芽に到達せず花芽形成は起こらないはずである。言い換えれば，102 cm移動に要する時間は2時間以内であるといえる。
(3) ここまで考えてきたことを踏まえ，この実験では「葉での受容から側芽での作用まで」が暗期内に完結するかどうかを調べていることを説明する。この切除処理を行わないと，Aグループで限界暗期を調べることができず，Bグループと比較して茎内の移動時間を考えることもできない。

35 種子発芽の調節

基本問題 ●●●●●●●●●● 本冊 p.128

188
[答] ① 温度　② 水(①と②は順不同)
③ 休眠　④ アブシシン酸　⑤ 光発芽種子
⑥ ジベレリン　⑦ アミラーゼ

応用問題 ●●●●●●●●●● 本冊 p.129

189
[答] (1) A 胚乳　B ジベレリン
　C アミラーゼ　D デンプン
(2) 適度な温度，水，酸素
(3) ① 光発芽種子　② フィトクロム
　③ ア，エ

[検討] (1) オオムギは有胚乳種子である。
(3) **フィトクロム**は，赤色光を照射するとP_{FR}型になり，遠赤色光を照射するとP_R型になる(Pはフィトクロムの頭文字，RとFRは，それぞれ**吸収する光の色の頭文字**である。P_R型は赤色光 red right を吸収するとP_{FR}型に変化する。P_{FR}型は遠赤色光 far red right を吸収するとP_R型に変化する)。したがって，P_{FR}型に変化させる光であるアが正しい。

36 個体群とその成長

基本問題 ●●●●●●●●●●●●●●●● 本冊p.131

190
[答] ① 個体群　② 個体数　③ 成長
　　④ 環境収容力(飽和密度)
　　⑤ S(引き伸ばされたS)　⑥ 密度効果

[検討] ある一定面積(空間)に生息する生物の個体数を**個体群密度**といい，個体群密度が増加することを**個体群の成長**という。食物や生活環境など生育するための環境条件がよいときは，個体群の成長曲線は指数関数のグラフのようにJ字曲線を描く。個体群密度が高まると，食物の不足や排出物の蓄積，生活空間の不足などの密度効果によって個体群の成長速度は鈍り，個体数はある一定の範囲に収束する。このときの個体数密度を**環境収容力**または**飽和密度**という。

191
[答] 雄…**88頭**，雌…**196頭**

[検討] 雄の個体数を x とすると，$x:55=40:25$
この式より，$25x=55\times40$，∴ $x=88$
本冊p.130の式を使えば
　　総個体数 $=55\times\dfrac{40}{25}=88$
同様に雌の個体数を y とすると，
$y:35=28:5$　　$5y=35\times28$　　∴ $y=196$

[テスト対策]
比例式を立てて計算する場合，なるべく計算を簡単にするような工夫をする。
例　$25\,x=55\times40$　　$x=11\times8=88$
　　　5　　　11　　8

192
[答] (1) ア　(2) ウ
　　(3) ① ウ　② ア　③ イ　④ ウ
　　⑤ ア　⑥ イ

[検討] (1)親の保育能力が発達している場合は，初期死亡率は低く，アのような成長曲線になる。
(2)卵を産みっぱなしで親の保育がない魚類や多くの昆虫類などでは，環境が悪化したときに環境に適応できない幼若層の個体数が激減するとその後の生殖個体や産卵(子)数も少なくなる。逆に環境に恵まれた場合でも同様で，このタイプは幼齢時の個体数が多いために大量の幼若層が生き残って繁殖を行うと次の世代はさらに多くの卵(子)が生まれ，大発生につながる。
(3)②哺乳類は**ア**，③鳥類・⑥ハ虫類は**イ**，①魚類・④昆虫は**ウ**であるが，⑤ミツバチは成虫(働きバチ)が幼虫の世話をする社会性昆虫で，初期の死亡率は低く，巣の外に出る成虫期のほうが死亡率が高くなる。同じように昆虫の例外として，幼虫期の初期に巣網をつくって集団生活をするアメリカシロヒトリ(ガの一種)なども**ア**に近い生存曲線を形成する。

[テスト対策]
動物と成長曲線の関係は基本的には生物種(脊椎動物ならどの綱の動物か)で判断できるが，決め手となるのは親の保育能力。

193
[答] ① 密度効果　② 小形化
　　③ 個体群密度　④ 最終収量
　　⑤ 間引き

応用問題 ●●●●●●●●●●●●●●●● 本冊p.133

194
[答] (1) エ
(2) シジュウカラによる捕食，死亡率…**97%**
(3) **99.7%**
(4) 春，(理由)4～6齢の幼虫はシジュウカラのひなのえさとなっているが，シジュウカラは春にひなを育てるから。

195〜198 の答え

検討 (2) 4〜6齢幼虫1419個体のうち7齢幼虫になるのはわずか43個体である。シジュウカラによる捕食で97％にあたる1376個体が死亡したことになり，これが最も死亡率の高い死亡要因である。

(3) $\dfrac{4290-14}{4290} \times 100 = 99.7 \,[\%]$

195

答 (1) 右図
(2) 15年後

検討 (1)対数目盛りに注意して，1年後，2年度の個体数をかき入れ，その後はほぼ直線になるようにグラフを描く。このカメの1年後の個体数は $1000 \times 0.7^1 = 700$，2年後は $1000 \times 0.7^2 = 490$ である。

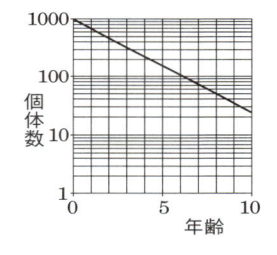

(2) $5 > 1000 \times 0.7^t$ の両辺の常用対数をとり，計算する。$\log_{10} 5 > \log_{10}(1000 \times 0.7^t)$ （式①）
これを解いて t を求めればよい。
　分数は差に，かけ算は和になるので，式①は次のように変形できる。

$$\log_{10}\left(\dfrac{10}{2}\right) > \log_{10}(1000) + \log_{10}\left(\dfrac{7}{10}\right) t$$

$\log_{10} 10 - \log_{10} 2 > \log_{10} 10^3 + t\log_{10} 7 - t\log_{10} 10$
$1 - \log_{10} 2 > 3 + t\log_{10} 7 - t\log_{10} 10$
$1 - 0.301 > 3 + 0.854\,t - t$
$t > 14.8$

37 個体群内の相互作用

基本問題　　　本冊 p.134

196

答 ① エ　② イ　③ ウ　④ ア

検討 ② 5匹の群れでいれば天敵に襲われて1匹が捕食されるというときに自分が捕食される可能性は $\dfrac{1}{5}$ であるが，10匹の集団になるとその確率は $\dfrac{1}{10}$ に，20匹だと $\dfrac{1}{20}$ に減少する。このように群れることで危険は分散するが，逆に群れることには天敵の目につきやすくなる欠点もある。しかし，ある程度群れが大きくなると目立ち方は20個体の群れでも30個体の群れでも大差はなくなると考えられている。

197

答 ① イ・ク　② ア・カ　③ ウ・オ

検討 ①ニワトリのつつきは**順位制**の代表的な例であるが，順位制はニホンザルやオオカミ，チンパンジーなどの哺乳類にも見ることができる。
②アユはえさとなるケイ藻の付着する岩を中心に**縄張り**を形成するが，その大きさは1〜2 m² ほどである。縄張りが大きくなると得られるえさの量が多くなるが，逆にその縄張りに侵入する他のアユを追い払うためにより多くの時間とエネルギーを消費することになるため，両者の収支で縄張りの大きさは決まる。また，アユの個体密度が多い流域では，縄張りを形成しても侵入するアユの個体数が多すぎて追い払うコストが過大となり，縄張りはつくられなくなる。

応用問題　　　本冊 p.135

198

答 (1) ① 小さく　② 遠く　③ 多く
　　④ 少なく　⑤ B　⑥ 小さ
(2) 捕食の危険が少なくなくなると警戒行動の重要性が軽減されるため，群れの中の争いが少ない小さな群れのほうが各個体にとって有利と考えられるから。

検討 (1)⑤摂食行動の時間が最大となる大きさ B を選べばよい。警戒行動と争いに配分される時間の合計は C 付近でかなり平らなグ

ラフになり，他の要因の影響も考えられるため，ここでは摂食時間を優先してBを選ぶ。
(2)図3でいうと，警戒行動のグラフが左にずれる状態。摂食行動のグラフも左にずれる。

> **テスト対策**
> 競争関係の場合は，負けたほうだけ絶滅するが，捕食―被食関係では被食者が絶滅した後，捕食者も食物不足で絶滅する。

38 個体群間の相互作用

基本問題 ……………………… 本冊p.137

199

答 （語群Ⅰ―語群Ⅱの順）① イ―d
② エ―a ③ ア―f ④ カ―b ⑤ ウ―c
⑥ オ―e

検討 c…マメ科植物は根粒菌に光合成産物を提供し，根粒菌は空中窒素を固定したアンモニウムイオンをマメ科植物に提供する。
d…イワナは水温の低い上流域で，ヤマメは水温の高い下流域で優勢となる。

200

答 (1) 競争（種間競争）
(2) 捕食―被食関係
(3) 下図

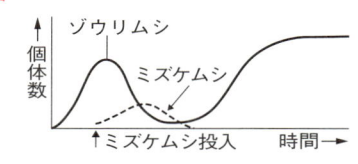

（ゾウリムシ／ミズケムシのグラフ：縦軸 個体数，横軸 時間，↑ミズケムシ投入）

(4) 下図

（ゾウリムシA／ゾウリムシ補給のグラフ：縦軸 個体数，横軸 時間，↑ミズケムシ投入）

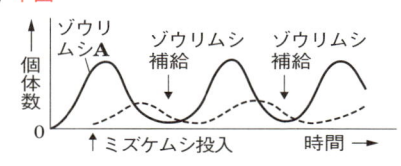

検討 (1)図1ではB種だけが絶滅していることから，A種との競争に敗れたことがわかる。
(2)図2ではゾウリムシが絶滅した後ミズケムシも絶滅しているので，ミズケムシがゾウリムシを食べつくしてしまったことがわかる。

応用問題 ……………………… 本冊p.138

201

答 (1) ウ
(2) カゲロウとミズムシの密度に比例しており，特に選択を行わずに両者を捕食している。
(3) 個体密度が高いほうを選択的に捕食するため，2種類のえさ動物の密度の差を小さくする作用がはたらくと考えられる。

検討 全く任意で捕食するなら両者の捕食される比率は密度に比例し，Bのグラフになるはず。Aになるということは密度の差以上に多いほうの動物を選んで捕食していることになる。

202

答 (1) イ (2) イ

検討 このグラフは，Aだけが増加すると右方向に進み，Bだけが増加すると上方向に進む。与えられた図のグラフ両者の関係を読み取ると，次のように変動している。Aが増加(右)→少し遅れてBが増加(上)→B増加・A減少(左上)→B減少(下)→A増加(右)→…(以降くり返し)。このような移り変わりはAの増減に遅れてBが増加するイかウにあてはまるが，AとBそれぞれの個体数変動の範囲からイを選ぶ(ふつうはウのように栄養段階の低い被食者のほうが個体数が多い範囲で推移する場合が多いが，与えられたグラフの値をきちんと読むこと)。また，このように両者が相互に影響しあう種間関係は被食・捕食の関係である。その場合，被食者の増減によって捕食者の個体数が増減する(捕食者の増減は被食者の増減に逆方向に作用する)ため，先

に変動しているA種が被食者であることがわかる。

39 生物群集と種の共存

基本問題 ●●●●●●●●●● 本冊p.139

203
[答] イ・ウ・エ
[検討] ア…生態的地位を考える上で，食物連鎖のどの段階を占めるか(栄養段階)は重要だが，それですべてではない。生活場所や生活時間帯など，総合的な「生活のしかた」全体を考える必要がある。
オ…生態的地位が近い生物どうしが同じ地域に生活すると激しい競争が起こるため，異なる地域に分布するようになる。

204
[答] ① 食物網　② 生態的地位(ニッチ)
③ すみわけ
[検討] (1)「食う・食われる」の関係が，直線的に連続している場合は**食物連鎖**。この文のように複雑に絡み合っている場合は**食物網**。
(2)混合飼育により一方が絶滅するのは，要求する資源の共通性が著しく高い場合である。激しい競争が起こり，その結果，一方が排除される。
(3)2種が別々に生活しているときは生活場所をめぐる両種の競争は起こらないが，生活場所が重なると競争が生じる。この例のように生活場所が重ならないように少なくとも一方が要求する資源をずらすことで，競争を避け，共存が可能になる。対象となる資源が生活場所ならば「**すみわけ**」，食物の場合は「**食いわけ**」と呼ばれる。

応用問題 ●●●●●●●●●● 本冊p.140

205
[答] (1) フジツボ，ムラサキイガイ
(2) 捕食されなくなったフジツボとムラサキイガイが個体数を増やし，他の貝類を競争排除した。(42字)
(3) 競争に強い2種をおもな食物とすることで，競争に弱い他の貝類が生活する空間を確保し，共存を可能にしていた。(51字)
[検討] 潮間帯の貝類は，岩場に貝殻を貼りつかせて固着生活を送る種が多い。そのため，岩場が特定の種で覆いつくされると生活空間がなくなり，多種類が生活することはできなくなる。フジツボとムラサキイガイは潮間帯で旺盛な繁殖力を示す有力な種である(なお，両種の間にはすみわけが成立している)。ヒトデは個体数の多いこの2種をおもに捕食することで，他の貝類の生活空間をつくり出していたと考えることができる。

40 生態系の物質生産・物質収支

基本問題 ●●●●●●●●●● 本冊p.142

206
[答] ① ア　② オ　③ ウ
[検討] ①総生産量＝純生産量＋呼吸量。
上位の栄養段階に移動しない②は成長量。

207
[答] (1) a 森林　b 草原　c 外洋
(2) a 常緑高木　b 草本植物
c 植物プランクトン
[検討] a…温度や水が好条件であれば森林が発達し，複雑な階層構造の中に多様な環境が形成される。b…農耕地なども生物相は単調だが，降水量の少なさと関連するのは草原。

c…外洋は海底の栄養塩類を上層に運ぶ湧昇流が発生する場所を除いて貧栄養である。

208
答 ① 純生産量　② 補償深度　③ 0
④ 生産　⑤ 分解　⑥ 消費者
⑦ 不消化排出　⑧ 少ない

応用問題　本冊 p.143

209
答 (1) ① オ　② イ　③ ウ　④ エ　⑤ キ
⑥ カ　(2) $D_0+D_1+D_2+F_1+F_2$
(3) 生産者…$\dfrac{G}{G+I}$
一次消費者…$\dfrac{B_1+C_1+D_1+E_1}{G}$

検討 Cは次の栄養段階にとり込まれるので**被食量**。Eは次の栄養段階に移動しないので**呼吸量**。Fは摂食したのに同化量に含まれないので**不消化排出量**。Gは光合成で生産者がとり入れたエネルギーの総量なので**総生産量**。総生産量から呼吸量を引いたHは**純生産量**である。
(3)一次消費者のエネルギー効率は同化量($B_1+C_1+D_1+E_1$)を生産者の同化量すなわち総生産量($B_0+C_0+D_0+E_0=G$)で割った値。

41 生態系と生物多様性

基本問題　本冊 p.144

210
答 エ

検討 ア…高緯度で標高の高い地域は、一般に低温なので、生育できる植物とその生育期間が限定され、広域での種多様性は高くならない。イ…種多様性が高くなるのは特定の種の割合が大きく偏らないとき。ウ…海はサンゴ礁など一部の環境を除き、生産者(植物プランクトン)の生育密度が低いため、種多様性はあまり高くならない。エ…地形が複雑になるほど、狭い範囲に多様な環境条件のスポットが生じるため、種多様性が高まる。

211
答 ① 遺伝的　② 生態系　③ 生態系サービス　④ 人間活動　⑤ 外来種

212
答 (1) 攪乱　(2) ウ
(3) 分かれること…分断化, 行き来できなくなること…孤立化, 個体群…局所個体群
(4) 絶滅の渦

検討 (2)攪乱が大きいと生態系が大きく破壊されて種多様性が損なわれ、攪乱がないと競争に勝った少数の種が優占する多様性の低い生態系となる。中規模な攪乱がある一定の範囲の頻度で起きることで多様性が高く保たれると考えられている(**中規模攪乱説**)。

応用問題　本冊 p.145

213
答 (1) 絶滅危惧種をリストアップし、その分布や生態などについてまとめた本
(2) (おもなものを挙げる)動物…ヌートリア, タイワンザル, アカゲザル, カニクイザル, タイワンリス, アライグマ, ジャワマングース, ガビチョウ, ソウシチョウ, カミツキガメ, グリーンアノール, タイワンハブ, オオヒキガエル, ウシガエル, ブルーギル, カダヤシ, オオクチバス, コクチバス, ノーザンパイク, セアカゴケグモ, ヒアリ, アルゼンチンアリ
植物…オオキンケイギク, ミズヒマワリ, アレチウリ, オオハンゴンソウ, ボタンウキク

サ，オオフサモ，ナルトサワギク
(3) 人間による里山の定期的な伐採，下草への火入れなどの管理が行われなくなることによって陰樹林へと遷移が進み，動植物の種が減少する。

検討 (1)絶滅のおそれがある生物種をリストアップしたものが**レッドリスト**，これに分布や生態などの情報を加え，まとめたものが**レッドデータブック**。
(2)オオクチバスとコクチバスはブラックバス，カダヤシはタップミノーとも呼ばれている魚類である。

42 生命の起源

基本問題 ……………………… 本冊p.147

214

答 ① 46　② 有機物　③ 化学進化
④ 熱水噴出孔　⑤ 膜　⑥ 代謝
⑦ 自己複製

検討 生命は海底からメタンやアンモニアなどを多く含む熱水の湧き出る**熱水噴出孔**付近で誕生したと考えられている。膜の内部に有機物が貯まっていき，濃度が高くなったことで化学反応が促進され，初期の生命が生まれたと考えられている。

> **テスト対策**
> ▶生命の誕生までの過程（化学進化）
> 　　　無機物
> 　　　　↓
> 　低分子の有機物（アミノ酸，単糖など）
> 　　　　↓
> 　高分子の有機物（タンパク質，核酸など）

215

答 ① ミラー　② オパーリン

216

答 (1) **RNA**ワールド
(2) **DNA**ワールド

検討 初期の生命では，RNAがリボザイム（リボ核酸と酵素を意味するエンザイムを合わせた用語）と呼ばれる，遺伝情報の保持と代謝の両方に関わりをもっていた**RNA**ワールドから，RNA・タンパク質ワールドを経て，2本鎖で安定しているDNAが遺伝情報の保持を担う**DNA**ワールドとなった。RNAは変化しやすいため，進化の初期においては，さまざまな生物が誕生しやすいが，遺伝情報の保持には向いていない。

応用問題 ……………………… 本冊p.147

217

答 アミノ酸や核酸の塩基は窒素を含むのに，この実験ではアンモニアなど窒素源となる物質を入れてなかったため。

検討 有機物はすべて炭素・水素・酸素を含むが，アミノ酸はすべてアミノ基($-NH_2$)をもつため，さらに窒素が含まれる。現在では原始大気はミラーの実験で用いた混合気体とは異なり，二酸化炭素，一酸化炭素，窒素，水蒸気を主体とするガスであったと考えられているが，これらのガスでも同様の実験結果が得られている。

> **テスト対策**
> 　アミノ酸やタンパク質が窒素を含むこと，核酸にリンが含まれるのに対してタンパク質が硫黄を含む（S-S結合）ことなど，生物をつくる分子の構造とはたらきはこの章でも重要。

43 生物の変遷

基本問題　　本冊p.149

218
[答] (1) ① 短い　② 広い　③ 多い
(2) ① 中生代　② 古生代　③ 新生代
(3) 示相化石

[検討] (1)示準化石はその地層が堆積した年代を決定するのに役立つ。短い期間に生存し，広い地域で見つかる化石ほど年代を特定しやすい。

219
[答] ① 35　② 独立　③ 細菌
④ クロロフィル　⑤ 水
⑥ シアノバクテリア　⑦ 酸素　⑧ 鉄
⑨ オゾン　⑩ 好気

[検討] シアノバクテリアによる光合成は，水を分解して酸素を生じ，好気性生物の出現のほか，縞状鉄鉱床の形成やオゾン層が形成される原因ともなった。

220
[答] (1) 原核生物
(2) 共生説　提唱者…マーグリス
(3) ① イ　② ウ

[検討] (2)原核生物の細菌類は真核生物のミトコンドリアと同じくらいの大きさしかない。ミトコンドリアと葉緑体は独自のDNAをもち，二重の膜構造をもっている（内膜が好気性細菌やシアノバクテリアだったときの細胞膜で，外膜が共生する際に包んできた宿主細胞の細胞膜とする考え方もある）ことも共生説の裏づけとなっている。

221
[答] (1) ① 中生代　② 先カンブリア時代
③ 第四紀　④ ジュラ紀　⑤ 石炭紀
⑥ カンブリア紀
(2) ア d　イ e　ウ a　エ b　オ h
カ g　キ j　ク i　ケ c　コ f
(3) ① 2億5100万年前(2億5000万年前)
② 6550万年前(6600万年前)
(4) ① エディアカラ生物群，先カンブリア時代　② バージェス動物群，古生代
(5) ①はやわらかい体をもち海底の有機物を食べて生活していたのに対し，②では他の動物を捕食するものが現れ，かたい表皮をもつものが見られるようになった。

[検討] (2)キ・ケ…古生代を代表する動物の三葉虫と中生代を代表するアンモナイト・恐竜類はそれぞれの代の末期に絶滅した。
コ…カンブリア紀に出現した最初の脊椎動物は，現生の魚類とは異なる生物(無顎類)。

[テスト対策]
代表的な地質時代については名称と出来事をきちんと覚えておこう。
(1)先カンブリア時代…化学進化，単細胞生物からエディアカラ生物群，藻類の時代。
(2)古生代…脊椎動物出現，オゾン層形成，昆虫・両生類が上陸，三葉虫。
　カンブリア紀…先カンブリア時代のすぐ後。
　バージェス動物群。
　石炭紀…シダ植物の大森林（＝石炭の原料）。
(3)中生代…ハ虫類(恐竜類)・アンモナイト・裸子植物の時代。
　ジュラ紀…鳥類が出現。
　白亜紀…恐竜・アンモナイトが絶滅。
(4)新生代…哺乳類(人類を含む)・被子植物の時代。

応用問題　本冊p.151

222
答　(1) シアノバクテリア，ストロマトライト
(2) 鉄鉱石　　(3) オゾン層の形成
(4) 維管束
(5) 被子植物は胚珠が子房に包まれているのに対し，裸子植物は胚珠がむき出し。(40字)
(6) 胚膜

検討　(1)「酸素を発生する光合成」であることに注意。(2)酸化鉄が海底に沈殿し縞状鉄鉱床が形成された。
(4)維管束のないコケには根もない。
(5)胚珠が子房に包まれた被子植物は乾燥と寒冷化した新生代に適応した植物である。
(6)陸上に産卵するハ虫類・鳥類では**胚膜**が胚を乾燥から守っている。胚膜は哺乳類の発生過程でも形成される。羊膜・尿のう・卵黄のう・しょう膜の4つがある。

44　ヒトへの進化

基本問題　本冊p.152

223
答　(1) 霊長類　　(2) 拇指対向性(親指が他の4本の指と向き合う)
(3) 両眼視することで距離感がつかめ，見える物の位置関係を立体的に把握できる。
(4) 樹上生活

検討　霊長類は，樹上生活に適応して，発達した視覚や手・腕の器用さを手に入れた。

224
答　(1) ① 6550(6600)　② 哺乳
③ 霊長　④ 植物　⑤ アフリカ
⑥ サヘラントロプス　⑦ アウストラロピテクス　⑧ ホモ・エレクトス(原人)など
⑨ アフリカ　⑩ 単一

(2) ゴリラ・オランウータン・チンパンジー・ボノボ・テナガザルから4つ
(3) ① S字状・垂直　② 広く・短い
③ 短い

検討　(1)①中生代と新生代の境となる**6600万年前**(6550万年前)の年代は重要。③樹上生活のサルの特徴が同じ霊長類であるヒトにも残っている。⑨〜⑪世界各地で化石が発見されている原人がそれぞれ旧人を経て新人になったのではなく，アフリカから出た新人が世界に広がり現生のヒトになったとする**単一起源説**が現在有力である。
(2)**類人猿**はヒト上科のヒト以外の霊長類を指す名称。テナガザルも含まれる。ボノボはチンパンジーに近縁の類人猿の一種。
(3)①**大後頭孔**は頭骨から脊髄の出る穴で，直立二足歩行のヒトは頭骨の下方に位置する。②直立にともない，**骨盤**が内臓を支える形になっている。③ゴリラやチンパンジーは手のほうが長く，地上生活にもどり直立二足歩行をするようになったヒトは下肢のほうが太く長くなった。

応用問題　本冊p.153

225
答　ヒトは類人猿に比べて，① **眼窩上隆起**が低い。② おとがいが発達している。③ 大後頭孔が真下に開いている。④ 脳容量が大きい。⑤ 歯列は類人猿のU字形に対しV字形(または放物線，半円)に近い。⑥ 犬歯が小さい。⑦ 歯やあごは退化して小さくなっている。などから3つ

検討　直立二足歩行に適応して頭骨を脊柱が下から支えるようになったため，頭を支える首の筋肉を発達させなくても脳を大きくすることができるようになった。また，道具や火を使うことで歯やあごの負担が軽減されたことも脳の発達を促すことになった。

> **テスト対策**
> 直立二足歩行とヒトの頭部など体の特徴，そして脳の発達にどう影響したのか，関連づけて覚えるようにしよう。

45 進化のしくみ ①

基本問題 ……………………… 本冊 p.155

226
[答] ① 適応　② 化石　③ 痕跡器官
④ 相同器官
[検討] ④逆に，形やはたらきが似ていても基本的構造や発生の起源が異なるのは**相似器官**。

227
[答] (1) 相同器官…①④　相似器官…②③
(2) 外見上のもの…**犬歯，第3大臼歯，目の半月ひだ(瞬膜の残り)**など　体内の構造…**尾骨，虫垂(盲腸)，耳を動かす筋肉(動耳筋)**など
(3) ① 臼歯は大きく高くなり咬合面が複雑になった。指の数は減り，中指1本だけになった。
② 森林から草原に生活の場を移した。
[検討] (1)②サツマイモは**根**(塊根)，ジャガイモは**茎**(塊茎)。③鳥類の翼は**前肢由来**，昆虫の翅は**表皮由来**。④サボテンのとげやエンドウの巻きひげは**葉**が変形したもの。

228
[答] ① イ　② ア　③ オ　④ エ　⑤ ウ
[検討] 進化は，生物が世代を重ねる際に生じたDNAの塩基配列の変化が蓄積して起こる。海や山脈などで集団間の交流が断たれ，それぞれの集団内で変化が蓄積していくと，この2つの集団の生物間では生殖器の変化や繁殖期の違いなどによって交配ができなくなり，互いに別種となり新しい種の誕生となる。

229
[答] ア：ツバキシギゾウムシの口吻の長さと，ヤブツバキ果皮の厚さに関連が見られる。
イ：スズメガの口器の長さと，ランの花の蜜がある細い管(距)の長さに関連が見られる。
[検討] ヤブツバキはツバキシギゾウムシに果肉を食べられないよう，果皮を厚くするように進化した。これに対しツバキシギゾウムシは，ヤブツバキの果肉に届く産卵穴をあけるため，口吻が長くなるように進化したと考えられる。ランの花の蜜を吸うために，スズメガは口器を長くするように進化した。ランは花粉をスズメガの体につけて運ばせるために距を長くするように進化した。

応用問題 ……………………… 本冊 p.156

230
[答] ① 変化させない　② 遺伝子突然変異
③ 生殖細胞　④ 自然選択(または淘汰)
⑤ ○　⑥ ○
[検討] ①生殖細胞に生じた遺伝子の変化(突然変異)が遺伝する。
②**遺伝子突然変異**は塩基配列レベルの変異で，**染色体突然変異**は染色体の増減(**異数体・倍数体**)および**染色体の構造異常(欠失・重複・逆位・転座)**がある。

正常 ABCD　重複 ABCCD
欠失 ABC
逆位 ABDC　転座 ABCDN

46 進化のしくみ ②

基本問題 ……………………… 本冊 p.158

231
[答] ① ケ　② キ　③ カ　④ ク　⑤ エ
⑥ イ　⑦ ア

232

答 ア

検討 イ現在の進化論で説明できるのは小進化までである。
ウ遺伝的浮動は，生存や生殖上の有利不利には関係のない突然変異に関するもので，環境の変化には影響されない。
エ地理的隔離は，突然変異や生存競争が起こることで進化が生じる要因となる。

233

答 (1) ① **9** ② **42** ③ **49**
④ **遺伝子平衡** ⑤ **16** ⑥ **48** ⑦ **36**
(2) **遺伝的浮動** (3) **ウ** (4) **びん首効果**

検討 (1) $A:a=3:7$ より，
$AA=0.3^2$, $Aa=2\times0.3\times0.7$, $aa=0.7^2$

その後，病気によりaaの遺伝子をもつ個体の半数が種子をつくらなかったため，

	$0.3A$	$0.7a$
$0.3A$	$0.09AA$	$0.21Aa$
$0.7a$	$0.21Aa$	$0.49aa$

$AA:Aa:aa=0.09:0.42:0.245$

となる。よってAおよびaの遺伝子頻度は次のように求められる。

$A:a=0.09+0.21:0.245+0.21$
$=0.30:0.455$

遺伝子Aの頻度は，
$30\div(30+45.5)\times100=39.73\cdots$
$\fallingdotseq 39.7\%$

遺伝子aの頻度は，
$100-39.7=60.3\%$

これより，各遺伝子型の割合は，
$\begin{cases} AA\cdots0.397^2=0.1576 \\ Aa\cdots2\times0.397\times0.603=0.4787 \\ aa\cdots0.603^2=0.3636 \end{cases}$

$AA:Aa:aa=15.8:47.9:36.4$

> **テスト対策**
> 対立遺伝子(Tとt)の頻度が$T=p$, $t=q$の場合，次世代は
> $(pT+qt)^2=p^2TT:2pqTt:q^2tt$

応用問題 ……… 本冊p.159

234

答 (1) **イ，カ** (2) $p=0.80$, $q=0.20$

検討 (1) イ…ABO式血液型などの複対立遺伝子や中立遺伝の場合でも成り立つ。
カ…突然変異が生じたり，対立する遺伝子間で自然選択が行われたら遺伝子比率に変化が生じてしまう。

(2) $q^2=\dfrac{48}{1200}=\dfrac{1}{25}=\left(\dfrac{1}{5}\right)^2$ より $q=\dfrac{1}{5}=0.20$

$p+q=1$ より $p=(1-q)=1-0.20=0.80$

> **テスト対策**
> ハーディ・ワインベルグの法則については，成り立つ条件(遺伝子頻度に変化が起こらない条件)と計算方法の両方をきちんと理解しよう。数式は，単純な2次式で，しかも$p+q=1$であることさえしっかり押さえておけば極めて簡単な式である。

235

答 (1) **イモリ** (2) あ **ウサギ** う **イモリ**
(3) **2.2億年前**

検討 (2) いはカモノハシ，えはコイ。
(3) サメと4.2億年に分岐した他の5種のアミノ酸の違いは平均81.4個。カモノハシ(い)とヒトやウサギ(あ)とのアミノ酸の違いの平均は43個。比例計算で，
$4.2\text{億年}\times\dfrac{43}{81.4}\fallingdotseq2.21\text{億年}$

236

答 右図
（動物Ⅱ　動物Ⅲ　動物Ⅰ　ヒト の系統樹）

47 生物の分類法と系統

基本問題 ●●●●●●●●●●●●●● 本冊 p.162

237
答　① イ　② オ　③ カ　④ ウ　⑤ ク　⑥ ア

検討　分類の基本単位は**種**で(さらに亜種を設けて細かく分ける場合もある)，その上位の区分が，順に属—科—目—綱—門—界となり，最も大きな分類単位が**ドメイン**である。身近な生物には，地方や成長段階などによって同じ種でもさまざまな名前で呼ばれることがあるが，日本での正式な生物種名(**標準和名**)は1つに決められている。さらに世界で共通の生物種名が**学名**で，リンネが考案した方式にもとづき，ラテン語またはラテン語化した言葉を用いて，**属名＋種小名**の**二名法**で表記する。

【テスト対策】
〔分類のヒエラルキー(階層構造)〕
　種＜属＜科＜目＜綱＜門＜界＜ドメイン

238
答　①

検討　②…いずれも植物界被子植物門に属し，生活形を見るとエンドウとノアザミは同じ草本植物で類似しているが，キク科のノアザミよりもエンドウと同じマメ科のネムノキのほうが近縁。
③…二界説では細胞壁を有することが植物界の生物の重要な特徴の1つとしてあげられていた。しかし，原核生物の細菌やシアノバクテリア，菌界に属するキノコやカビの仲間などの細胞にも細胞壁は存在する。
④…イソギンチャクは多細胞の真核生物ではあるが，他の動物などを捕食する動物である(刺胞動物門に属す)。
⑤…シマヘビやカナヘビは和名であり，学名とは異なる。両者は同じハ虫綱有鱗目に属するが，シマヘビはヘビ亜目ナミヘビ科，カナヘビ(ニホンカナヘビ)はトカゲ亜目カナヘビ科。

239
答　① C　② B　③ D　④ C

検討　○○類という呼び方は，分類学上のどの段階のまとまりを指すときにも使われる。また，「虫」とひとまとめにされていても昆虫からダニやクモ，甲殻類までいろいろな分類群が含まれていることもある。①動物界脊索動物門(脊椎動物亜門)哺乳綱，②植物界シダ植物門，③哺乳綱霊長目，④動物界脊索動物門(脊椎動物亜門)両生綱。

240
答　① 原生生物界　② 五界
③ 細菌(バクテリア)ドメイン
④ 古細菌(アーキア)ドメイン
⑤ 真核生物(ユーカリア)ドメイン

検討　五界説では，**原核生物界**(モネラ界)，**原生生物界，菌界，植物界，動物界**に分ける。**ウーズ**は，界より上位の分類として**三ドメイン説**を提唱した。rRNAの塩基配列を解析し，原核生物を細菌(バクテリア)と古細菌(アーキア)の2つの**ドメイン**に分け，真核生物をまとめて1つのドメインとした。また，古細菌は，細菌類よりも真核生物に近縁であることがわかった。

応用問題 ●●●●●●●●●●●●●● 本冊 p.163

241
答　(1) 学名，二名法　(2) リンネ
(3) *Tradescantia*…属名，*ohiensis*…種小名
(4) ① 門　② 目

検討　リンネは著書「自然の体系」を発表し，その時代に知られていた生物の分類を体系づけただけでなく，生物の命名法(**二名法**)を考案し，それが2世紀以上経った今でも世界

共通の生物分類の基本となっている。生物の名前である学名は**属名＋種小名**の二名法で表記されるが，後ろに命名者を書くこともある。使う言語は古代ローマ時代に使用されていた**ラテン語またはラテン語化したもの**である。なお，1度つけた学名は変更できない。

242

答 (1) A **原核生物界** B **菌界** C **動物界** D **原生生物界** E **植物界**
(2) **葉緑体**
(3) ① **無** ② **有** ③ **有** ④ **有** ⑤ **有**

検討 (1) **A**は核膜がないため原核生物界。**B**は細胞壁のある従属栄養生物なのでカビやキノコなどの菌界。**C**は細胞壁のない従属栄養生物なので動物界。**D**は独立栄養と従属栄養が存在し，葉緑体(→(2))や細胞壁をもつものもあることから原生生物界。**E**は独立栄養で細胞壁ももつことから植物界。
(2) **B**～**E**の独立栄養のものには存在し，従属栄養のものにはないので葉緑体。原核生物界にも光合成細菌など独立栄養の生物は存在するが，これらの細胞には葉緑体はない(葉緑体の大きさと原核生物の大きさはほぼ同じ)。
(3) ヒトの赤血球のようにミトコンドリアを欠く細胞もあるが，真核生物の細胞は原則ミトコンドリアをもつ。逆に，葉緑体やミトコンドリアは細菌と同程度の大きさで，これらの細胞小器官を原核生物がもつことはない。

テスト対策
それぞれの界の特徴をしっかりまとめておくこと。特に，**核膜の有無，細胞壁の有無，栄養のとり方**などは重要である。

48 原核生物・原生生物・菌類

基本問題 ●●●●●●●●●●●●●●●●● 本冊 p.165

243

答 (1) ① C ② A ③ B ④ A ⑤ B ⑥ C
(2) ① A ② B ③ B ④ A ⑤ A

検討 細菌(バクテリア)の細胞壁にはペプチドグリカンというタンパク質と炭水化物の複合体からなる。古細菌(アーキア)の細胞壁はペプチドグリカンを含まず，細菌のものより薄い。また，細胞膜の脂質については，細菌はエステル脂質であるのに対し，古細菌はエーテル脂質である。

244

答 ① ウ ② ア ③ エ ④ イ

検討 原生生物は，真核生物で単細胞生物や簡単な体制の生物の総称である。そのため，多様な系統の生物で構成され，非常に多種多様である。

245

答 ① ウ ② イ ③ ア ④ カ ⑤ エ ⑥ ク ⑦ キ ⑧ コ ⑨ ス ⑩ サ ⑪ シ

検討 ①フノリは紅藻類で，シアノバクテリアと同様，光合成色素としてクロロフィルaのみをもつ。②，⑥ワカメは褐藻類で，ケイ藻と同様にクロロフィルaとcをもつ。④，⑤紅藻類，褐藻類，緑藻類の受精が水中で行われるのに対し，シャジクモ類の受精は配偶体の造卵器で行われ，陸上植物のコケ植物，シダ植物と同じである。⑦緑藻類，シャジクモ類の光合成色素はクロロフィルaとbであり，陸上植物のコケ植物，シダ植物，種子植物と同じである。シャジクモ類のなかまから陸上植物が進化したと考えられている。

246
答 ① ウ　② ア　③ イ

検討 キノコをつくるなかまが**担子菌類**，食物や建物に生じる身近なカビのなかまの多くが**子のう菌類**と覚えてよいだろう。

応用問題　　　　　　　　本冊p.167

247
答 (1) ① **ゾウリムシ**　② **ミドリムシ**
③ **アメーバ**　(2) ②
(3) ア **繊毛**　イ **食胞**　ウ **大核**　エ **収縮胞**
オ **鞭毛**　カ **葉緑体**

検討 ①体表に短い毛（繊毛）が密生しているのが**繊毛虫類**でゾウリムシ以外にツリガネムシやラッパムシなどがいる。②ミドリムシは**ミドリムシ藻類（ユーグレナ藻類）**と呼ばれる仲間に属し，葉緑体をもつが細胞壁はなく，長い毛（鞭毛）で移動するのが特徴。③細胞質基質が部分的にゾル（流動性のある状態）とゲルの変換を行い仮足で移動するアメーバは**根足虫類**と呼ばれている。アメーバ以外にタイヨウチュウなどもこの仲間である。
　原生生物界にはほかに**鞭毛虫類**（トリパノソーマなど），**渦鞭毛藻類**（ツノモなど），ケイ藻類などがある。

248
答 (1) 海藻A…イ　海藻B…ウ・エ
(2) 水深が深くなるほど赤色光や青色光は届かなくなるが，緑色光は水深10 mのところにも届く。したがって，緑色光を吸収するフィコエリトンをもつ海藻Aは光合成が可能である。

検討 (1)海藻Aは，フィコエリトリンがあるので**紅藻類**である。海藻Bは，クロロフィルa，bがあるので**緑藻類**である。したがって，海藻Aと同様なものは**イ**テングサであり，海藻Bと同様なものは**ウ**カサノリと**エ**アオサである。**ア**コンブは**褐藻類**で，光合成色素にフコキサンチンをもつ。フコキサンチンは緑色光を吸収するので，褐藻類も深いところでも生育が可能である。
(2)図1より，緑色光（波長500〜600 nm）だけが深いところまで届いている。図2の海藻Aはフィコエリトリンをもち，緑色光を利用している。一方，図3の海藻Bは，赤色光や青色光を利用し，緑色光は利用していない。したがって，海藻Bは浅いところ，海藻Aは深いところに生息していると考えられる。

49 植物の分類

基本問題　　　　　　　　本冊p.168

249
答 ① A　② A・B　③ A　④ B・C・D
⑤ D　⑥ C　⑦ D　⑧ C・D

検討 陸上植物は維管束のない**コケ植物**と維管束のある**シダ植物・種子植物**に分けられる。コケ植物の本体は配偶体（配偶子をつくる体制）で胞子体（胞子をつくる体制）は配偶体に寄生的である。シダ植物と種子植物の本体は胞子体である。シダ植物の配偶体（前葉体）は独立生活をしているが，種子植物の配偶体は花粉管と胚のう。
　種子植物のうち，被子植物は重複受精をするので胚乳の核相は3n，裸子植物の胚乳の核相はnである。また，裸子植物は仮道管をもつ。

250
答 ① イ　② ア　③ ウ　④ エ
⑤ キ　⑥ オ　⑦ カ

検討 ①，②維管束をもち，根・茎・葉の分化が見られるのはシダ植物以上で，維管束をもたないコケ植物は植物体全体で水分や生育に必要な物質の吸収を行っている。③，④コケ

植物・シダ植物の受精は配偶体の造卵器内で，種子植物の受精は胚珠の中で行われる。コケ植物やシダ植物も，受精には水の媒介が必要で，造卵器で生成された精子が，造卵器まで泳いでいって受精が行われる。

251
[答] (1) ① イ　② エ　③ オ　④ ウ
⑤・⑥ ク・ケ　⑦ カ　⑧ ア　⑨ シ　⑩ サ
(2) 前葉体
(3) 胞子　理由…減数分裂をしてできたものだから。
(4) 根…主根と側根からなる　維管束…円形に分布

[検討] (1), (2) 陸上の植物は，進化に伴い配偶体が小さくなり，胞子体が発達した。また進化に伴い維管束も発達し，受精の際も水の媒介を必要としなくなった。東京大学の植物画家であった平瀬作五郎は1896年にイチョウの精子を発見し，これについて教授の池野成一郎が論文発表。池野教授は後にソテツの精子も発見。
(3) 花粉四分子も胚のう細胞と同様に，減数分裂の後にできるものなのでシダ植物の胞子に相当する。

応用問題　　　　　　　本冊 p.170

252
[答] ① カ・キ　② イ・ク　③ ア・ウ
④ エ・オ
A 胞子体　B 配偶体　C 胚珠　D 重複

[検討] コケ植物からシダ植物，種子植物になるにつれ配偶体は小形化し，胞子体に寄生的に変化していく。植物の種名には，まぎらわしいものがあるので注意が必要である。特に，シダ植物にはデンジソウ，アカウキクサ，シシラン，サンショウモ，マツバラン，クラマゴケ，イノモトソウ，カニクサなど種子植物や藻類などと思われるような種名が多くある。

ケのウメノキゴケは，コケ植物ではなく藻類と菌類が共生したもので，地衣類と呼ばれる。コのクロレラは淡水性の単細胞緑藻類である。

[テスト対策]
各植物群について複数の種名を答えられるようにしたい。特に，コケ植物やシダ植物などに注意。

253
[答] (1) A クロロフィルa
B クロロフィルc　C クロロフィルb
(2) ③ 緑藻類　④ ケイ藻　⑥ コケ植物
⑧ 裸子植物　　(3) ①
(4) a ⑤　b ①　c ⑦　d ②　e ⑧
(5) ⑦・⑧

[検討] (1) 光合成細菌以外の光合成を行うすべての生物に共通の光合成色素は**クロロフィルa**。これに加えて**イ** 褐藻類やケイ藻は**クロロフィルc**をもち，**ウ** 種子植物の系統には**クロロフィルb**が存在する。
(2) ③はクロロフィルaとbをもつ生物のなかで最も体制の単純な多細胞生物であり，緑藻類または直接の陸上植物の祖先と考えられているシャジクモ類を答えればよい。⑥に関しては，シダ植物により類縁関係の近い種ということでコケ植物が適当である。
(3) 光合成を行う生物のうち，原核生物は光合成細菌だけである。
(5) **仮道管**は被子植物にも存在するが，シダ植物と裸子植物で特に発達している。

50 動物の分類

基本問題 ……………… 本冊p.172

254

[答] a ア　b ウ　c コ　d ケ　e ク　f キ
g イ・カ　h オ　i エ

[検討] 動物の系統分類は発生の過程が重視される。海綿動物（胚葉が未分化）→刺胞動物（二胚葉性）→扁形動物以上（三胚葉性）。
　三胚葉性の動物は**旧口動物**（原口の位置に口ができる）と**新口動物**（原口が肛門となる）に区分される。旧口動物の代表は節足動物で，体には体節と外骨格が発達する。新口動物の代表が，発生の過程で脊索ができる原索動物と脊椎動物で，両者をまとめて**脊索動物**と呼ぶこともある。

255

[答] ① a・e　② b・d　③ b・e　④ b・e
⑤ a・d　⑥ d・e

[検討] ①ナマコは**棘皮動物**，イソギンチャクは**刺胞動物**でいずれも放射相称の体をもつ。**軟体動物**はイカやタコなどの頭足類，貝類やウミウシなどである。
②**節足動物**は体節があり外骨格が発達している動物群で，昆虫綱，エビやカニ・ミジンコ・フジツボ・ダンゴムシなどの甲殻亜門，ムカデやクモ，サソリなど。サナダムシは**扁形動物**で脊椎動物の消化器などに寄生する。ミミズは体節はあるが外骨格のない**環形動物**である。
③原口の位置に肛門ができる**新口動物**は，棘皮動物のウニとヒトデ，脊椎動物のメダカで，節足動物のヤドカリと軟体動物のハマグリは**旧口動物**である。
④ハ虫類のカメとワニは陸上に穴を掘ってその中に産卵する。これらは発生時の温度で性が決定する動物としても知られている。
⑤窒素を水溶性で有毒なアンモニアの形で排出できる動物は，水中で生活するため尿を体内（ぼうこう）にほとんどためる必要のない硬骨魚類や水生無脊椎動物，両生類の幼生などである。サメやエイなどの軟骨魚類は，浸透圧調節のため血液中に尿素を蓄積し，尿中に排出する窒素化合物もこの尿素が主である。哺乳類であるイヌも，血液中のアンモニアを肝臓で尿素にして，腎臓から排出している。
⑥2心房2心室の動物は哺乳類と鳥類。カツオは魚類で1心房1心室，ヤモリはハ虫類で2心房1心室である。

256

[答] (1)① イ　② ウ　③ オ　④ キ　⑤ カ
⑥ ク　⑦ ケ　⑧ ア　⑨ コ　⑩ エ
(2) ア e　イ f　ウ j　エ i　オ a　カ c
キ g　ク b　ケ h　コ d

[検討] (1)①は**二胚葉性，刺胞細胞，散在神経系**がキーワードで刺胞動物。②扁形動物は**原体腔，原腎管**で，口はあるが肛門はない。③外とう膜は軟体動物の特徴。トロコフォア幼生は環形動物も（冠輪動物）。④は外骨格，体節，附属肢から節足動物。⑤いぼ足から細長い動物をイメージできる。**体節構造**は環形動物と節足動物だけ，**閉鎖血管系**は環形動物と軟体動物頭足類，脊椎動物。
⑥新口動物で**放射相称**なら棘皮動物だが，**水管系**だけでも確定できる。⑦**脊索**をもち，ほかの特徴が脊椎動物にあてはまらないことから原索動物（ホヤ）。⑧胚葉が未分化，**えり細胞**はいずれも海綿動物の特徴。⑨脊椎骨から脊椎動物。⑩**繊毛環**をもつことから輪形動物。

📝 **テスト対策**

　各動物門の特徴2〜3項目ずつほどをキーワードとしてまとめておくとよい。この問題文にあるキーワードをしっかり覚え，テストに備えよう。

応用問題　　　　本冊p.174

257
答　（Ⅰ—Ⅱ—Ⅲの順に）**A** g—②—エ・コ
B d—①—カ・コ　**C** a—⑥—カ・ク
D b—⑧—ウ・コ　**E** c—⑤—イ・オ・コ
F f—③—オ（・ク）・ケ
G e—④—オ・キ・コ
H h—⑦—ア・オ・コ

検討　Ⅰの**a〜h**の動物を移動能力で区分すると**固着生活**をするのがイソカイメン, ユウレイボヤ, **移動能力の小さなもの**がゴカイ, アメフラシ, ムラサキウニ, アンドンクラゲ(浮遊生活＝プランクトン), **移動能力に富むもの**としてスナガニ, アゴハゼとなる。生息場所では砂地にスナガニ, ゴカイ(砂泥の下)が, 潮間帯の岩礁や転石の下, 干潮時に出現するタイドプール(潮だまり)にはイソカイメン, ユウレイボヤ, アメフラシ, ムラサキウニ, アゴハゼなどが見られる。**外骨格**は皮膚骨格(広義)ということもあり, 軟体動物の貝殻, 節足動物のキチン質の外層などがある。棘皮動物の場合, からだの表面が硬いのは表皮の下にある皮下骨板による。したがって, これは一種の内骨格であるが, 外骨格とする考えもあるので, **F—f**のムラサキウニの解答には（ ）をつけた。一方, **内骨格**は脊椎動物にある体内骨格のほか, カイメンの骨片なども体内の支持構造として内骨格と見なすこともできる。

258
答　(1) **A** エ　**B** オ　**C** イ　**D** ア
E ウ
(2) ① c　② d　③ a　④ e　⑤ i　⑥ g
⑦ f　⑧ b　⑨ h　⑩ j
(3) ⑦⑧⑨⑩から2つ
(4) エ　(5) d
(6) 発生の過程で, **A**は原口のあった部分に口ができ, **B**は原口のあった部分が肛門になる。

検討　(2)**d**…ヤマビルやチスイビルなどのヒル類は**環形動物**であるが, コウガイビルは**扁形動物**なので注意。**f**…ナメクジウオは「ウオ」とあるが魚類(脊椎動物)ではなく**原索動物**であり, ホヤとは異なり成体になっても脊索が存在する。**h**…ヒドラは淡水に生息する**刺胞動物**。**i**…サナダムシは「ムシ」とあるが昆虫ではなく, ヒトなどに寄生する**扁形動物**。**j**…カイロウドウケツは**海綿動物**で, 珪酸質の微細な骨格をもつことからガラス海綿ともガラスウールで編んだ筒形のかごのような形状から「ヴィーナスの花かご」とも呼ばれる。内部にドウケツエビの雌雄がペアで生息していることがあり,「ガラスの城の中で夫婦仲むつまじく」ということで「偕老同穴」の字があてられ, 結婚式の祝いものに用いる国もある。
(3)①節足動物では昆虫類が, ②環形動物ではミミズやヒルが, ③軟体動物ではカタツムリやナメクジが, ④線形動物ではセンチュウ(線虫)が, ⑤扁形動物ではコウガイビルが, ⑥脊椎動物では多くの哺乳類や鳥類などがそれぞれ陸上生活をしている。しかし, ⑦〜⑩の動物門は, 干潮などで一時的に体が水から出ることを除けば, 水中生活をする動物だけからなる門である。

B